国家自然科学基金地区科学基金项目（51168042）
塔里木大学校长基金重点培育项目（TDZKPY201401）
国家重大核电建设项目（红沿河核电站取水导流工程）
国家自然科学基金重点科学基金项目（51034005 ）
新疆生产建设兵团科技支疆项目（2012AB009，2012BA005）

煤矿巷道底鼓破坏失稳力学特性研究

——北疆活动性构造地质煤矿为例

芮勇勤　才庆祥　杨保存　肖 让　王云堂　巨澍朋　编著

东北大学出版社

·沈 阳·

图书在版编目（CIP）数据

煤矿巷道底鼓破坏失稳力学特性研究：北疆活动性构造地质煤矿为例 / 芮勇勤等编著．— 沈阳：东北大学出版社，2015. 11

ISBN 978-7-5517-1139-5

Ⅰ．①A…　Ⅱ．①芮…　Ⅲ．①煤矿开采—煤巷—底板隆起—屈曲—力学—研究 Ⅳ．①TD322

中国版本图书馆 CIP 数据核字（2015）第 269168 号

内 容 提 要

本书针对北天山褶皱系准噶尔弧形构造带西翼中煤矿生产出现运输大巷底鼓、运输回风巷道底顶边帮隆鼓严重破坏，特别是因底鼓而造成巷道报废和影响矿山后续安全开拓开采情况，开展一系列研究：矿山地质与采矿工程，矿山生产系统技术改造，国内外巷道底鼓围岩破坏研究，巷道掘进支护参数优化，巷道围岩开挖支护相关参数，0403 回风巷道力学特性数值模拟，0403 运输巷道力学特性数值模拟，0402 回风运输巷力学特性数值模拟，巷道底鼓围岩破坏补强措施。本书成果在工程中进行广泛应用，还需深入研究；同时开展的研究可供相关领域工程技术人员教学、研究学习参考。

出 版 者：东北大学出版社
地址：沈阳市和平区文化路 3 号巷 11 号　110004
电话：024—83687331（市场部）　83680267（社务室）
传真：024—83680180（市场部）　83680265（社务室）
E-mail：neuph@ neupress. com　　Web：http：//www. neupress. com
印 刷 者：沈阳市第二市政建设工程公司印刷厂
发 行 者：东北大学出版社
幅面尺寸：185mm × 260mm
印　　张：8. 75
字　　数：224 千字
出版时间：2015 年 11 月第 1 版
印刷时间：2015 年 11 月第 1 次印刷
责任编辑：李　佳　潘佳宁
责任校对：铁　力
封面设计：刘江旸
责任出版：唐敏志

ISBN 978-7-5517-1139-5　　　　定　　价：40. 00 元

前　　言

针对北天山褶皱系准噶尔弧形构造带西翼，南邻玛依勒-扎依尔褶皱带巴尔鲁克-谢米斯台褶皱带聚煤盆地，下侏罗统八道湾组区域性含煤组在活动性断裂长期作用影响，地层发生扭曲和小错断活动环境，煤矿生产出现运输大巷底鼓、运输回风巷道底顶边帮隆鼓严重破坏，特别是因底鼓而造成巷道报废和影响矿山后续安全开拓开采情况，沿用已有的底鼓控制理论和技术，难以解决巷道底鼓问题。

和布克赛尔县和什托洛盖 137 团煤矿矿部见图 1，相关巷道底鼓现场图见图 2 至图 8。

图 1　和布克赛尔县和什托洛盖 137 团煤矿矿部

图 2　运输大巷底鼓（路梯隆起倾斜、铁道路基倾斜底隆）

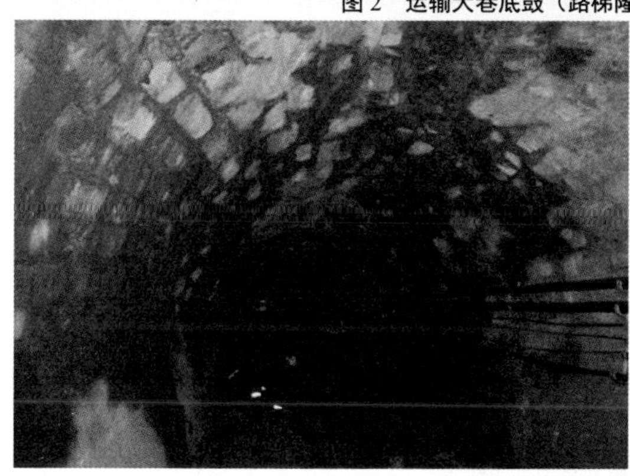

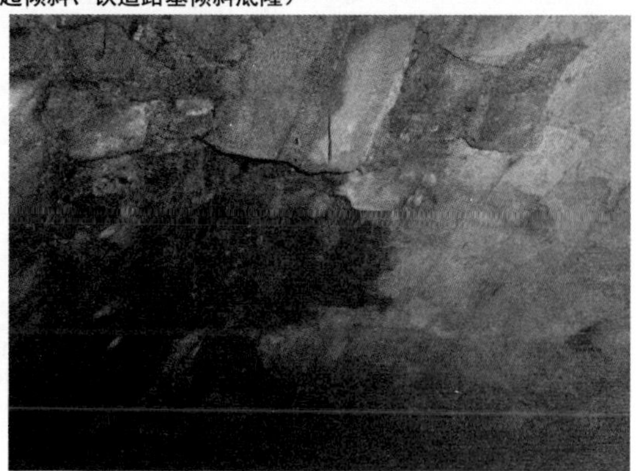

图 3　运输大巷底鼓巷道衬砌渗水和开裂掉块与盐絮

图 4　运输巷道底鼓边帮破坏、顶板开裂锚网补强处理

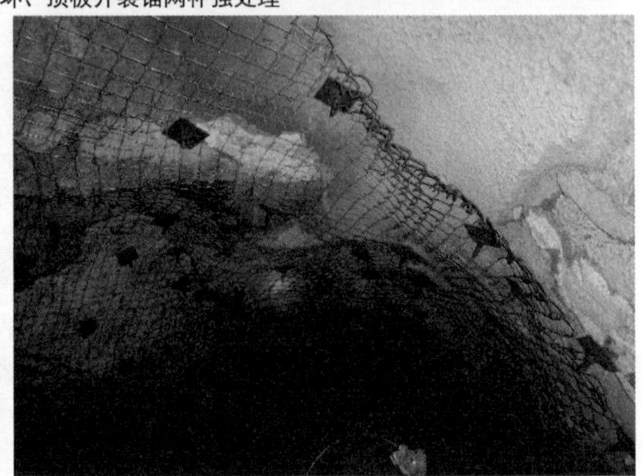

图 5　运输巷道底鼓边帮顶板破坏喷浆锚网补强处理

图 6　运输巷道底鼓边帮顶板衬砌偏压开裂

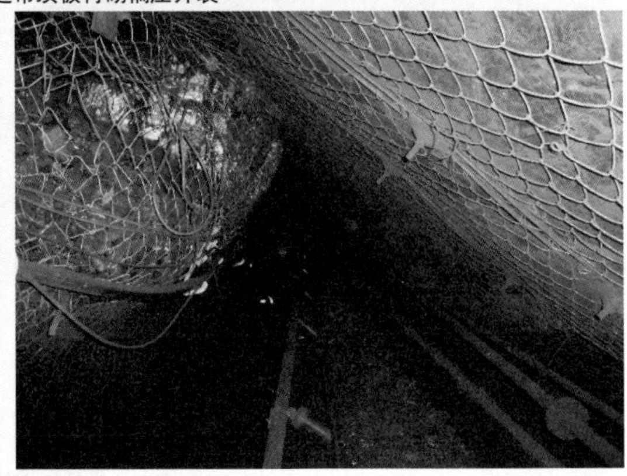

图 7　运煤巷道底鼓边帮顶板严重挤压破坏（被迫停产处理）

图 8 回风巷道底鼓边帮顶板挤压变形至严重破坏（行人无法站立）

为此，开展活动性构造地质条件巷道围岩应力环境及承载结构破坏现象的调查、检测与分析，建立巷道底鼓力学原理，开展活动性构造地质条件巷道底鼓影响因素的数值分析，研究活动性构造地质条件巷道底鼓控制关键技术和建立活动性构造地质条件组合承载结构耦合稳定原理及底鼓控制新途径、新方法等工作。项目研究的意义和必要性如下。

（1）巷道底鼓主要有挤压流动性底鼓、遇水膨胀性底鼓、剪切错动性底鼓和挠曲褶皱性底鼓。

①挤压流动性底鼓。巷道由于掘进和采动引起的作用在顶板和两帮的高应力压力向底板传递，由于底板岩体受到传递来的高应力压力作用而发生弯曲、褶皱、离层等流变，底板岩体沿着滑移面被挤入巷道内，随着底板岩体被挤入巷道内的位移量增大，巷道底鼓越来越严重。

②遇水膨胀性底鼓。这类底鼓绝大多数发生在底板岩层中含有大量的膨胀性黏土矿物如蒙脱石、高岭石、伊利石等巷道，这些黏土矿物因吸水而发生岩体膨胀性增大鼓入巷道内而发生底鼓。

③剪切错动性底鼓。当巷道底板为完整岩层且厚度大于 1/3 巷道宽度时，在较高岩层应力作用下底板通常发生剪切破坏，形成楔块岩体后，在水平应力挤压下产生错动而使底板鼓出。

④挠曲褶皱性底鼓。这类底鼓通常是层状的底板岩体在平行于层理方向的应力作用下，向巷道内产生挠曲褶皱而发生的底鼓。

（2）尽管底鼓的产生是复杂多变的，但其产生的机理主要有两个方面：在高应力的作用下，底板岩体承载力不足，岩体产生整体剪切破坏；底板岩体吸水膨胀。其主要影响因素如下。

①开采深度、底板围岩的强度和性质、水理作用、采动压力及围岩所处的应力环境都是导致巷道底鼓产生的原因。

②只有当巷道侧帮集中压力超过底板岩体极限承载力时，底板岩体才会产生整体塑性剪切破坏向巷道内挤出，发生底鼓。

③底板岩体的承载力是决定巷道是否发生底鼓的主要因素，底板承载力越高，越不易

发生底鼓；底板承载力就越低，越容易发生底鼓。底板承载力的大小取决于底板岩体的黏聚力、内摩擦角、容重，侧帮集中压力的作用宽度以及巷道底板所承受的平均压力。

④巷道发生底鼓，其膨胀位移与底板围岩的黏聚力、内摩擦角成反比关系，即膨胀位移越小，黏聚力、内摩擦角越大；与渗水半径成正比关系，渗水深度越大，底鼓就越严重。

（3）在煤矿生产中，几乎所有回采巷道都会出现不同程度的底鼓，尤其随着近些年来煤炭开采逐渐走向深部，进而应力相应增大，巷道底鼓问题日趋突出严重，从而暴露出很多影响煤矿安全生产的问题。底鼓是煤矿井巷中经常发生的一种动力现象，它与围岩的性质、矿山压力、开采深度及地质构造等直接相关。在巷道顶、底板移近量中，人们已经能够将顶板下沉和两帮移近控制在某种程度内，所以大约有 2/3 是由于底鼓引起的。这类问题给活动性构造地质条件矿井，特别是构造应力影响矿井的建设和生产的正常进行带来极大的困难。底鼓使巷道变形、断面变小，影响通风、运输，制约矿井安全生产。可见，有效地解决活动性构造地质条件巷道底鼓问题，并将研究成果应用于工程实践，对类似煤矿巷道底鼓破坏围岩控制具有重要的推广应用价值和指导意义。

在本书的编写过程中，借鉴了一些相关的技术设计、现场管理和软件应用，受益匪浅，在此深表感谢！

特别感谢东北大学资源与土木学院、长沙理工大学交通运输工程学院和公路地质灾害研究所、中国矿业大学矿业学院、塔里木大学水利与建筑工程学院、湖南科技学院给予的支持和帮助。

同时，对周基博士、邓国瑞博士、袁臻博士、刘锋博士、朱蛟硕士、刘威硕士、李英娜硕士、李超硕士、陈明苹硕士、刘一虎硕士、王建硕士、AL JARMOUZI A A A ABDULLAH 硕士、MURTADA AWAD IPRAHIM ABDALLHA 硕士等在本书编写过程中所给予的帮助，在此一并表示感谢！

最后，希望《煤矿巷道底鼓围岩破坏探测评价——北疆活动性构造地质煤矿为例》一书能给予广大读者启迪和帮助。

由于编者水平有限，加之时间仓促，书中难免存在疏漏和错误之处，恳请读者不吝赐教与指导。

编著者于望湖苑

2015 年 1 月 18 日

目　录

第 1 章　矿山地质与采矿工程 1

1.1　地质与构造 1
1.2　煤层及煤质 2
1.3　开采技术条件 3
1.4　水文地质 5
1.5　井田勘探程度 6
1.6　地表塌陷治理 6

第 2 章　矿山生产系统技术改造 7

2.1　矿山基本情况 7
2.2　矿山地面生产系统改造 9
2.3　井下生产系统改造 9
2.4　技改前巷道断面支护参数 11
2.5　技改后回采巷道断面支护参数 19

第 3 章　国内外巷道底鼓围岩破坏研究 23

3.1　开挖与围岩支护工作特性 23
3.2　无压巷道围岩重分布应力 26
3.3　有压巷道围岩重分布应力 29
3.4　巷道围岩承载结构的数值分析 32
3.5　构造应力巷道变形特点 34
3.6　锚喷支护力学分析和破坏形态 34
3.7　锚喷支护设计施工原则 36
3.8　巷道底鼓的防治措施 38
3.9　巷道支护衬砌的主要类型 39
3.10　复合式衬砌结构设计 41
3.11　国内重大工程中同类技术的研究、应用案例 43

第 4 章　巷道掘进支护参数优化 45

4.1　巷道矿压控制与支护技术 45
4.2　回采巷道支护技术 47
4.3　沿空留巷掘巷技术 49
4.4　锚杆长度确定选取 51
4.5　锚杆间距确定选取 53
4.6　群体锚杆支护作用机理及支护参数 54
4.7　预应力锚索加固拱分析 55

第 5 章　巷道围岩开挖支护相关参数 61

5.1　巷道工程设计中初始地应力的考虑 61
5.2　巷道开挖支护物理力学参数选取 62
5.3　主巷道锚网喷混凝土支护 62
5.4　主巷道独臂掘进与爆破法对比 63

第 6 章　0403 回风巷道力学特性数值模拟 65
6.1　0403 回风（轨道）顺槽巷道分析模型 65
6.2　0403 回风（轨道）顺槽巷道端面不同掘进力学特性分析 65
6.3　0403 回风（轨道）顺槽巷道不同支护方式力学特性分析 67
6.4　10°煤岩层倾角 0403 回风巷道不同构造应力影响分析 72
6.5　15°煤岩层倾角 0403 回风巷道不同构造应力影响分析 76

第 7 章　0403 运输巷道力学特性数值模拟 81
7.1　10°煤岩层倾角 0403 运输巷道模型 81
7.2　10°煤岩层倾角 0403 运输巷道不同构造应力影响分析 81
7.3　15°煤岩层倾角 0403 运输巷道模型 83
7.4　15°煤岩层倾角 0403 运输巷道不同构造应力影响分析 84

第 8 章　0402 回风运输巷力学特性数值模拟 89
8.1　16°煤岩层倾角 0402 回风运输巷道模型 89
8.2　16°煤岩层倾角 0402 回风运输巷道不同构造应力分析 89
8.3　22°煤岩层倾角 0402 回风运输巷道模型 92
8.4　22°煤岩层倾角 0402 回风运输巷道不同构造应力分析 93

第 9 章　巷道底鼓围岩破坏补强措施 97
9.1　及时支护改善围岩的应力状态 97
9.2　主动适应围岩变形与充分发挥围岩支撑能力 97
9.3　锚网梁支护施工应用 99
9.4　巷道底鼓围岩破坏补强措施 101
9.5　巷道支护模式 104
9.6　巷道支护效果分析 106

第 10 章　研究结论与展望 117
10.1　研究结论 117
10.2　展　望 118

主要参考文献 121

附录 A：巷道围岩稳定性标准 123

附录 B：软岩分类 125

附录 C：预应力注浆锚索控制软岩巷道底鼓技术 128

第1章　矿山地质与采矿工程

1.1　地质与构造

1.1.1　区域地质

（1）地层

矿区地处准噶尔弧形构造西北翼，托里至和什托洛盖凹陷中段含煤盆地中，该凹陷为华力西褶皱带之山间盆地，盆地南北两侧为古生界基底组成的中高山，盆地内广泛发育中新生带地层，出露地层主要有古生界的泥盆系、石炭系、中生界的侏罗系、新生界的第三系及第四系，由老到新分述如下。

①古生界。泥盆系、石炭系时期之暗灰绿色火山质凝灰岩、中基性火山碎屑岩和海陆交互相之中基性、中酸性火山岩组成，地层厚度大于3267m，与下伏地层接触关系不明。

②中生界。由中下侏罗统水西沟群地层组成，岩性为灰白色石英砂岩及河流相、湖滨相、湖相的粗砂岩、细砂岩、粉砂岩、泥岩和泥炭沼泽相的炭质泥岩、煤层组成，其中下侏罗统八道湾组和中侏罗统西山窑组为盆地内主要含煤岩系，中生代地层厚度大于1245m，与下伏地层假整合或不整合接触。

③新生界。发育地层有第三系始新统至渐新统伦古河组、中新统塔西河组、上新统独山子组及第四系上更新统和全新统。其中：

三系地层以滨湖相、河流相及山麓相沉积物为主，主要岩性为细砂岩、泥岩、砂砾岩及含砾黏土岩为主。基本色调呈现灰绿至紫红色、酱红色，地层总厚度大于300m，与下伏地层呈超覆不整合接触。

第四系上更新统和全新统沉积物区内分布之泛，岩性由砾石、沙土、亚沙土及黏土层组成，地层厚度一般为0.5～25m左右，与下伏地层呈超覆不整合接触。

（2）构造

褶皱和断裂：和什托洛盖含煤盆地是在华力西晚期构造运动中形成，再经燕山期构造运动，致使南北两侧基底断裂复活，产生不均匀升降运动形成的中新生代山间断陷盆地，中央凹陷区内发育了一系列北偏东向为主的褶皱和断裂，中下侏罗统水西沟群地层在凹陷区内呈一复式向斜构造，即和什托洛盖向斜。同时，有活动性构造应力的存在，影响矿区的巷道和采区。主要构造线方向呈东西向，由若干个不同幅度的次级向背斜组成，该向斜北翼为和丰煤矿褶皱组，南翼为砂尔其很亚布拉至图拉背斜，简述如下。

①褶皱。

●和丰煤矿褶皱组。该褶皱组出露轴长近23km，轴向近东西，且由三个东西向略呈左行羽状排列的两个次级向斜和一个次级共扼背斜组成，褶皱组地层由下侏罗统三工河组和八道湾组组成，地层倾角北陡南缓，其中北翼倾角为20°～50°，南翼倾角为5°～23°。

●沙尔其很亚布拉至图拉背斜。由三个呈左行斜列的背斜组成，总体轴向为80°，褶曲宽度为2～4km，全长近40km，且由西向东逐渐倾没，地层组成为下侏罗统三工河组和八道湾组。褶曲两翼产状北陡南缓，其中北翼倾角为10°～27°，南翼倾角为19°～20°。

②断裂。

含煤盆地除在凹陷区靠近古生界山体褶皱带边缘发育基底断裂之外，盆地内部大断裂构造不发育，仅发育一些小断裂，走向以北东向和近南北向为主，延伸长度一般在数米至

2km，多为一些平推断层，对部分煤层的完整性产生一定的破坏作用。

1.1.2 井田地质

井田内除5勘探线部分有少量露头外，其余全部被第四系地层覆盖，地层由老至新分述如下。

（1）下侏罗统八道湾组

为一套河流相、湖泊相及泥炭沼泽相的含煤碎屑岩建造，根据岩性、岩相特征及含煤性，该组可分为上、下两段，其超覆于泥盆系、石炭系地层之上。

①下段（(J_1b_1)。为一套河流相至湖泊相为主的岩性组合，发育岩性为粗砂岩、中砂岩、砂质泥岩、泥岩及煤层。该层段地层厚约80m，钻探揭露67.81m。

②上段（(J_1b_2)。本段为一套河流相至湖沼相含煤建造，主要岩性为中粗砂岩、细砂岩、粉砂岩、砂质泥岩、泥岩和煤层组成，岩层中含有较多植物化石，由许多个河流—湖沼相沉积旋迴韵律组成。

含煤10～15层，其中主要可采煤层3层，零星可采煤层1层，其余均为不可采煤层。本段地层厚157.60～171.00m，平均163.36m，底部为一层较厚的粗砂岩（含砾）与下段地层分界，呈整合接触。根据含煤特征，可分为四个含煤段，由下至上分别为：

①含煤段。为八道湾组上段的底界砂岩至A_1煤，其厚度为5.58～16.33m，平均11.30m，其岩性主要为灰色砂砾岩（或粗砂岩）、细砂岩、砂泥岩及泥岩或煤组成。该段底部的砂砾岩或粗砂岩全区发育。

②含煤段。为A_1煤顶板至A_3煤，其厚度为9.53～26.69m，平均厚度为18.98m，其主要岩性为灰色细砂岩、砂泥岩、泥岩及发育两个煤组，其中A_3煤为全区较为稳定可采煤层。

③含煤段。为A_3煤顶板至A_7煤，其厚度为18.69～56.29m，平均36.00m，其主要岩性为灰色细砂岩、粉砂岩、砂泥岩、泥岩及发育3～4个煤组，其中A_4煤为全区较为稳定的可采煤层，A_5煤为不稳定的零星可采煤层，A_7煤为大部分可采的较稳定煤层。

④含煤段。为A_7煤顶板至三工河组底界砾岩，其厚度为58.16～93.54m，平均厚度为78.80m，其主要岩性为细砂岩、粉砂岩、砂泥岩、泥岩及3～8层薄煤或煤线。

（2）下侏罗统三工河组

由于井田内未发现三工河组上段地层，故仅对三工河组下段地层叙述如下。

下侏罗统三工河组下段（J_1s_1）地层，岩性以河流相、湖滨相及湖泊相为主体构成的砂砾岩、砂岩、粉砂岩、砂泥岩、泥岩组成，钻孔最大控制厚度为162.50m，底部以一层厚层状砂砾岩与下伏地层分界，呈整合接触。

（3）第四系上更新统

由冲积、洪积、风积及残坡积沉积物构成，岩性为砂石、淤泥及风成黄土，表面覆盖戈壁砾石。地层厚度为0～7.66m，平均厚度为5.04m，与下伏地层呈超覆不整合接触。井田构造：井田地处托里至和什托洛盖凹陷中段和丰矿褶皱组中次级铁斯尔卡查干背斜的南翼，井田总体为一单斜构造，地层走向为近东西向，倾向南，倾角为10°～16°，但在地层走向或倾向上略有起伏，井田内未见断层及火成岩。构造复杂程度属简单（Ⅰ）类型。

1.2 煤层及煤质

1.2.1 含煤性

下侏罗统八道湾组上段为井田含煤地层，地层平均总厚度为159.8m，含煤15层，煤层平均总厚度为15.65m，含煤率为9.8%，其中主要可采煤层3层（A_3，A_4，A_7煤），平均厚度为 7.33m，占煤层总厚度的 46.8%。

1.2.2　可采煤层

全矿井主要可采煤层为 3 层，分别为下侏罗统八道湾组上段的 A_3，A_4，A_7 煤层，由下至上分述如下。

（1）A_3 煤层。全矿井煤点两极厚度为 0.97 ~ 4.46m，平均厚度为 3.05m。煤层结构由简单至复杂，夹矸 3 ~ 4，夹矸厚度为 0.2 ~ 0.69m，夹矸以炭质泥岩为主，次为泥岩。煤层变异系数为 32%，可采性指数为 1，该煤层属全矿井可采较稳定中厚煤层。

（2）A_4 煤层。煤点两极厚度为 1.41 ~ 4.09m，平均厚度为 2.67m，该煤层自东向西有减薄趋势。煤层结构由简单至较简单，夹矸 1 ~ 2 层，夹矸厚度为 0.06 ~ 0.78m，夹矸以炭质泥岩为主，次为泥岩。煤层变异系数为 33%，可采性指数 1，煤层属全区可采的较稳定中厚煤层。

（3）A_7 煤层。全矿井煤点中可采点 15 个，不可采点 1 个，两极厚度为 0 ~ 1.97m，平均厚度为 1.61m。煤层变异系数为 27%，可采性指数为 0.9，煤层属全区大部分可采的较稳定中厚煤层。

1.2.3　煤质

（1）煤的物理性质。井田内煤岩组成主要以黑色，条痕灰黑色，沥青光泽，块状为主。半亮型，以半暗、半亮煤为主，见少量内生裂隙。

（2）煤的化学性质及用途。根据井田内各煤层浮煤挥发分、氢、黏结指数、胶质层厚度，结合《中国煤炭分类国家标准（GB 5751 – 2009）》中的规定，煤类主要为长焰煤（41CY）。煤质属低灰至特低灰分、高热值、特低硫、低磷、热稳定较高、低熔至高熔灰分的煤。可作为火力发电、工业锅炉用煤和民用煤。

1.3　开采技术条件

1.3.1　煤层顶底板

（1）A_3 煤层。顶板为灰至深灰色砂质泥岩，约占 100%，厚度为 2.56 ~ 24.54m，平均厚度为 9.11m。深灰色砂质泥岩，较致密，含大量叶片状植物化石，局部夹砂岩层，含菱铁矿颗粒，RQD 值一般在 58% ~ 62%。A_3 煤顶板砂质泥岩抗压强度为 29.3MPa，单向抗拉强度为 2.08MPa，普氏硬度系数为 3.36；底板砂泥岩抗压强度为 30.3MPa，单向抗拉强度为 2.01MPa，普氏硬度系数为 3.22。A_3 煤顶板为易冒落的顶板（Ⅰ类）。

底板多为灰至深灰色砂质泥岩，约占 86%，厚度为 0.97 ~ 5.73m，平均厚度为 2.36m，其次为深灰色泥岩，约占 14%，厚度为 0.87m。深灰色砂泥岩为砂泥质结构，含砂不均，含大量植物化石碎片及较多的黄铁矿颗粒。深灰色泥岩为泥质结构，较致密，见植物化石碎片，RQD 值一般在 57% ~ 63%。

（2）A_4 煤层。顶板多为灰色砂质泥岩，约占 57%，厚度为 1.35 ~ 3.05m，平均厚度为 2.24m；其次为灰色细砂岩，约占 29%，厚度为 1.16 ~ 4.58m，平均厚度为 2.87m；灰至肉红色泥岩约占 15%，厚度为 1.96m。灰色砂质泥岩为砂泥质结构，局部夹砂岩条带，含较多植物叶片化石，易风化。灰色细砂岩，成分以石英、风化长石为主，分选较好，断口平坦，含菱铁条纹及植物化石碎片，RQD 值一般在 56% ~ 76%。A_4 煤顶板砂泥岩抗压强度为 26.4MPa，单向抗拉强度为 2.00MPa，普氏硬度系数为 3.03；细砂岩抗压强度为 67.3MPa，单向抗拉强度为 3.18MPa，普氏硬度系数 7.72；底板砂泥岩抗压强度为 25.2MPa，单向抗拉强度1.89MPa，普氏硬度系数为2.85。A_4煤层顶板为易冒落的顶板（Ⅱ类）。

底板多为灰至深灰色砂泥岩，约占86%，厚度为0.95～15.26m，平均厚度为5.72m；其次为深灰色泥岩，约占14%，厚度为1.93m。深灰色砂泥岩为砂泥质结构，含砂不均，局部夹泥岩条带及菱铁条纹，含植物叶片化石。深灰色泥岩，泥质结构，局部含砂，细腻、遇水变软，含叶片状化石，RQD值一般在43%～58%。

（3）A_7煤层。顶板为灰至深灰色砂泥岩，约占100%，厚度为2.64～13.11m，平均厚度为6.84m。深灰色砂泥岩，砂泥质结构，含砂不均，含大量叶片状化石，易风化，RQD值一般在52%～68%。A_7煤顶板砂泥岩抗压强度为37.2MPa，单向抗拉强度为2.73MPa，普氏硬度系数3.66；底板砂泥岩抗压强度为38.4MPa，单向抗拉强度为1.64MPa，普氏硬度系数为4.41。A_7煤层顶板为中等冒落的顶板（Ⅱ类）。A_7煤底板多为灰至深灰色砂泥岩，约占86%，厚度为1.57～4.38m，平均厚度为2.91m；其次为灰色泥岩，约占14%，厚度为4.11m。深灰色砂泥岩，含砂不均，夹泥岩条带，较致密，易碎，含植物叶片状化石。灰色泥岩，致密，局部含砂，含植物化石碎片，RQD值一般在56%～68%。

1.3.2 瓦斯

井田内共采集了10个瓦斯样，其中A_3煤3个，A_4煤3个，A_5煤2个，A_7煤2个，均进行了瓦斯自然成分及瓦斯含量测试。

（1）瓦斯自然成分。根据钻孔煤芯瓦斯样测试结果，瓦斯自然成分无明显差异，均以甲烷（CH_4）为主，其次为氮气（N_2）、二氧化碳（CO_2）和丁烷（C_3H_8）。A_3煤甲烷自然成分占81.54%；A_4煤甲烷自然成分占79.07%；A_5煤甲烷自然成分占65.34%；A_7煤甲烷自然成分占51.44%。A_3煤较大，A_7煤较小，总体来看甲烷自然成分含量从中等至较高。

（2）瓦斯含量。A_3煤甲烷（CH_4）含量为2.43cm^3/kg；A_4煤甲烷（CH_4）含量为2.72cm^3/kg；A_5煤甲烷（CH_4）含量为1.73cm^3/kg；A_7煤甲烷（CH_4）含量为1.10cm^3/kg。

（3）瓦斯涌出量分析。

①地质报告瓦斯资料分析。根据上述各项测试结果，井田内煤层均赋存有一定量的瓦斯，从井田内钻孔瓦斯测试结果看，井田内煤层瓦斯有随深度增加而增加的趋势，未出现瓦斯异常。

②邻近矿井瓦斯资料。井田外共有5个煤矿，分别为：4矿、5矿、6矿、7矿和137团新煤矿，上述矿井都为目前生产矿井，均属于低瓦斯矿井。

③根据新煤行管发[2010]57号文，《关于徐矿集团新疆赛尔能源有限责任公司三矿〈矿井瓦斯等级和二氧化碳涌出量鉴定报告〉的批复》：2009年度矿井瓦斯等级和二氧化碳涌出量鉴定结果，矿井瓦斯相对涌出量为4.39m^3/t，瓦斯绝对涌出量为3.00m^3/min；矿井二氧化碳相对涌出量为3.19m^3/t，二氧化碳绝对涌出量为2.18m^3/min，矿井为低瓦斯矿井。

④根据矿井试生产期间的实际情况，开采一采区二区段东翼A_4煤层时，正常瓦斯涌出量为1.0～2.45m^3/min。在2009年5月至9月回采期间（距主井600～700m），工作面绝对瓦斯涌出量为3.85m^3/min，出现瓦斯局部增大的现象。因为A_3煤层夹矸较多，且有从西到东逐渐增厚的趋势，东部多层较厚的夹矸导致了A_3煤层中的瓦斯自然流动环境相对较封闭，瓦斯不易自然逸散，出现有瓦斯局部增大的现象。矿井为改扩建矿井，矿井瓦斯等级可从以上三个方面进行分析。一是依据地质报告各煤层瓦斯含量进行分析；二是参考邻近生产矿井的瓦斯鉴定资料；三是根据矿井现试生产阶段瓦斯鉴定资料。根据上述分析，按2009年度瓦斯等级和二氧化碳涌出量鉴定的结果进行设计，矿井按低瓦斯矿井考虑。

1.3.3　煤尘爆炸性

根据煤尘爆炸性试验指标：A_3，A_4，A_7 主要可采煤层，火焰长度均大于 400mm，抑制煤尘最低岩粉量为 60%～90%，各煤层均具有煤尘爆炸。

1.3.4　煤的自燃

井田内煤层均为长焰煤。勘探过程共采集了 18 个煤芯自燃倾向试验样，其试验结果为，各主要可采煤层 A_3，A_4，A_7 煤均为易自燃至很易自燃煤层。

1.3.5　地温

井田内未发现高温地层，地温变化正常，属地温正常区。

1.4　水文地质

1.4.1　井田水文地质概况

井田位于和什托洛盖盆地中段和丰矿褶皱组中次级铁斯尔卡查干背斜的南翼，属山前丘陵、戈壁地貌，海拔高程一般为 890～960m，相对高差 70m。地势呈现北高南低、西高东低的地貌特征，地形较为简单，井田内无地表水和地下水出露，夏季暴雨期，部分冲沟内有洪水汇集形成短暂水流，向地势相对较低的东南方向排泄。

1.4.2　井田含（隔）水层组特征

（1）第四系（Q_3）透水不含水层。井田内广泛分布，由冲洪积、风积、残坡积形成的戈壁、砾石、砂土、亚砂土及黄土组成，松散堆积，砾石、沙土分选性差，砾石多为次棱角状，厚度为 0～7.66m。东北薄、西南厚，由于位于地下水位以上，仅在雨季暂时性含水，然后下渗补给下部含水层，为透水不含水层。

（2）下侏罗统三工河组下段砂岩裂隙含水层（J_1b_1）。分布于井田中部以南，钻孔揭露最大厚度为 162.5m，岩性为多层灰色砂砾岩、粗砂岩、粉砂岩、砂泥岩及泥岩组成，其中砂岩含水层平均厚度为 23.2m，5 个钻孔揭露该段，5 个钻孔全漏水，钻孔漏水率为 100%。其补给源为大气降水及雨季带状浅沟的短暂流水渗入，补给条件差，富水性弱，属间接充水含水层。

（3）下侏罗统八道湾组上段砂岩裂隙含水层（J_1b_2）。地层两极厚度为 157.6～161.0m，平均厚度为 159.8m，是井田直接充水含水层，岩性主要为湖沼相泥岩、砂质泥岩和煤层，有不稳定的河流相砂岩和砂砾岩，其中砂岩含水层平均厚度为 21.1m。井田 7 个钻孔揭露该段，有两个钻孔全漏水，钻孔漏水率为 28%。其补给源一是靠大气降水入渗，包括（5 线）露头浅部、基岩风化裂隙、第四系松散岩层的垂直渗入；二是该含水层的深部上覆有三工河组砂岩裂隙含水层，可以通过弱隔水层越流补给。对该含水岩组在井田中部施工有 7-2 号专门水文钻孔，孔深达 151.93m，混合抽水试验结果表明，静止水位埋深为 33.25m，降深 18.51m，涌水量为 0.00156L/s，单位涌水量为 0.0008L/（s·m）渗透系数为 0.0026m/d，水质矿化度高达 4.2～5.7g/L。反映出该含水层地下水多受蒸发浓缩、水交替缓慢、径流条件差、含水性弱得特点。

1.4.3　地下水的补给、径流、排泄

井田位于水文地质单元的补给至径流区，以大气降水为地下水的主要补给源，大气降水直接垂直渗入补给侏罗系含水层或经第四系地层间接渗入补给地下水。由于矿区气候干燥，降水稀少，蒸发量大，且降雨多集中在高温季节，大部分降水被蒸发，仅有少部分降水渗入地下，地下水补给条件差。地下水沿基岩倾向由北向南迳流，由于基岩孔隙、裂隙

不发育，岩性多为泥质岩类，渗透性极其微弱，径流速度较迟缓。

1.4.4 地下水化学特征

井田地下水化学类型为 SO_4^{2-}，Cl^-，HCO_3^-，K^+，Na^+，Ca^{2+}，Mg^{2+}型水，pH 值为 7.3 ~ 8，矿化度为 4.208 ~ 5.689g/L，总硬度为 1453.5 ~ 5514.5mg/L，井田地下水补给条件差，地下水交替运移迟缓。

1.4.5 水文地质类型

井田附近无地表水体，大气降水入渗为地下水的主要补给源，补给量小，单位涌水量仅为 0.0008L/（s·m），渗透系数为 0.0026m/d。综上所述，井田水文地质类型属以大气降水入渗为主，单位涌水量小于 0.1L/（s·m）的水文地质条件简单的矿床。

1.4.6 充水因素分析

根据钻孔简易水文观测，因浅部地层风化裂隙发育，冲洗液消耗量大或全漏失，但随着孔深增大、消耗量减小或不消耗，水位则是随着孔深的增加而加深，说明地下水位埋深较深，从专门水文钻孔抽水试验结果来看，单位涌水量仅为 0.0008L/（s·m）。直接充水含水层对煤矿床的开采影响较小。

1.4.7 矿井涌水量预计

（1）井下涌水量现状。矿井于 2003 年 9 月 16 日开工，现试生产水平+828m，井下日排水量为 80.0 ~ 100.0m³。

（2）矿井涌水量预计。预算方法采用钻孔抽水试验成果，选用“大井法”承压转无压公式预算涌水量。选用公式：

$$Q = 1.366K\frac{(2H - M)M}{\lg R_0 - \lg r_0} \tag{1.1}$$

$$R = 2S\sqrt{HK} \tag{1.2}$$

式中：K—渗透系数（0.0026m/d）；M—含水层厚度（44.3m）；R_0—引用影响半径；r_0—引用半径；H—水头高度（水位标高 917.08m，井田内最低开采水平 550m，为 367.08m）；S—降深（S=H）；F—井田面积 3.2km² 涌水量预算层为三工河组砂岩裂隙含水层、八道湾组砂岩裂隙含水层，预算结果为，正常涌水量为 466m³/d。

1.5 井田勘探程度

《新疆和布克赛尔蒙古自治县和什托洛盖煤矿区铁斯尔卡查干南井田勘探报告》查明了井田基本地质构造形态和煤岩层基本产状；基本查明了井田内可采煤层层位、层数、厚度、结构、间距；基本确定了开采煤层的煤质特征、煤类及用途；对矿井水文地质条件和开采技术条件进行了论述；评价了井田的工程地质条件；提供了较为可靠的煤炭资源量。该报告可以作为 45 万 t/a 矿井的设计依据。

1.6 地表塌陷治理

地表形态变化的类型、范围、程度等与煤层厚度、倾角、采深、开采方式、顶板岩性、开采充分程度等多种因素有关。随着井下开采的深入，将来地表可能会产生塌陷盆地及裂缝。为了防止空气、积水通过塌陷裂缝灌入井下，生产过程中对裂缝和塌陷盆地尽可能地用矸石进行充填，塌陷范围要及时圈定，设置围栏和立标记牌，以防人、畜误入。在开采范围内本设计不建任何建（构）筑物，不设道路、管道、输电线路等，避免对生产系统、生活区带来不必要的破坏。

第2章　矿山生产系统技术改造

和布克赛尔县和什托洛盖137团煤矿，行政区划属塔城地区和布克赛尔蒙古自治县，矿井挂靠于新疆生产建设兵团第七师137团；安全监管由兵团安全监察局管理。属于9万t/a技改45万t/a矿井，2011年年底完成45万t/a产能核定，2012年5月份综采设备投入使用后实际生产能力可达100万t/a。根据《中华人民共和国煤炭分类标准》(GB 5751-2009)，煤类主要为长焰煤（41CY），煤质属低灰、低硫、低磷、高发热量41号长焰煤，挥发分52.25%、灰分3.80%、全硫0.16%，发热量达到6500kJ以上，属优质亮煤，可作为动力用煤和民用煤，更是炼油用煤和煤化工用煤的最佳煤源。

2.1　矿山基本情况

矿区位于和什托洛盖镇西北3km，距和丰县30km，气候适宜，交通十分便利，距217国道3km，距国家二级干线奎北铁路站台30km。该矿井距110kV变电所4.5km，10kV双回路已经架设完毕，矿区内具备通信、网络现代化。煤炭销售主要供克拉玛依热电厂和供热公司、阿勒泰地区供热公司、水泥厂、石灰烧制公司等，2011年和丰鲁能煤电化项目开始运营，新建燃煤发电总装机容量达到900MW，额定耗煤量为300万t/a，克拉玛依今年新建燃煤发电总装机容量900MW，额定耗煤量为300万t/a，2012年乌尔禾开工建设燃煤发电总装机容量达到900MW，额定耗煤量为300万t/a；和丰煤化工项目合计耗煤量为849万t/a；农七师招商引资煤制气项目已于2010年在奎屯市开工。徐矿集团建设煤制气项目已经开工建设，年需煤量为1400万t/a。从2011年开始，和丰地区煤炭市场已出现供不应求的现象，矿井煤质在整个和丰地区为最优煤质，煤炭销售情况良好。矿区副立井见图2.1，独臂掘进机拆装见图2.1，矿区活动性构造地质条件见图2.3，0302和0402采区布置见图2.4。

图2.1　副立井

图2.2　第二套独臂掘进机组拆装

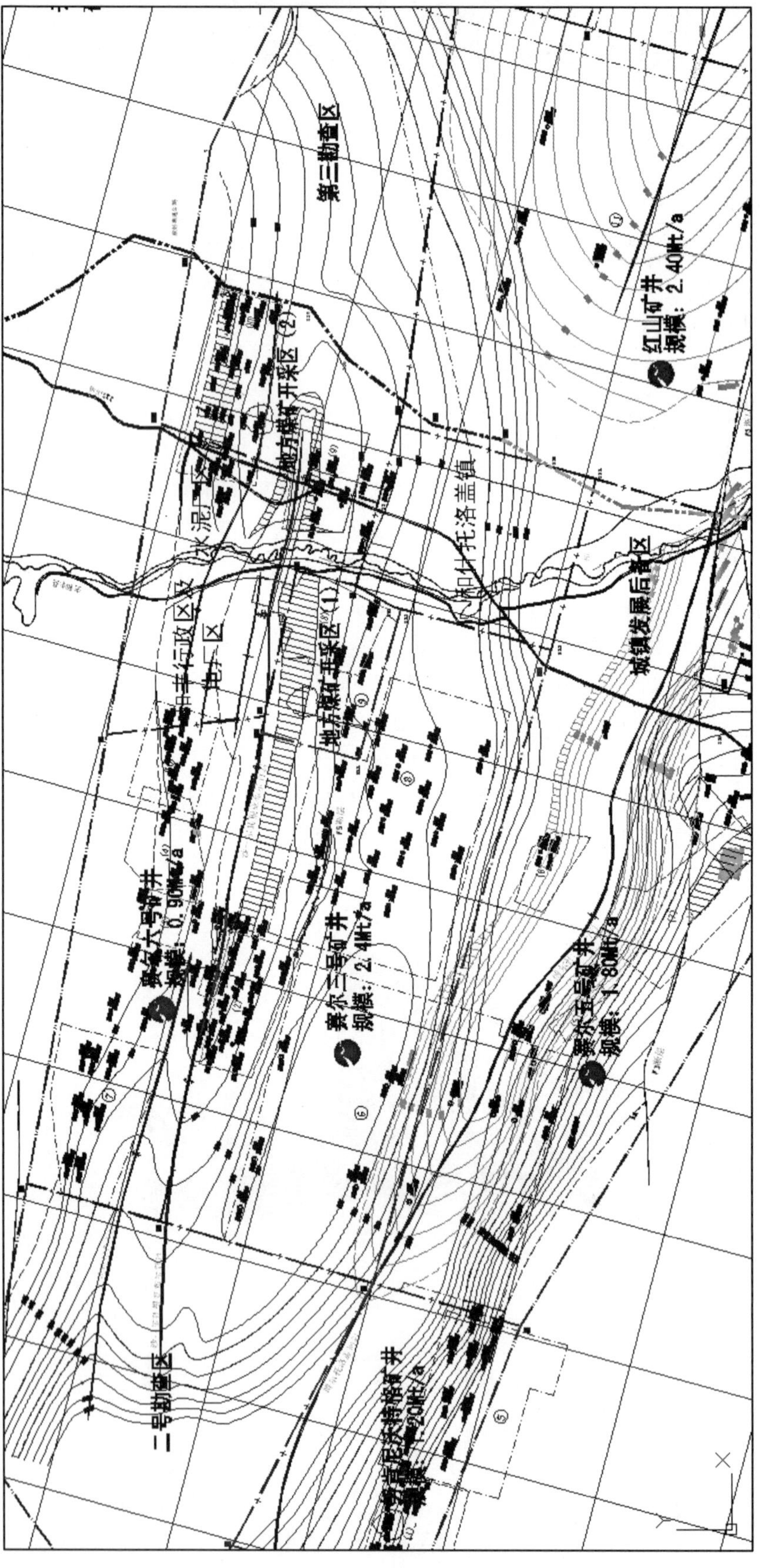

图 2.3 矿区活动性构造地质条件示意图

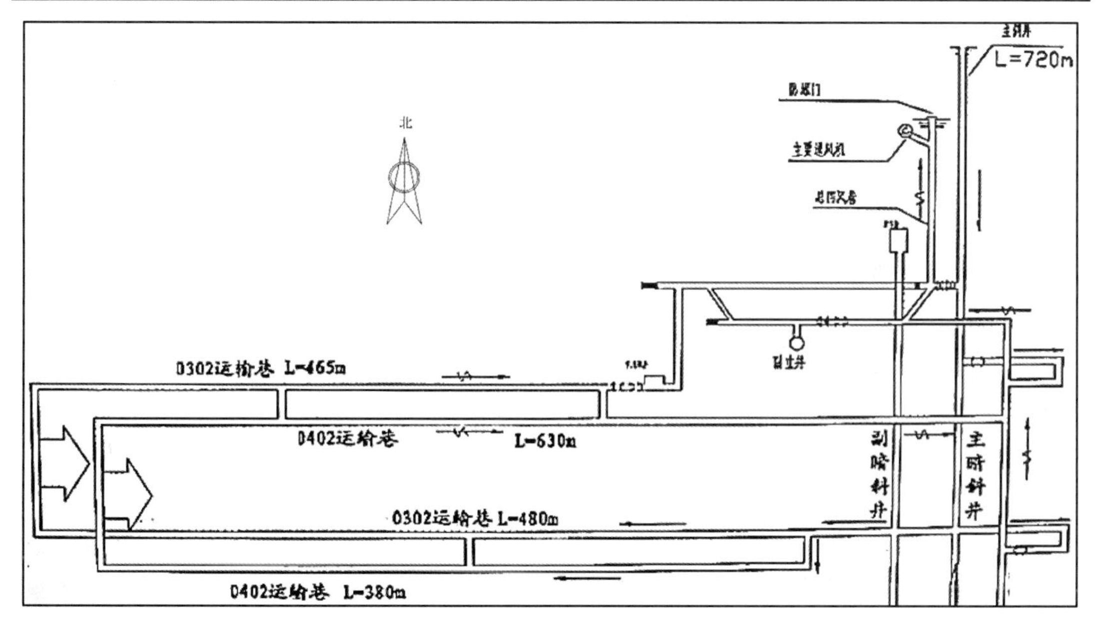

图 2.4　0302，0402 采区布置

和布克赛尔县和什托洛盖 137 团煤矿井总面积约为 7.04km²，总的资源储量估算为 57.63Mt，可采煤层为 A_7，A_6，A_4，A_3。2009 年 3 月份经新疆维吾尔自治区发改委对和丰及和什托洛盖矿区作矿区总体规划评审通过。总体规划划定矿井矿区南部增加 25.367km²煤田，煤田资源储量为 154.46Mt。将和布克赛尔县和什托洛盖 137 团煤矿规划建设为 150 万 t/a 矿井。矿井矿区面积经产业升级和总体规划调整后为 33.1489km²，总资源储量为 212.09Mt，可以满足 150 万 t/a 矿井的需要。从 2006 年 8 月份起开始投入井上下的技术改造，累计完成投资 16780 万元。

2.2　矿山地面生产系统改造

（1）“两堂一舍”土建工程于 2006 年完成。地面锅炉房于 2008 年完工。

（2）地面副立井提升系统改造：将原有的 1.2m 绞车改造为 2.0m 双滚筒绞车，绞车房于 2010 年完工，绞车现已安装完毕并正式投入使用。

（3）供电系统改造：将原有的单回路供电改造为双回路供电，已于 2007 年改造完毕并投入使用，2011 年建设高、低压变电所，现已竣工。

（4）通风系统：煤矿于 2007 年将原矿井主风机拆除并安装 75kW 对旋风机两台。

（5）运输系统：煤矿于 2008 年在斜井口建设皮带走廊并铺设 800mm 皮带。

（6）压风系统：煤矿于 2008 年和 2011 年各购置空压机 1 台，空压机房及制氮机房于 2011 年 7 月建设完毕并投入使用。

（7）地面视频监控及井下人员定位系统已于 2011 年 8 月底安装到位并投入使用。

2.3　井下生产系统改造

（1）运输系统改造：煤矿于 2007 年将原矿井主斜井进行井筒改造，并于 2008 年将原主斜井矿车提升运输改造为皮带运输，共计铺设 800mm 大倾角皮带两部，铺设长度为 900m。

（2）通风系统改造：煤矿于 2009 年对总回风斜井进行改造（改变支护方式及扩大断

面），于 2010 年完工并投入使用。

（3）采掘系统改造：煤矿井采用爆破掘进，2012 年 6 月份购置掘进机 1 台，9 月份投入使用，已实现综掘；2012 年 10 月份购置掘进机 1 台，12 月份投入使用，实现综掘。

（4）监测监控系统：煤矿井于 2007 年安装 KJ73N 监测监控系统，与 2009 年安装远程监控系统。

（5）排水系统：煤矿井于 2008 年购置 3 台 D85-30X11 离心泵，于 2008 年建成井下水仓，现已投入使用。

（6）供电系统：煤矿井于 2009 年建成井下高压变电所并完成高压入井，于 2011 年购置以东变电站于 10 月份完成供电系统改造，并投入使用。

和布克赛尔县和什托洛盖 137 团煤矿采矿情况见图 2.5 和图 2.6 所示。

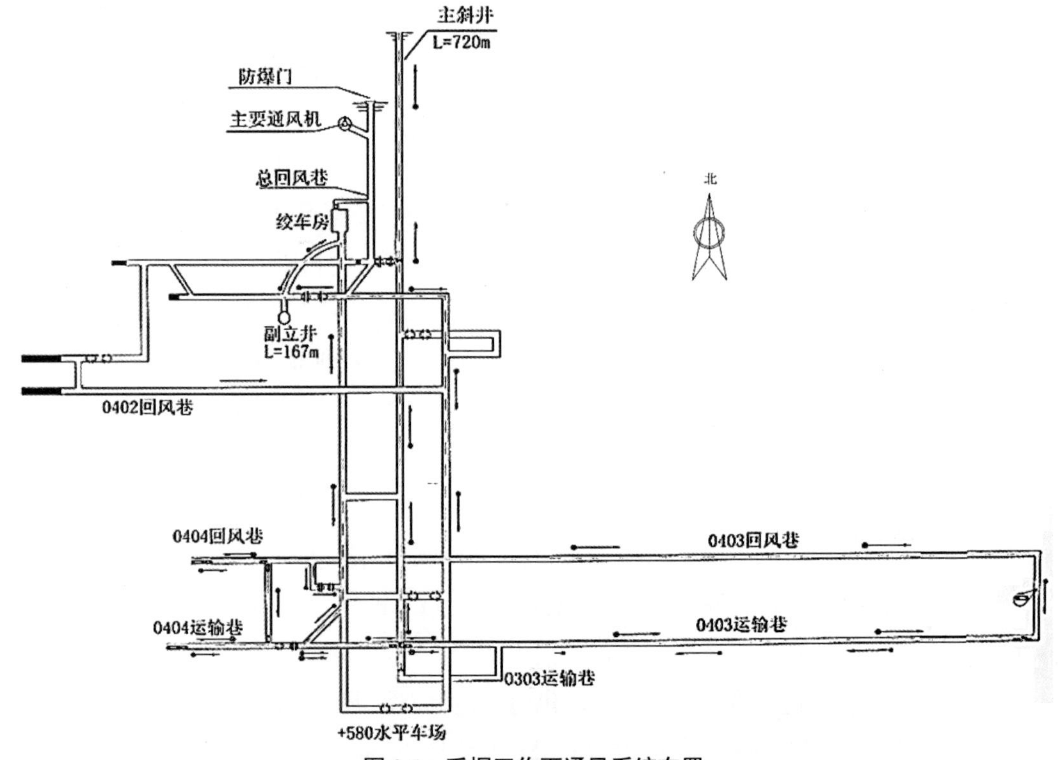

图 2.5 采掘工作面通风系统布置

为配合 2012 年 5 月综采系统的运行，在原有投资的基础上需新建项目。

工业广场建联合建筑需投入资金 360 万元（内设大型会议室、任务交代室、监控中心、澡堂、充灯房、娱乐健身房等）；机修车间需投入资金 280 万元；综采采区巷道工程需投入资金 1200 万元；综采设备及安装需投入资金 3300 万元。

和布克赛尔县和什托洛盖 137 团煤矿 45 万 t/a 改扩建工程及质量标准化建设于 2011 年完工，并于 2011 年年底可通过 45 万 t/a 产能核定验收，至 2012 年 5 月份综采设备正式投入使用后实际生产能力可达 10 万 t/a。总之，和布克赛尔县和什托洛盖 137 团煤矿煤质优良，煤炭资源丰富，市场前景广阔，具有很强的发展潜力，随着矿井的逐步改造完成和企业的不断发展壮大，将为兵团事业发展和地方经济的振兴作出应有的贡献。

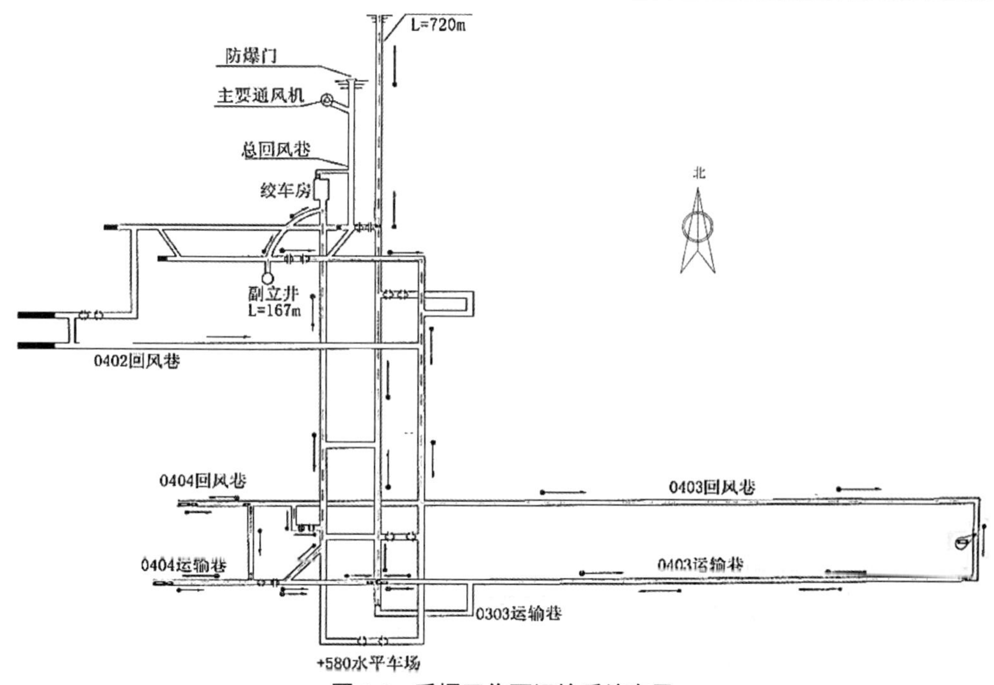

图 2.6　采掘工作面运输系统布置

2.4　技改前巷道断面支护参数

（1）+671m 水平车场和运输石门。+671m 水平车场和运输石门巷道断面支护参数见图 2.7。现场调查+671m 水平车场和运输石门巷道稳定，局部地段、特别是有水地段出现微底鼓，边帮、拱顶的喷混层出现开裂、剥落现象。

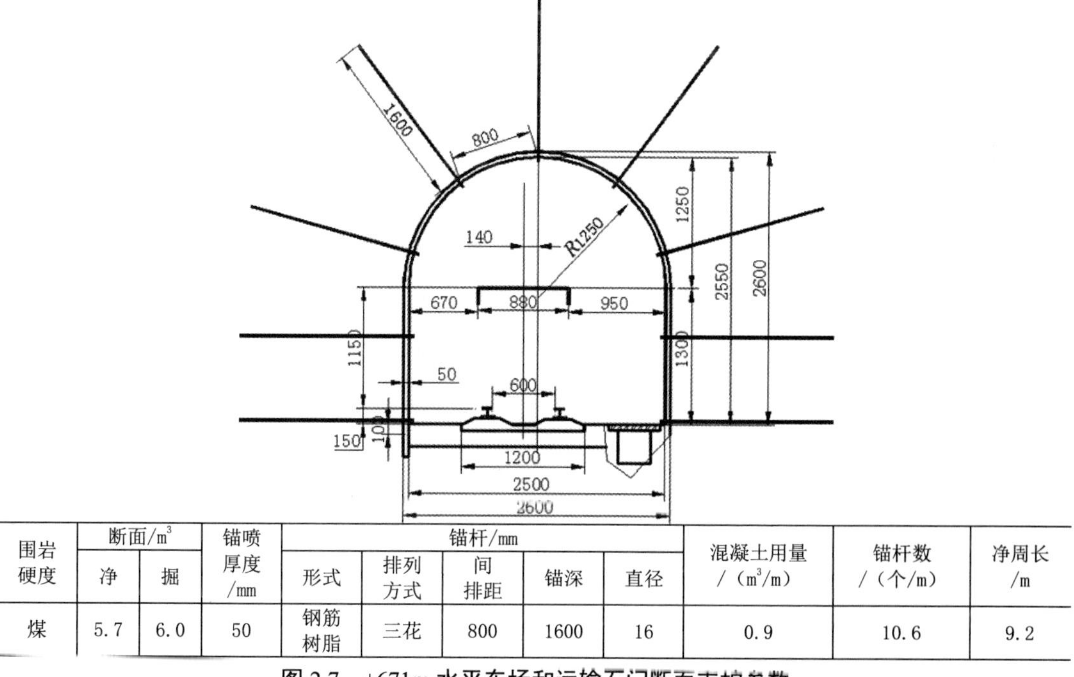

围岩硬度	断面/m³		锚喷厚度/mm	锚杆/mm					混凝土用量/（m³/m）	锚杆数/（个/m）	净周长/m
	净	掘		形式	排列方式	间排距	锚深	直径			
煤	5.7	6.0	50	钢筋树脂	三花	800	1600	16	0.9	10.6	9.2

图 2.7　+671m 水平车场和运输石门断面支护参数

（2）运输下山。运输下山巷道断面支护参数见图 2.8。现场调查运输下山巷道稳定，局部地段，特别是有水地段出现微底鼓，边帮、拱顶的喷混层出现开裂、剥落现象。

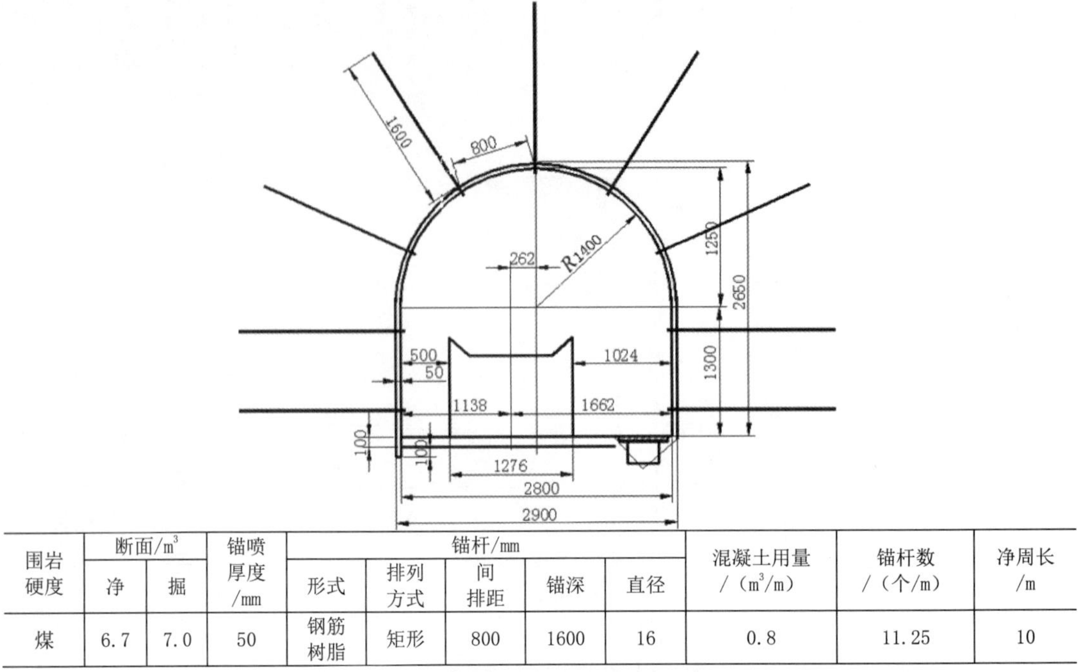

围岩硬度	断面/m³		锚喷厚度/mm	锚杆/mm					混凝土用量/（m³/m）	锚杆数/（个/m）	净周长/m
	净	掘		形式	排列方式	间排距	锚深	直径			
煤	6.7	7.0	50	钢筋树脂	矩形	800	1600	16	0.8	11.25	10

图 2.8　运输下山运输巷道断面支护参数

（3）+671m 回风石门。+671m 回风石门巷道断面支护参数见图 2.9。现场调查+671m 回风石门巷道稳定，局部地段，特别是有水地段出现底鼓，边帮、拱顶的喷混层出现开裂、剥落现象。局部地段进行多次补强、维修。

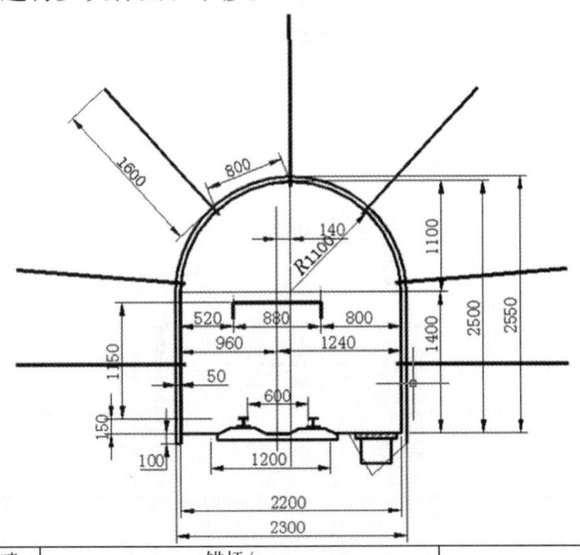

围岩硬度	断面/m³		锚喷厚度/mm	锚杆/mm					混凝土用量/（m³/m）	锚杆数/（个/m）	净周长/m
	净	掘		形式	排列方式	间排距	锚深	直径			
煤	5.0	5.3	50	钢筋树脂	矩形	800	1600	16	0.34	8.1	8.5

图 2.9　+671m 回风石门巷道断面支护参数

（4）轨道下山。轨道下山巷道断面支护参数见图 2.10。现场调查轨道下山巷道稳定，局部地段，特别是有水地段出现底鼓，边帮、拱顶的喷混层出现开裂、剥落现象。局部地段进行多次补强、维修。

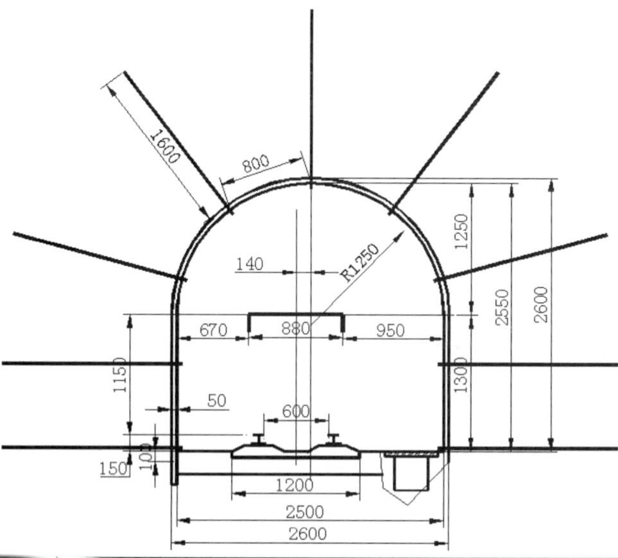

围岩硬度	断面/m³		锚喷厚度/mm	锚杆/mm					混凝土用量/（m³/m）	锚杆数/（个/m）	净周长/m
	净	掘		形式	排列方式	间排距	锚深	直径			
煤	5.7	6.0	50	钢筋树脂	三花	800	1600	16	0.9	10.6	9.2

图 2.10　轨道下山巷道断面支护参数

（5）+671m，+580m 水平车场。+671m，+580m 水平车场巷道断面支护参数见图 2.11。现场调查+671m，+580m 水平车场和运输石门巷道稳定，局部地段，特别是有水地段出现微底鼓，边帮、拱顶的喷混层出现开裂、剥落现象。

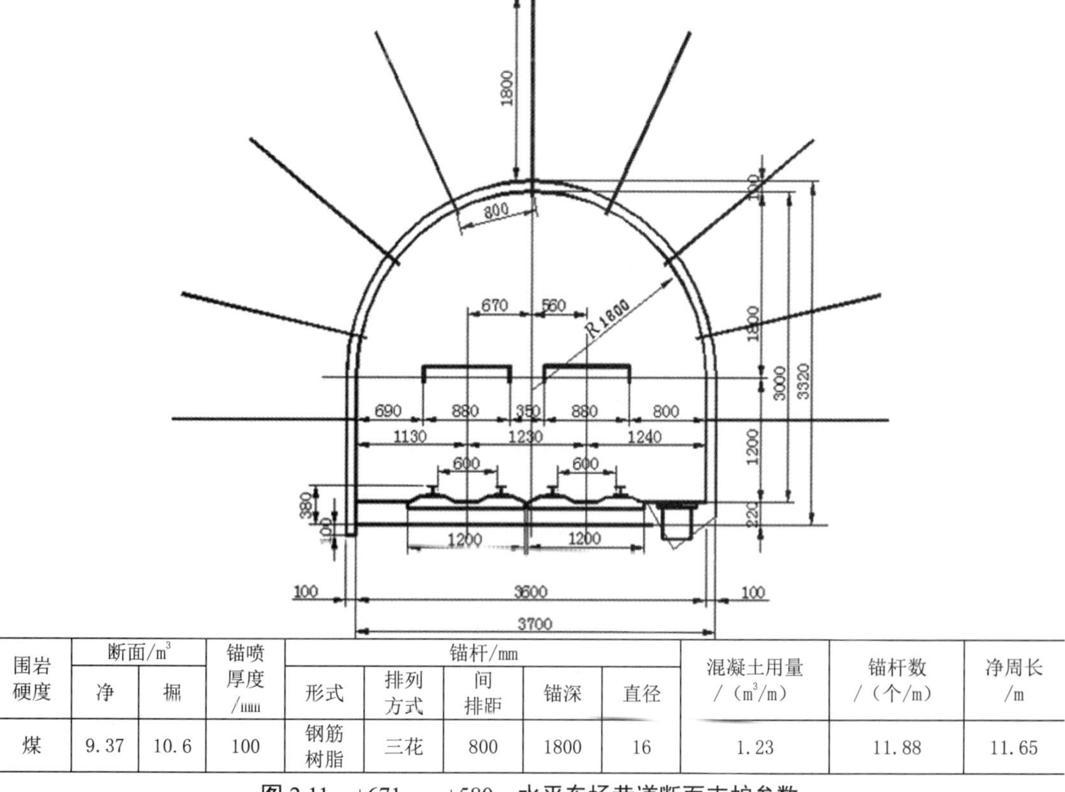

围岩硬度	断面/m³		锚喷厚度/mm	锚杆/mm					混凝土用量/（m³/m）	锚杆数/（个/m）	净周长/m
	净	掘		形式	排列方式	间排距	锚深	直径			
煤	9.37	10.6	100	钢筋树脂	三花	800	1800	16	1.23	11.88	11.65

图 2.11　+671m，+580m 水平车场巷道断面支护参数

（6）+671m 装车站。+671m 车场巷道断面支护参数见图 2.12。现场调查+671m 车场和运输石门巷道稳定，局部地段，特别是有水地段出现微底鼓，边帮、拱顶的砌碹层出现开裂、凸起现象。

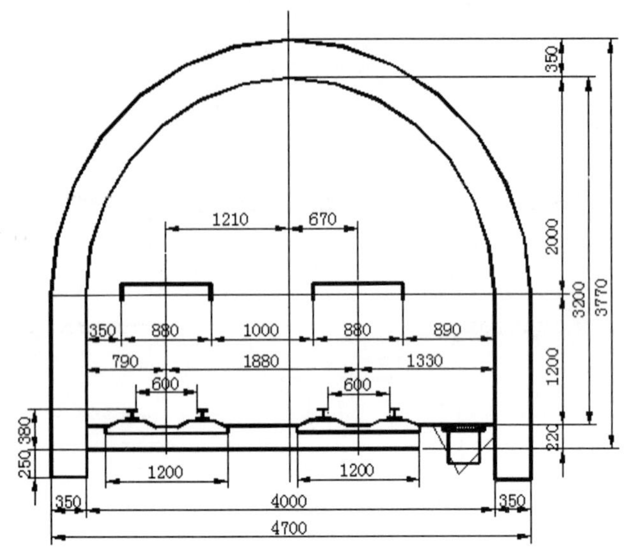

围岩硬度	断面/m³		锚喷厚度/mm	料石消耗量/（m³/m）				混凝土用量/（m³/m）			轨型/（kg/m）	备注
	净	掘		拱	墙	基	小计	水沟	盖板	小计		
2-3	11.04	16.06	350	2.39	0.99	0.26	3.65	0.114	0.0226	0.1366	22	双轨

图 2.12 +671m 水平车场巷道断面支护参数

（7）工作面回风（轨道）顺槽。工作面回风（轨道）顺槽巷道断面支护参数见图 2.13。现场调查工作面回风（轨道）顺槽巷道有稳定、中等稳定和不稳定情况，局部、整体地段出现底鼓，上下边帮凸出，往往上边帮凸出严重，顶板破碎、沉陷、冒落，经常需要二次支护、维护，以保证生产。

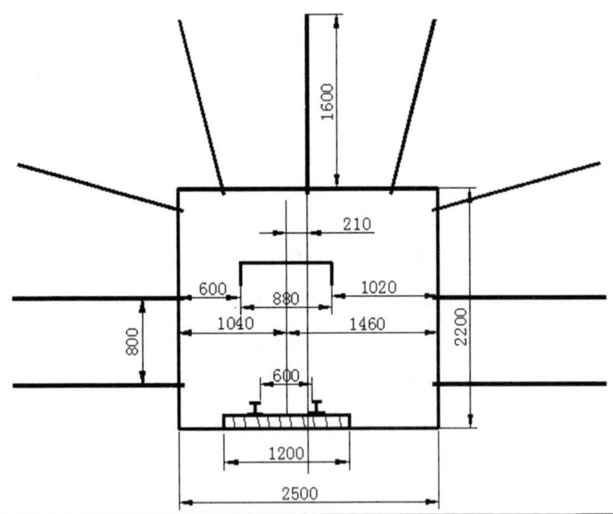

围岩硬度	断面/m²		锚喷厚度/mm	锚杆/mm					锚杆数/（个/m）	净周长/m
	净	掘			排列方式	间排距	锚深	直径		
2-3		5.5		钢筋树脂	三花	800	1600	16	10.8	9.4

图 2.13 工作面回风（轨道）顺槽巷道断面支护参数

（8）工作面运输顺槽。工作面运输顺槽巷道断面支护参数见图 2.14。现场调查工作面运输顺槽巷道有稳定、中等稳定和不稳定情况，局部、整体地段出现底鼓，上下边帮凸出，往往上边帮凸出严重，顶板破碎、沉陷、冒落，经常需要二次支护、维护，以保证生产。

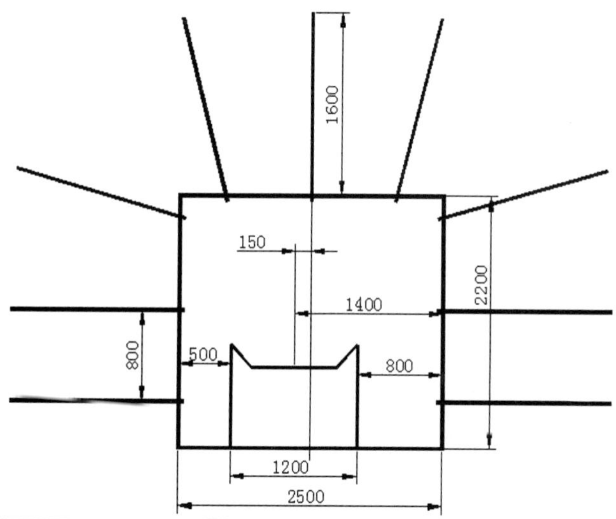

围岩硬度	断面/m²		锚喷厚度/mm	锚杆/mm					锚杆数/（个/m）	净周长/m
	净	掘			排列方式	间排距	锚深	直径		
3	5.5	5.5		钢筋树脂	交错	800	1400	16	10.8	9.4

图 2.14　工作面运输顺槽巷道断面支护参数

（10）回风运输下山。回风运输下山巷道断面支护参数见图 2.15。现场调查回风运输下山巷道稳定，局部地段，特别是有水地段出现底鼓，边帮、拱顶的喷混层出现开裂、剥落现象。局部地段进行多次补强、维修。

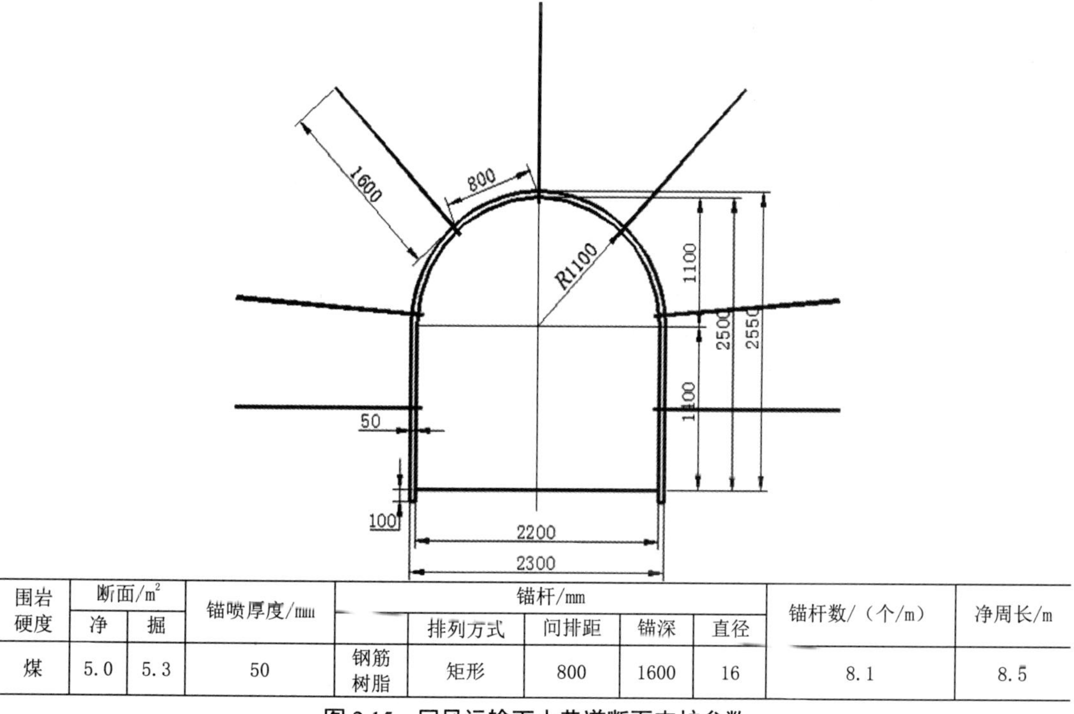

围岩硬度	断面/m²		锚喷厚度/mm	锚杆/mm					锚杆数/（个/m）	净周长/m
	净	掘			排列方式	间排距	锚深	直径		
煤	5.0	5.3	50	钢筋树脂	矩形	800	1600	16	8.1	8.5

图 2.15　回风运输下山巷道断面支护参数

（11）采煤工作面布置。

采煤工作面布置见图 2.16 至图 2.22 所示。

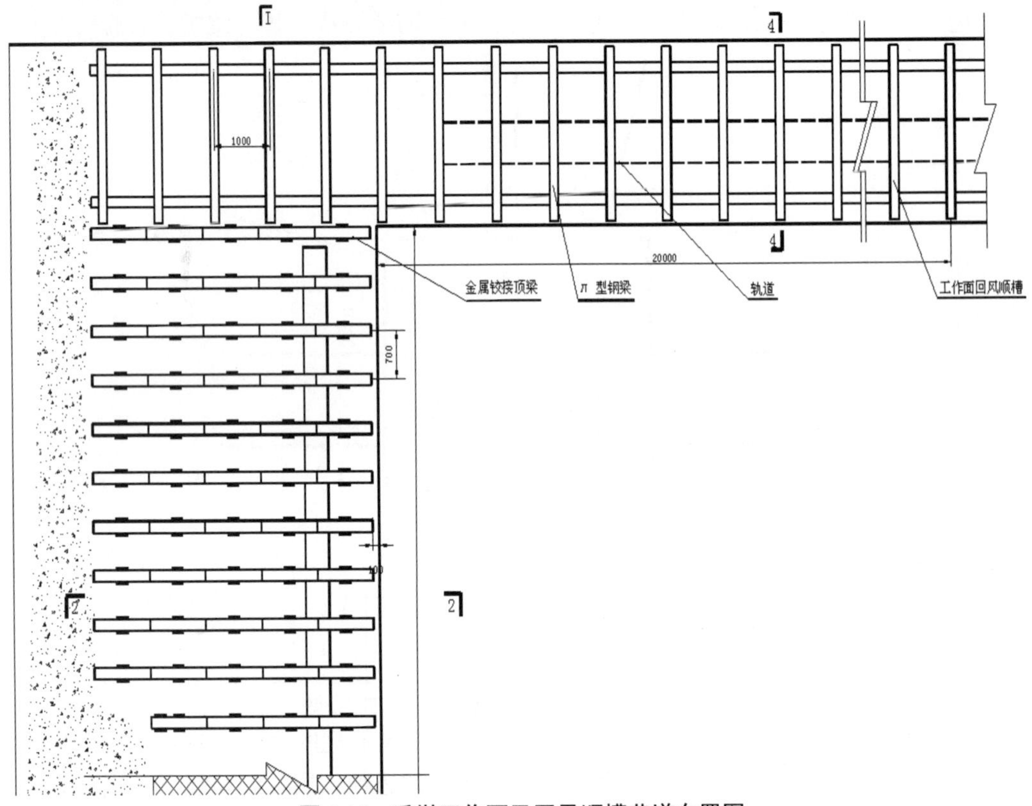

图 2.16　采煤工作面及回风顺槽巷道布置图

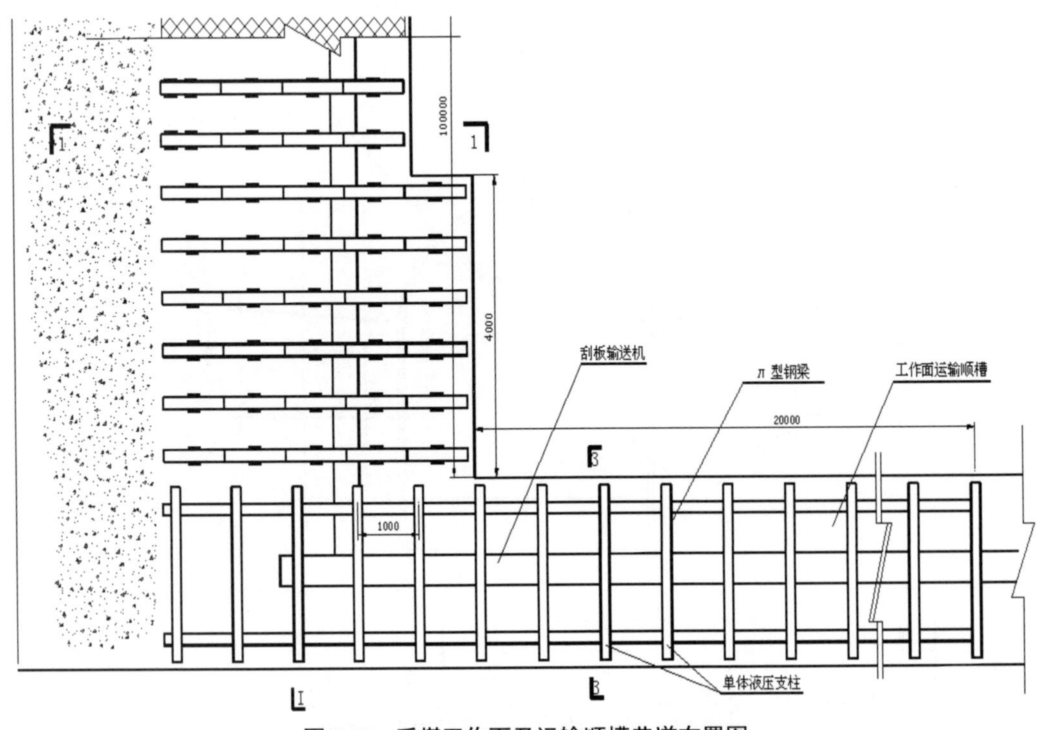

图 2.17　采煤工作面及运输顺槽巷道布置图

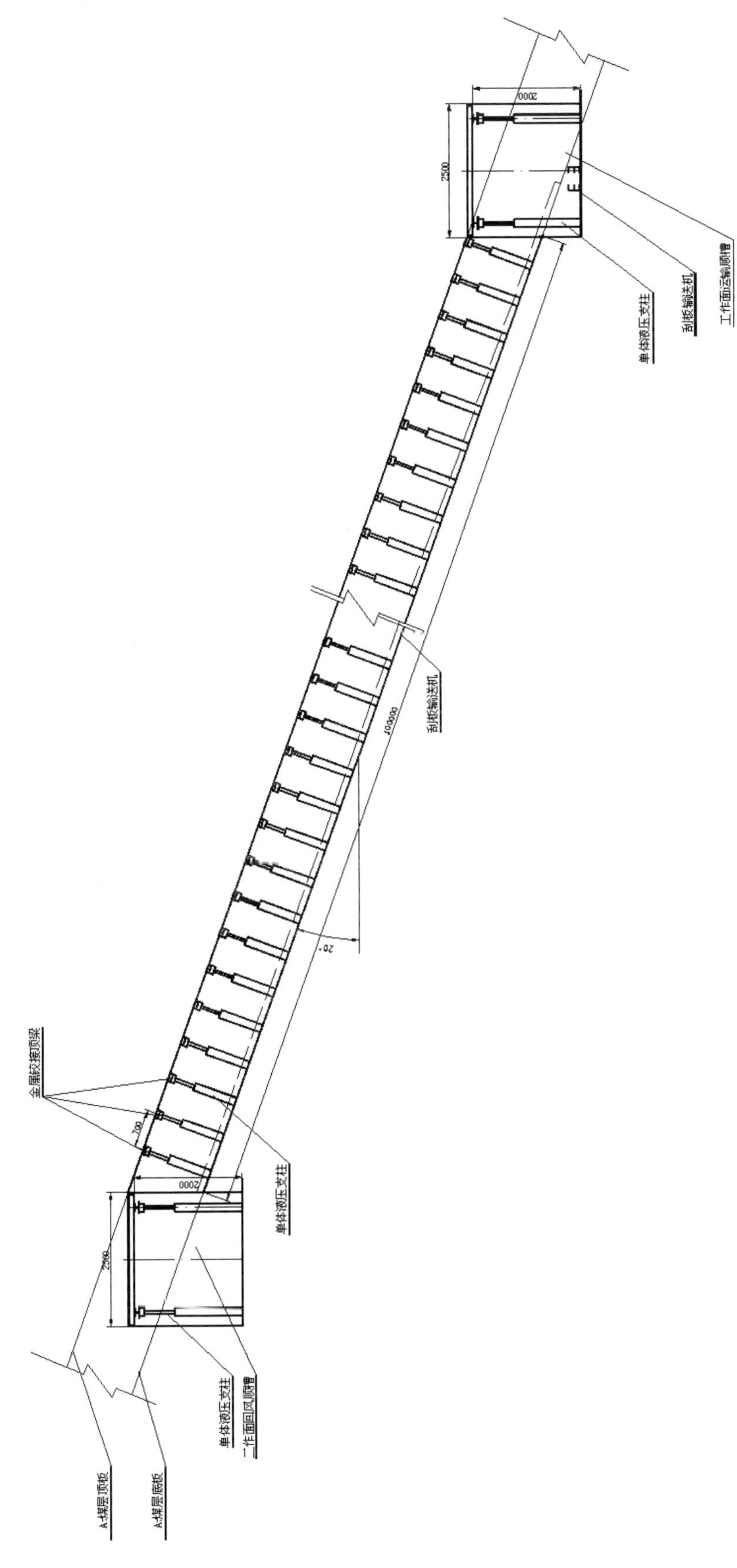

图 2.18　I-I 剖面采煤工作面布置图

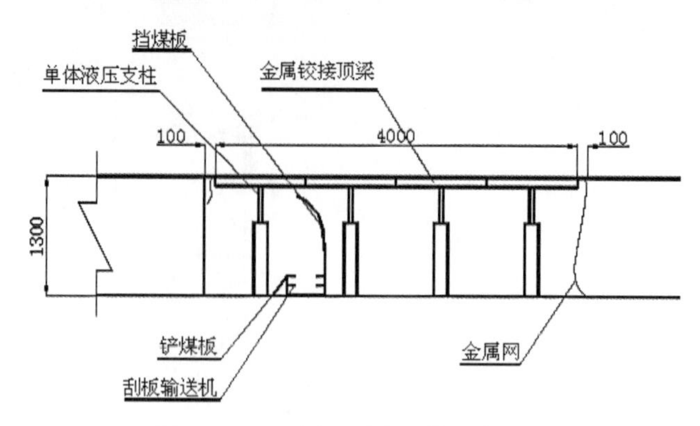

图 2.19 1-1 剖面采煤工作面布置图

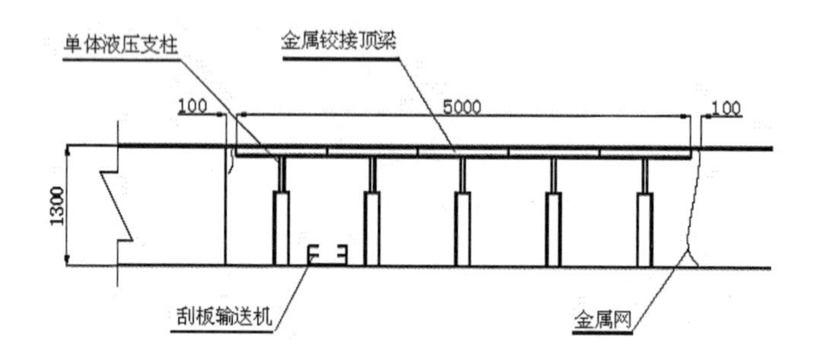

图 2.20 2-2 剖面采煤工作面布置图

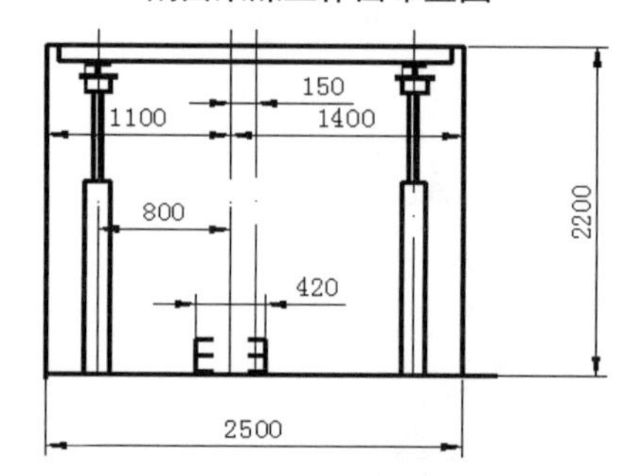

图 2.21 3-3 剖面采煤工作面运输顺槽巷道布置图

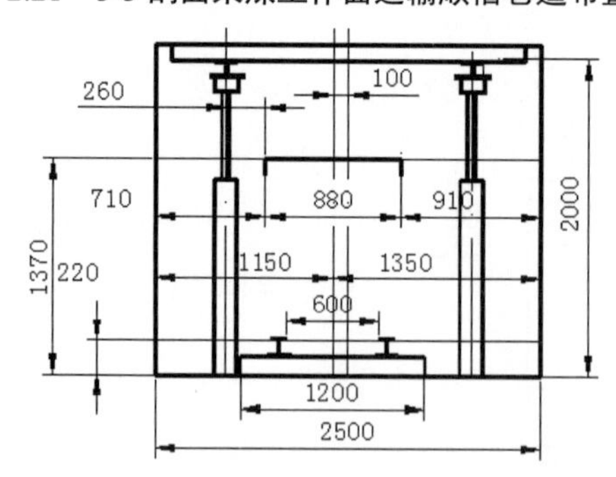

图 2.22 4-4 剖面采煤工作面回风顺槽巷道布置图

综上所述，巷道支护技术获得成功。实践证明，普通爆破掘进巷道支护技术参数需要优化调整，有效控制松动圈的范围（围岩松动圈范围可达 1.3 ~ 2.0m），以克服巷道支护维护困难的问题。如若巷道采用光面爆破的方法掘进，可以有效地控制围岩自身的承载力，有效控制松动圈的范围（围岩松动圈范围可达 0.8 ~ 1.0m），可以实现原有普通爆破掘进巷道支护技术参数的应用，但是施工过程复杂，技术水平要求高。

可见，采取独臂掘进机全断面高效掘进的新技术方法，可以有效地遏制围岩的破碎，即松动圈的范围（围岩松动圈范围可达 0.3 ~ 0.5m），围岩自身承载力得到保证，合理支护措施实施得当；可以确保巷道的稳定，实现活动性构造地质条件下煤矿巷道底鼓破坏防治。一般巷道采用锚网钢带的支护，同时要讲求局部的技术管理科学性。

2.5　技改后回采巷道断面支护参数

目前，矿山技改正在进行中，工作面采煤实现了综合机械化普采方法。工作面巷道的掘进由普通爆破全断面掘进调整为独臂掘进机全断面掘进方法。

（1）0403 工作面回风（轨道）顺槽

0403 工作面回风（轨道）顺槽巷道断面支护参数见图 2.23。0403 工作面回风（轨道）顺槽巷道仍采用普通爆破全断面掘进，巷道基本稳定。一般巷道采用锚网钢带的支护，局部地段采取了锚网钢带+钢梁、锚网钢带+刚性梯形支架的支护，以及局部布设锚索。工作面回风（轨道）顺槽巷道出现底板微底鼓、顶板破碎部分下沉、上下帮破碎部分微凸起。

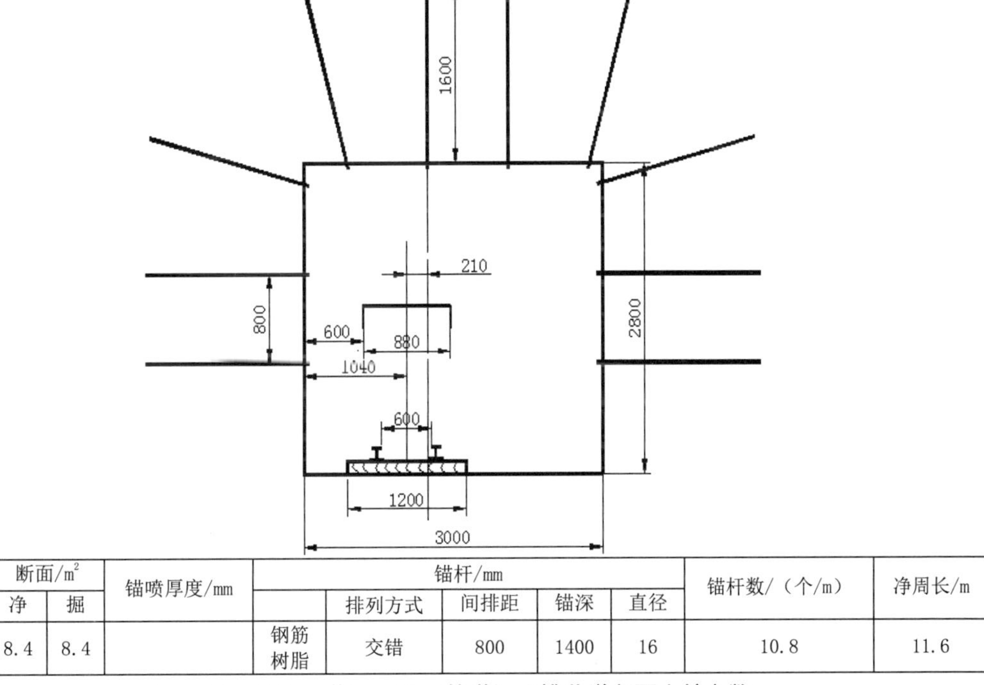

围岩硬度	断面/m²		锚喷厚度/mm	锚杆/mm					锚杆数/（个/m）	净周长/m
	净	掘			排列方式	间排距	锚深	直径		
3	8.4	8.4		钢筋树脂	交错	800	1400	16	10.8	11.6

图 2.23　0403 工作面回风（轨道）顺槽巷道断面支护参数

0404 工作面回风（轨道）顺槽巷道，采用普通爆破全断面掘进 90m，出现了上述问题，巷道基本稳定。为此，由采用普通爆破全断面掘进改为独臂掘进机全断面掘进方法。

（2）0403 工作面运输顺槽

0403 工作面运输顺槽巷道断面支护参数见图 2.24 和图 2.25 所示。

0403 工作面运输顺槽巷道实现了独臂掘进机全断面掘进方法掘进，围岩自身的承载力得到有效保护，巷道稳定。一般巷道采用锚网钢带的支护，局部地段采取了锚网钢带+钢梁的支护，以及局部布设锚索。0403 工作面运输顺槽巷道未出现底板底鼓，顶板岩层基本完整，下沉量 2 ~ 18mm，上下帮岩层微破碎，基本无凸起。0404 工作面运输顺槽巷道，实现了独臂掘进机全断面掘进方法掘进，巷道稳定。

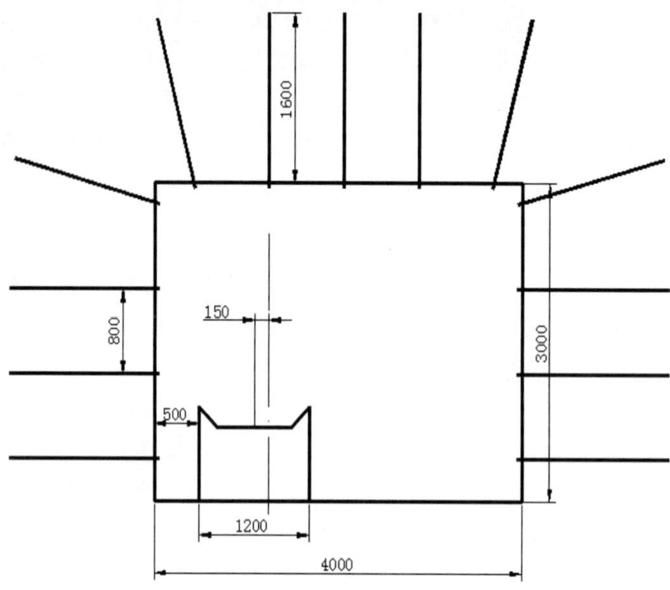

图 2.24　0403 工作面运输顺槽巷道断面支护参数

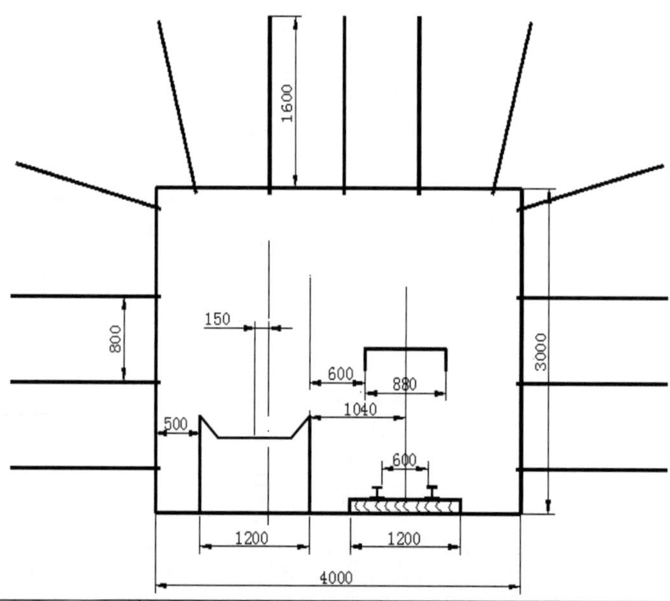

围岩硬度	断面/m²		锚喷厚度/mm	锚杆/mm					锚杆数/（个/m）	净周长/m
	净	掘			排列方式	间排距	锚深	直径		
3		12.0		钢筋树脂	三花	800	1600	16	10.8	14.0

图 2.25　0403 工作面运输（轨道）顺槽巷道断面支护参数

（3）0403 工作面回风（轨道）顺槽和运输（轨道）顺槽巷道支护参数优化

在原有的普通爆破掘进巷道支护技术参数的基础上，巷道支护参数优化如图 2.26 和图 2.27 所示。上下帮布置索脚锚杆，下倾 10°，实现稳帮支顶强底概念的巷道底鼓控制。锚杆长度由 1600mm 调整至 1600mm（巷道围岩稳定类别）、1800mm（巷道围岩中等稳定类别）和 2200mm（巷道围岩不稳定类别），视变形情况布设顶板钢梁+锚索 4000mm×2，实现组合承载结构概念的围岩承载结构耦合稳定控制。配合加固两帮、顶板、顶角和底角的底板锚杆，锚杆长度为 1600mm，间排距为 800mm，有效建立巷道底鼓破坏支护控制关键技术。

采用独臂掘进机全断面掘进方法，围岩自身的承载力得到有效保护。一般巷道采用锚网钢带的支护，局部地段采取了锚网钢带+钢梁的支护，以及局部布设锚索，实现了巷道稳定。

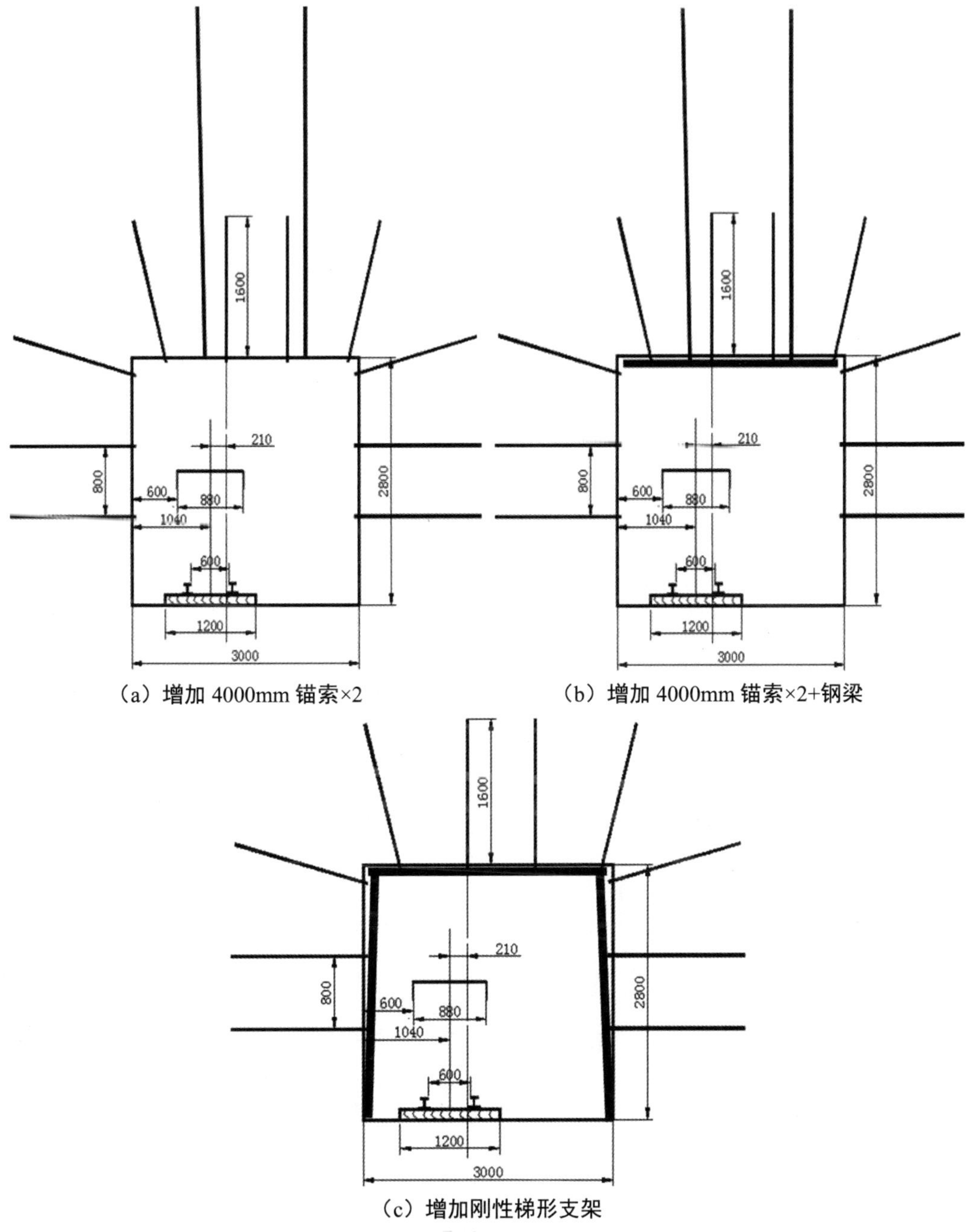

（a）增加 4000mm 锚索×2　　（b）增加 4000mm 锚索×2+钢梁

（c）增加刚性梯形支架

图 2.26　0403 工作面回风（轨道）顺槽巷道断面支护参数

（4）面临的问题

产生巷道底鼓围岩破坏问题的主要原因是：由于顶板为泥质粉砂岩，底板为泥质粉砂岩、含炭泥岩，夹矸为泥质粉砂岩、含炭泥岩，基本属于软岩，遇水易泥化、膨胀，在排水不完善、无底板地锚、无边帮锁脚锚杆的情况下，极易发生巷道底鼓，边帮变形破坏引起凸出、顶板开裂离层引起冒落。即使暂时稳定的巷道，在活动断裂构造应力的作用下，顶板为泥质粉砂岩，底板为泥质粉砂岩，含炭泥岩流变效应，往往引起巷道微底鼓、边帮变形。

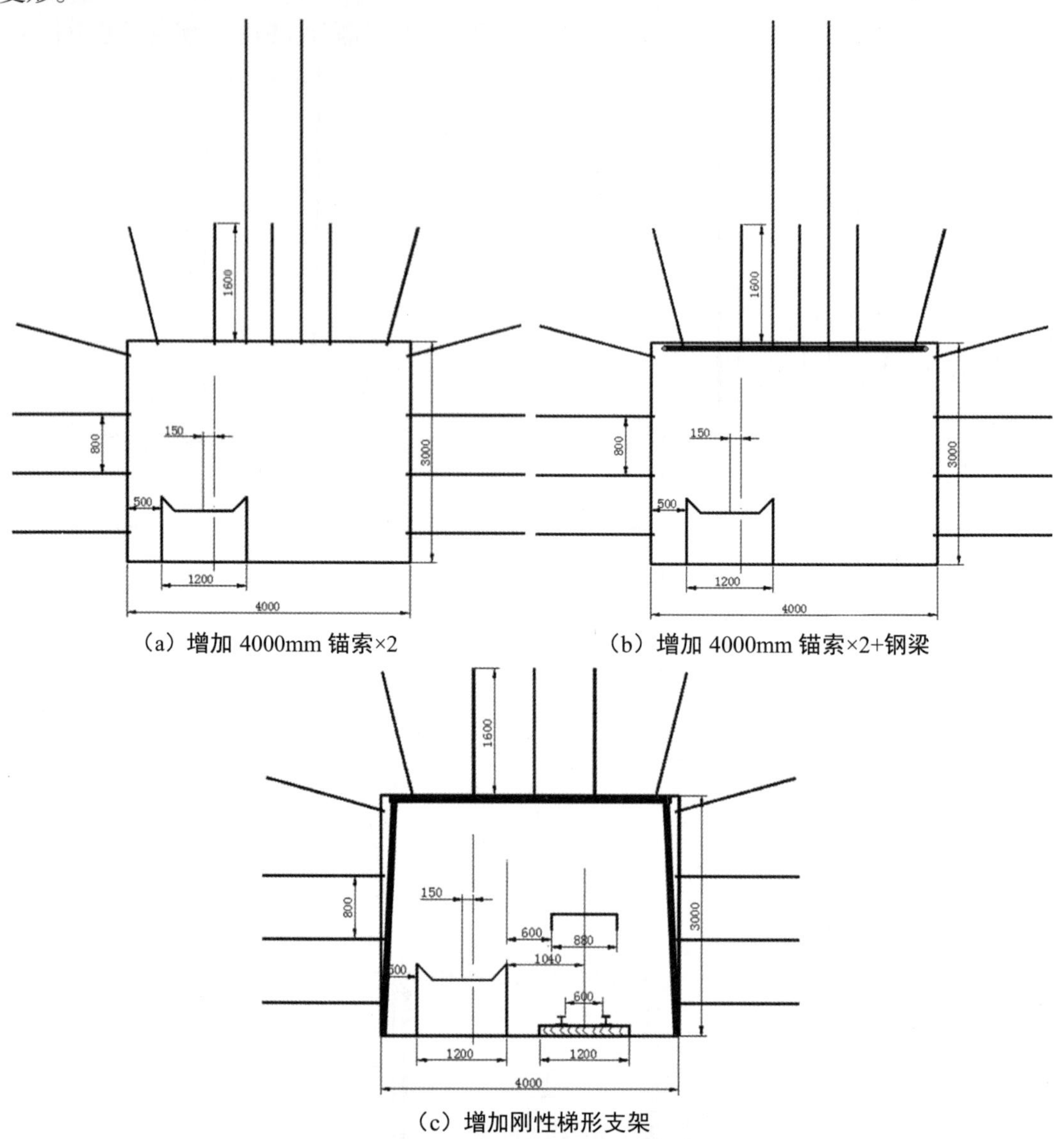

（a）增加 4000mm 锚索×2　　（b）增加 4000mm 锚索×2+钢梁

（c）增加刚性梯形支架

图 2.27　0403 工作面运输（轨道）顺槽巷道断面支护参数

由于使用普通的爆破方法，巷道炮眼布置引起爆破掘进冲击应力波干涉，破坏了极易破碎的顶板（为泥质粉砂岩）、底板（为泥质粉砂岩）、含炭泥薄岩层状岩体的完整性，降低了围岩自身的承载力，围岩松动圈范围可达 1.3 ~ 2.0m。全断面巷道掘进施工方法与上下断面巷道掘进施工方法对比，不利于保护围岩自身的承载力，及时有效发挥锚网钢带（梁）的支护作用效果。锚杆支护发挥悬吊、组合梁索固作用有限，特别是牵挂、减跨作用大打折扣，巷道底鼓、边帮形变、顶板破碎下沉表现得尤为突出，不得不采取补设锚索和钢梁等措施，以便维护生产。巷道支护技术的专家系统需要建立完善、优化调整合理的巷道支护参数，实现巷道稳定。一般巷道采用锚网钢带的支护，局部地段采取锚网钢带+钢梁、锚网钢带+刚性梯形支架的支护，以及局部布设锚索，以有效地确保巷道稳定。

第3章 国内外巷道底鼓围岩破坏研究

回采巷道掘进时，若水平地应力（特别构造应力的影响）大于垂直地应力，则巷道的开挖对底板岩石来说，是降低了围压，当水平应力超过底板岩石的单轴抗压强度时，底板在开掘过程中即遭到破坏。

从能量的角度分析，底板岩层处于三向应力状态时，允许储存较大的应变能。巷道开掘后，在周围形成应力集中区，在应力集中区形成能量集聚。当围岩最小主应力降低，允许储存的能量随之降低。如果集聚的能量大于该点的极限储存能量，多余的能量将自动向深部转移，转移能量区域产生塑性变形或破裂。

3.1 开挖与围岩支护工作特性

在大量的巷道工程建设实践中，通过对巷道工程的现场观测、试验以及计算、推理分析，大致认识到巷道结构工作状态有以下特点。

（1）巷道结构在施工阶段就进入工作状态

一般地面结构是施工完成后才承受活载、风载及自重等荷载，施工阶段的荷载一般较小，而巷道结构是在受载状态下构筑的，施工过程中要承受围岩垂直压力和水平侧向压力。对于长度较大的巷道工程而言，尽管人们习惯于按平面问题来简化计算工作，但针对这种施工过程的特殊工作特性，巷道工程也应该是一个空间结构体系，因此，巷道结构在施工阶段和使用阶段有不同的工作状态。

（2）围岩地质条件对巷道结构设计影响很大

巷道结构的主要荷载是围岩压力，围岩压力与围岩级别及工程性质紧密相关，彻底弄清围岩的工程性质是困难的，在巷道结构设计过程中常需参考借鉴类似工程的成功经验。如果围岩是很破碎的软弱岩体，一般可以看成是破碎、松散的连续体，按松散体计算松散压力或按连续介质理论确定围岩压力；如果围岩是较完整的岩体，则要按工程地质方法确定围岩压力，此时要特别注意岩体结构面的不利和有利的组合，这样才能在安全条件下，有效和经济地建造巷道结构。此外，巷道结构埋深不同，所处地质构造部位不同，原岩初始应力也不同，初始应力释放将对巷道工程的开挖和稳定产生很大影响。还要特别注意的是，围岩地质条件在设计时只是有一个概略的资料，施工过程中才能逐步了解地质状态，并且随着时间的推移，由于受力状态的变化，岩体还会流变，甚至还有地壳运动的因素，如地震等，都会使围岩随时间有一个明显或不明显的变化。

（3）围岩具有一定的自承载能力

巷道结构所处的围岩不单纯是对结构产生荷载，也是承担荷载的组成部分，围岩压力由巷道结构和围岩共同承担，围岩有一定的自承载能力。不论在垂直方向或水平方向，围岩均有一定的自稳范围和自稳时间，随着岩体类型和构造的不同，其自稳范围和自稳时间在一个很大的范围内变化。巷道结构就是要充分利用或者改善围岩的自稳范围和自稳时间的大小。要做到这一点，就要求围岩产生一定的变形和一定范围的塑性区，同时也要及时进行支护。设计和施工者的任务就是将这一变形控制在允许范围之内，完全不变形是不可能的，同时过大变形也会带来支护的困难和造价的增高。充分发挥围岩的自承载能力，是现在巷道工程设计施工区别于传统方法的根本点，通过锚杆、锚索、喷射混凝土等对围岩的加固是提高围岩自承载能力的有效措施。

（4）巷道水的赋存状态对巷道结构的设计施工产生巨大的影响

一般说来，巷道水不仅影响巷道工程施工阶段的结构和人员的安全以及施工方法的选择，而且带来巷道工程运行期间的防排水问题，巷道水的发育也能在很大程度上恶化围岩级别及工程性质。在设计和施工中首先要了解巷道水的情况，还要注意巷道水的变化，注意巷道水变化带来的地层参数的变化和静、动水压力的变化。

（5）施工方法和施工时机对围岩及巷道支护结构的稳定有制约作用

由于巷道结构是以巷道空间代替岩体的承载结构，而此替代过程是在某种范围和时间内依赖围岩的自承载力实现的，所以施工方法和施工时机能在很大程度上影响围岩及巷道支护结构的稳定。考虑到这种因素，在构筑预期的巷道结构的过程中，尤其在软弱、破碎围岩当中，要注意对围岩的过度扰动、限制超挖，要注意巷道结构与围岩共同工作或者与辅助支护结构、临时支护结构共同作用，形成空间受力体系，以减少或控制变形，并注意构成封闭的三向受力体系，这一原则习惯上称为“勤支护、早封闭、弱扰动”，因此，巷道结构的施工步骤要有严格的工作程序和施作时间规定。

（6）多期支护对改善巷道结构稳定有明显积极作用

开挖早期适时进行初期支护，但支护刚度不大，以便围岩产生一定的变形，在变形发展到一定水平后再进行二次支护，两者支护措施共同构成永久巷道结构。这种多次支护的方法不仅能主动控制围岩的变形，而且能改善作业空间环境、节约工程造价。

工程设计必须建立在科学合理的力学模型基础之上，随着巷道工程计算理论的发展，作为巷道结构设计必需的计算模型也有了其理论依据，但具体计算模型的确定，应能反映以下情况。应尽可能将所有因素考虑进去，反映结构实际工作状态以及围岩与结构的边界关系，假定条件尽可能接近实际且不宜过多。计算模型中有关参数应该是能够测定的、实用的，且受人为因素干扰的程度较小。计算出的结果既不过于保守也不偏于不安全，如应力、应变等应真实可靠，符合经济实用、安全合理原则。荷载确定简单明确，荷载种类符合结构在施工和使用阶段的实际情况。计算模型适用范围应尽可能广泛，具有普遍性且能被反复检验。由于巷道工程所处地质环境的复杂性以及施工方法的差异性，以某个理想的计算模型来适用于所有的围岩环境，对于巷道工程来说是很难实现的，因此，必然会存在多种适用于各自围岩条件的计算模型。

从巷道结构设计实践来看，巷道结构设计的计算模型大致可以归纳为三大类：第一类“荷载-结构模型”，基于结构力学的分析模型，围岩对结构产生荷载，承载主体是衬砌结构，同时围岩对结构的变形有约束作用。第二类“围岩-结构模型”，基于连续介质力学的分析模型，衬砌结构对围岩的变形起限制作用，承载主体是围岩。第三类“收敛-约束模型”，以连续介质力学、结构力学等理论为基础，结合实测、经验的分析模型。

目前，随着一些前后处理功能强大的有限元软件的开发，如 ANSYS、FLAC、3D-σ 和 ADINA 等软件，数值分析被广大工程设计施工所接受，在越来越多的巷道工程实践中得到广泛应用，也对设计施工方案、方法确定发挥了积极的理论指导作用。显然采用数值分析的围岩-结构模型原则上任何场合都可以适用，主要的准备工作就是确定各种材料本构模型的参数以及围岩初始应力等条件。围岩-结构模型与目前一些先进施工技术条件下的巷道结构的实际工作状态是基本吻合的，如锚喷支护、钢架格栅支护等具有快速、密贴、早强等特点，对限制围岩的变形可以起到及时有效的约束作用，是充分发挥围岩自承载力的一项有效措施，这正好符合围岩-结构模型的特点。

正因为如此，围岩-结构模型成为目前发展迅速的运用越来越广泛的分析方法，见图 3.1 所示。

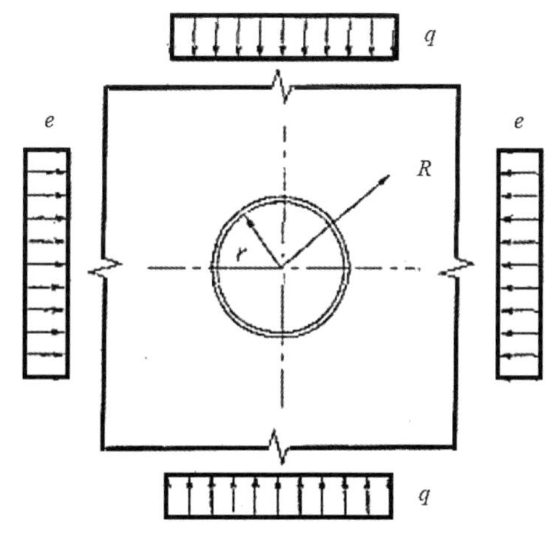

图 3.1　围岩-结构模型计算简图

收敛-约束模型又称特征曲线模型，是指利用围岩的收敛特征曲线与衬砌结构的支护特征曲线关系求出支护结构的类型和尺寸的计算模型。收敛-约束模型计算简图如图 3.2 所示。

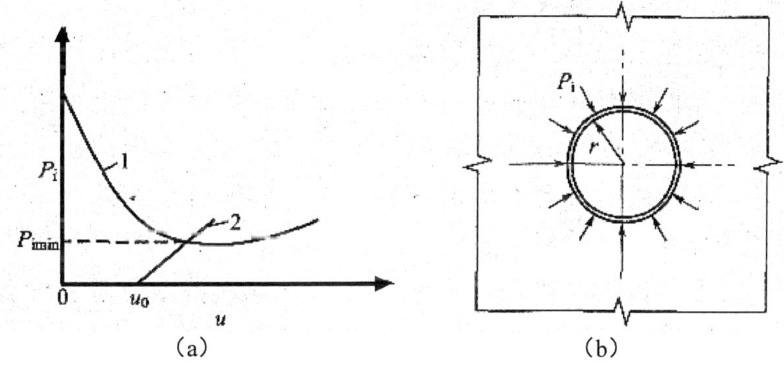

图 3.2　收敛-约束模型计算简图

（1）曲线 1 为围岩的收敛特征曲线，按连续介质力学方法得到，横坐标为巷壁位移 u，纵坐标为衬砌对洞周围岩的支护阻力 P_i，该曲线也可理解为围岩的支护需求曲线.

（2）曲线 2 为衬砌结构的支护特征曲线，由结构力学方法得到的衬砌结构受力变形关系曲线，该曲线也可理解为衬砌结构的支护补给曲线。如果掌握了围岩的收敛特征曲线、衬砌结构的支护特征曲线以及施作衬砌结构前已经发生的初始自由变形 u_0。那么两曲线的交点纵坐标 P_{imin} 即为支护结构上的最终围岩变形压力，交点横坐标即为支护结构的最终变形量。有了支护结构的围岩变形压力后，即可按一般结构力学的方法分析支护结构的内力，进而设计截面尺寸。回采或掘进期间，工作面超前支承压力通过两帮传递给底板，巷道底板岩层存在零应变点，零应变点以上的岩层须承受垂直拉伸应变。而回采巷道的底板岩层一般为层状岩体，其抗拉强度由层间的弱面所控制，因而抗拉强度很小。

因此，巷道底板岩层将在拉伸应变的作用下产生离层，同时大大降低了底板岩层的抗弯刚度。底板岩体中的破裂面形态是巷道底鼓产生的重要因素，它决定了底鼓发生时所呈现的形式和底鼓的量级。底板岩层的破裂面包括沿岩体原生结构面形成的破裂面，也包括由岩石破坏产生的新生破裂面。不同的底板岩体结构和应力状态可产生不同的破裂面形态。

研究表明，软煤巷道比中硬煤巷道更容易产生底鼓。这就说明回采巷道底板难以在两帮煤体传递的支承压力作用下产生压模效应。若在支承压力作用下两帮被破坏，相当于巷道宽度加大。一般巷道比构造应力巷道底鼓量小主要是由于巷道两帮煤体强度较大，在支承压力的作用下两帮破碎区和塑性区较小，底板“暴露”的宽度较小；而构造应力巷道由于两帮破碎区和塑性区较大，底板“暴露”宽度较大，在水平应力的作用下产生剪切破坏或压曲，从而底板水平位移增大，底鼓量增大。

围岩是一种天然的复杂地质体，表现出弹性、弹塑性、黏弹性、黏塑性等多种力学性质。但工程上最关心的围岩应力形式主要有三种：开挖前天然岩体应力状态；开挖后围岩体应力重分布状态；支护衬砌后围岩应力状态改变情况。由于开挖形成了地下空间，破坏了岩体原有的相对平衡状态,因而将产生一系列复杂的岩体力学作用,这些作用可归纳为：

①煤矿巷道开挖破坏了岩体天然应力相对平衡状态，巷道周边岩体将向开挖空间松胀变形，使围岩中应力产生重分布作用，形成新的应力状态，称为重分布应力状态。

②在重分布应力作用下，巷道围岩将向洞内变形位移。如果围岩重分布应力超过了岩体的承受能力，围岩将产生破坏。

③围岩变形破坏将给煤矿巷道的稳定性带来危害。因而，需对围岩进行支护衬砌，变形破坏的围岩将对支衬结构施加一定的荷载，称为围岩压力（或称山岩压力、地压等）。

④在有压巷道中，作用有很高的内水压力或活动性构造应力，并通过衬砌或洞壁传递给围岩，这时围岩将产生一个反力，称为围岩抗力。

3.2 无压巷道围岩重分布应力

巷道围岩重分布应力理论研究是以圆形截面为基础的，其他形状巷道应力通常可以通过乘上不同应力集中系数修正得到解决。

（1）弹性重分布应力的大小

当围岩为坚硬致密的块状岩体，天然应力大约等于或小于其单轴抗压强度的一半时，围岩呈弹性变形。可近似视为各向同性、连续、均质的线弹性体，其围岩重分布应力可根据弹性力学计算。埋深于地下弹性岩体中的水平圆形巷道，受力情况如图 3.3 所示。

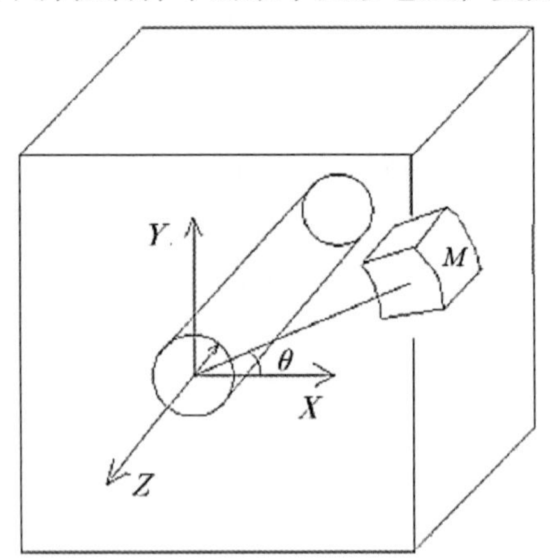

图 3.3　圆形巷道壁一点的应力

但是，通常巷道半径相对于洞长很小，可按平面应变问题考虑，简化为两个两侧受均布压力的薄板中心小圆孔周边应力分布的计算问题。图 3.4 为柯西方法的简化模型，取极坐标，得薄板中任意一点的应力及方向。考虑平面问题不计体力，得到 M 点各分量。

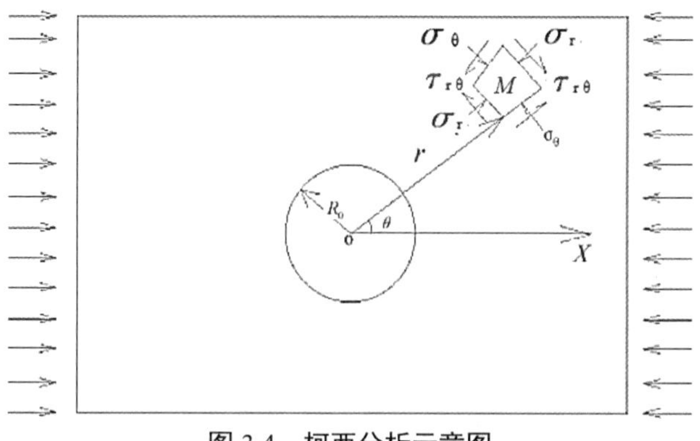

图 3.4　柯西分析示意图

$$
\begin{cases}
\sigma_{\mathrm{r}}=\dfrac{p}{2}\left[\left(1-\dfrac{R_0^2}{r^2}\right)+\left(1+\dfrac{3R_0^4}{r^4}-\dfrac{4R_0^2}{r^2}\right)\cos 2\theta\right] \\
\sigma_{\theta}=\dfrac{p}{2}\left[\left(1+\dfrac{R_0^2}{r^2}\right)-\left(1+\dfrac{3R_0^4}{r^4}\right)\cos 2\theta\right] \\
\tau_{\mathrm{r}\theta}=-\dfrac{p}{2}\left(1-\dfrac{3R_0^4}{r^4}+\dfrac{2R_0^2}{r^2}\right)\sin 2\theta
\end{cases}
\tag{3.1}
$$

式中：σ_{r}，σ_{θ}，$\tau_{\mathrm{r}\theta}$—M 点的径向应力、环向应力、剪应力，以压应力为正，拉应力为负；θ—极角，自水平轴起始，逆时针方向为正；r—巷径。

而煤矿巷道受力图简化如图 3.5 所示。

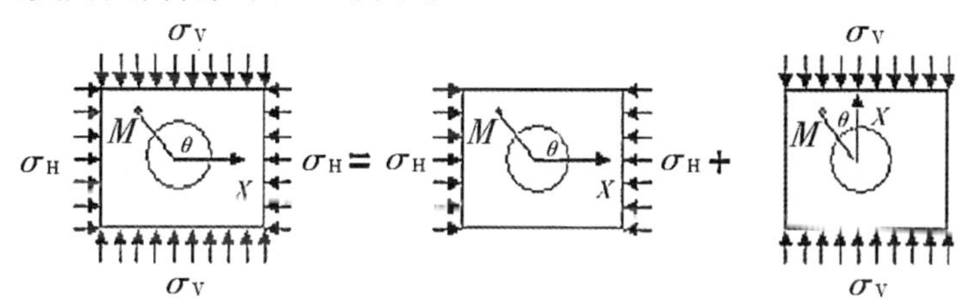

图 3.5　圆形巷道围岩应力分析模型计算简图

代入柯西公式，化简得到地下圆形巷道开挖应力重分布计算公式：

$$
\begin{cases}
\sigma_{\mathrm{r}}=\dfrac{\sigma_{\mathrm{H}}+\sigma_{\mathrm{V}}}{2}\left(1-\dfrac{R_0^2}{r^2}\right)+\dfrac{\sigma_H-\sigma_V}{2}\left(1+\dfrac{3R_0^4}{r^4}-\dfrac{4R_0^2}{r^2}\right)\cos 2\theta \\
\sigma_{\theta}=\dfrac{\sigma_{\mathrm{H}}+\sigma_{\mathrm{V}}}{2}\left(1+\dfrac{R_0^2}{r^2}\right)-\dfrac{\sigma_H-\sigma_V}{2}\left(1+\dfrac{3R_0^4}{r^4}\right)\cos 2\theta \\
\tau_{\mathrm{r}\theta}=-\dfrac{\sigma_{\mathrm{H}}-\sigma_{\mathrm{V}}}{2}\left(1-\dfrac{3R_0^4}{r^4}+\dfrac{2R_0^2}{r^2}\right)\sin 2\theta
\end{cases}
\tag{3.2}
$$

或者引入天然应力比值系数化简得下面公式：

$$
\begin{cases}
\sigma_{\mathrm{r}}=\sigma_{\mathrm{V}}\left[\dfrac{1+\lambda}{2}\left(1-\dfrac{R_0^2}{r^2}\right)+\dfrac{1-\lambda}{2}\left(1+\dfrac{3R_0^4}{r4}-\dfrac{4R_0^2}{r^2}\right)\cos 2\theta\right] \\
\sigma_{\theta}=\sigma_{\mathrm{V}}\left[\dfrac{1+\lambda}{2}\left(1+\dfrac{R_0^2}{r^2}\right)+\dfrac{1-\lambda}{2}\left(1+\dfrac{3R_0^4}{r4}\right)\cos 2\theta\right] \\
\tau_{\mathrm{r}\theta}=\sigma_{\mathrm{V}}\dfrac{1-\lambda}{2}\left(1-\dfrac{3R_0^4}{r4}+\dfrac{2R_0^2}{r^2}\right)\sin 2\theta
\end{cases}
\tag{3.3}
$$

式中：σ_{V}，σ_{H}—岩体铅直和水平天然应力；R_0—巷道半径，且 $\lambda=\sigma_{\mathrm{V}}/\sigma_{\mathrm{H}}$。

考虑到巷道壁上重分布应力的特点，可把 $r=R_0$ 代入上面的计算式，得到巷道壁上的重分布应力：

$$\begin{cases}\sigma_r=0\\ \sigma_\theta=\sigma_H+\sigma_V-2(\sigma_H-\sigma_V)=\sigma_V[1+\lambda+2(1-\lambda)\cos 2\theta]\\ \tau_{r\theta}=0\end{cases}\tag{3.4}$$

由上式可知，巷道壁处的 $\tau_{r\theta}=0$，$\sigma_r=0$，为单向应力状态，且 σ_θ 大小与巷道室尺寸半径 R_0 无关。在 $\theta=0°$，$180°$（即巷道壁两侧）处，有 $\sigma_\theta=3\sigma_V-\sigma_H=(3-\lambda)\sigma_V$；在 $\theta=90°$，$270°$（即巷道顶、底）处，则有 $\sigma_\theta=3\sigma_V-\sigma_H=(3-1)\sigma_V$。

所以，当 $\lambda<1/3$ 时，巷道顶底将出现拉应力；当 $1/3<\lambda<3$ 时，σ_θ 为压应力且分布较均匀；当 $\lambda>3$ 时，巷道壁两侧出现拉应力，巷道顶底出现较高的压应力集中。

（2）塑性围岩重分布应力

煤矿巷道开挖后，巷道壁的应力集中最大，当它超过围岩屈服极限时，巷道壁围岩就由弹性状态转化为塑性状态，并在围岩中形成一个塑性松动圈。随着距巷道壁距离的增大，径向应力 σ_r 由零逐渐增大，应力状态由巷道壁的单向应力状态逐渐转化为双向应力状态，围岩也就由塑性状态逐渐转化为弹性状态。弹性区以外则是应力基本未产生变化的天然应力区（或称原岩应力区）。围岩中出现塑性圈、弹性圈和原岩应力区，见图 3.6。

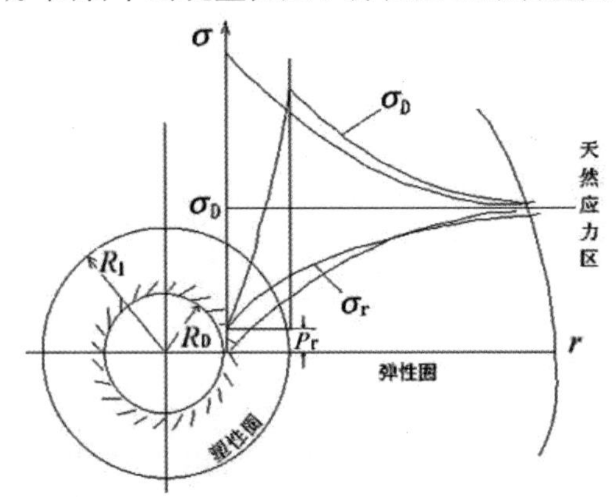

图 3.6　塑性圈、弹性圈和原岩应力区图

塑性松动圈的出现，使圈内一定范围内的应力因释放而明显降低，而最大应力集中由原来的硐壁移至塑、弹性圈交界处，使弹性区的应力明显升高。一般采用弹塑性理论求解塑性圈内的围岩重分布应力。径向应力为

$$\sigma_r= p_i+C_m\cot\phi_m\left(\frac{r}{R_0}\right)^{\frac{2\sin\phi_m}{1-\sin\phi_m}}-C_m\cot\phi_m\tag{3.5}$$

环向应力为

$$\sigma_\theta= p_i+C_m\cot\phi_m\frac{1+\sin\phi_m}{1-\sin\phi_m}\left(\frac{r}{R_0}\right)^{\frac{2\sin\phi_m}{1-\sin\phi_m}}-C_m\cot\phi_m\tag{3.6}$$

由以上可知：

①塑性圈内围岩重分布应力与岩体天然应力 σ_0 无关，而取决于支护力 p_i 和岩体强度 C_m，φ_m 值。

②巷道壁上（$r=R_0$）

$$\begin{cases}\sigma_r = p_i \\ \sigma_\theta = p_i \dfrac{1+\sin\phi_m}{1-\sin\phi_m} + \dfrac{2C_m\cot\phi_m}{1-\sin\phi_m}\end{cases} \tag{3.7}$$

若 p_i=0，则

$$\begin{cases}\sigma_r = 0 \\ \sigma_\theta = \dfrac{2C_m\cot\phi_m}{1-\sin\phi_m}\end{cases} \tag{3.8}$$

③塑性圈与弹性圈交界面（r=R_1）的应力。在弹性圈与塑性圈交界面上，由弹性应力=塑性应力得式（3.9）。由该式可知：塑、弹性圈交界面上的重分布应力取决于 σ_0 和 C_m，φ_m，而与 p_i 无关，则表明支护力不能改变交界面上的应力大小，只能控制塑性松动圈半径（R_1）的大小。

$$\begin{cases}\sigma_{r\,pe} = \sigma_0(1-\sin\phi_m) - C_m\cos\phi_m \\ \sigma_{\theta\,pe} = \sigma_0(1+\sin\phi_m) + C_m\cos\phi_m \\ \tau_{r\theta\,pe} = 0\end{cases} \tag{3.9}$$

3.3　有压巷道围岩重分布应力

当巷道内壁上作用有较高的内水压力时，围岩中的内水压力在上述重分布应力计算的基础上更加复杂。下面重点讨论内水压力引起的围岩附加应力，可用弹性厚壁筒理论来计算。若有压巷道半径为 R_0，内水压力为 P_a，则有压巷道围岩重分布应力为

$$\begin{cases}\sigma_r = \sigma_0\left(1-\dfrac{R_0^2}{r^2}\right) + P_a\dfrac{R_0^2}{r^2} \\ \sigma_\theta = \sigma_0\left(1+\dfrac{R_0^2}{r^2}\right) - P_a\dfrac{R_0^2}{r^2}\end{cases} \tag{3.10}$$

上式表明：内水压力使围岩产生负的环向应力，也即拉应力。当这个环向应力很大时，则常使围岩产生放射性裂隙。内水压力使围岩产生附加应力的影响范围大致也为 6 倍半径。

（1）弹性力学分布应力

根据前面的围岩重分布应力分析可知，当岩体天然应力比值系数 $\lambda<1/3$ 时，巷道顶、底将出现拉应力值为 σ_θ=(3-1)σ_v。两侧壁出现压应力集中，其值为 σ_θ=(3-λ)σ_v。在这种情况下，若巷道顶、底板的拉应力大于围岩的抗拉强度 σ_t（严格地说应为一向拉、一向压的拉压强度）时，围岩就要发生破坏。其破坏范围可用图 3.7 所示的方法进行预测。

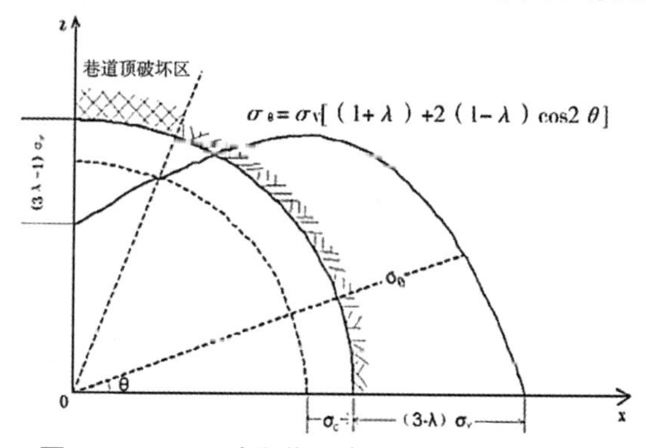

图 3.7　λ＜1/3 时巷道顶破坏区范围预测示意图

在 $\lambda>1/3$ 的天然应力场中，巷道壁围岩均为压应力集中，顶、底压应力 $\sigma_\theta=(3-1)\sigma_v$，侧壁为 $\sigma_\theta=(3-\lambda)\sigma_v$。当 σ_θ 大于围岩的抗压强度 σ_c 时，巷道壁围岩就要被破坏。沿巷道周压破坏范围可按图 3.8 所示的方法确定。对于破坏圈厚度，可以利用围岩处于极限平衡时主应力与强度条件之间的对比关系求得。

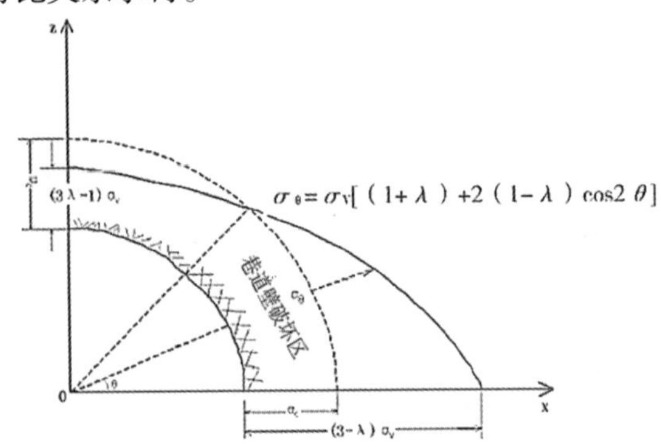

图 3.8 $\lambda>1/3$ 时巷道壁破坏区范围预测示意图

当 $r>R_0$ 时，在 $\theta=0$，$\pi/2$，π，$3\pi/2$ 四个方向上，$\tau_{r\theta}=0$，σ_r 和 σ_θ 为主应力。围岩的强度为

$$\sigma_1=\sigma_3\tan^2\left(45^\circ+\frac{\phi_m}{2}\right)+2C_m\tan\left(45^\circ+\frac{\phi_m}{2}\right) \tag{3.11}$$

若用 σ_r 代入上式，求出 σ_1（围岩强度）为

$$\sigma_1=\sigma_r\tan^2\left(45^\circ+\frac{\phi_m}{2}\right)+2C_m\tan\left(45^\circ+\frac{\phi_m}{2}\right) \tag{3.12}$$

然后与 σ_θ 比较，若 $\sigma_\theta\geqslant\sigma_1$，围岩就破坏，因此，围岩的破坏条件为

$$\sigma_\theta\geqslant\sigma_r\tan^2\left(45^\circ+\frac{\phi_m}{2}\right)+2C_m\tan\left(45^\circ+\frac{\phi_m}{2}\right) \tag{3.13}$$

最后，可根据上式用作图法来求 x 轴和 z 轴方向围岩的破坏厚度，其具体方法如图 3.9 和图 3.10 所示。

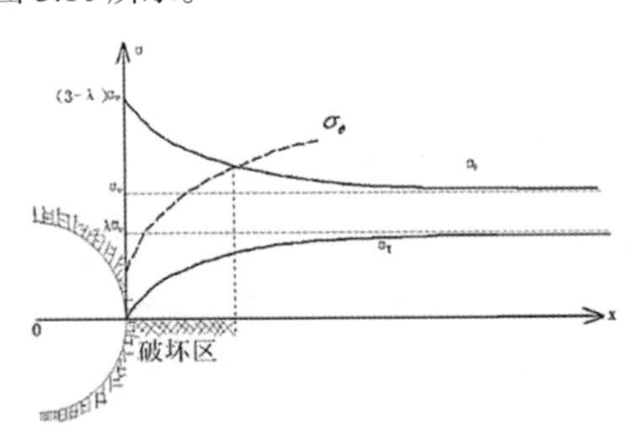

图 3.9 x 轴方向破坏区厚度预测破坏示意图

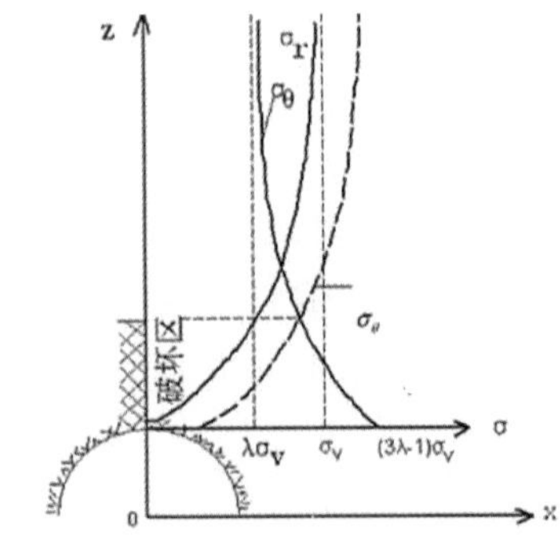

图 3.10 z 方向破坏厚度预测示意图

在求出 x 轴和 z 轴方向的破坏圈厚度之后，其他方向上的破坏圈厚度也可由此方法大致推求。在岩体中天然应力 $\sigma_h=(\lambda-1)\sigma_v$ 时，用以上方法可精确得到各个方向的破坏圈厚度。确定了 θ 方向和 r 轴方向的破坏区范围，则围岩的破坏区范围也就确定了。

（2）弹塑性力学分布应力

在裂隙岩体中开挖煤矿巷道时，将在围岩中出现一个塑性松动圈。围岩的破坏圈厚度为 R_1-R_0，关键是确定塑性松动圈半径 R_1。下面就在假设岩体天然应力 $\sigma_h=\sigma_v=\sigma_0$ 的条件下简要推导塑性松动圈半径，如图 3.11 所示。

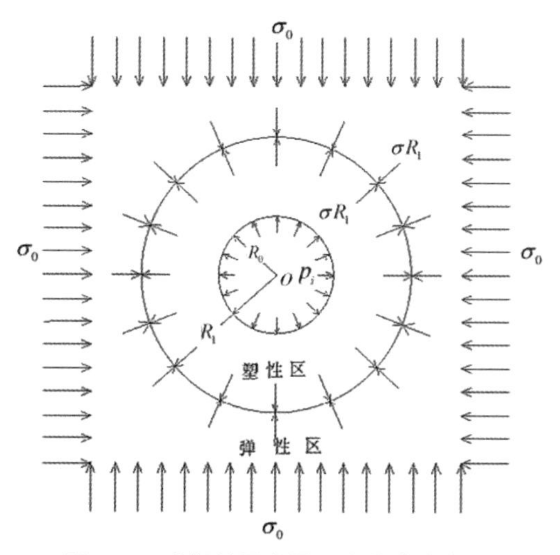

图 3.11　弹塑性区交界面上的应力条件

在弹性圈内的应力为

$$\begin{cases}\sigma_{re}=\sigma_0\left(1-\dfrac{R_1^2}{r^2}\right)+\sigma R_1\dfrac{R_1^2}{r^2}\\ \sigma_{\theta e}=\sigma_0\left(1+\dfrac{R_1^2}{r^2}\right)-\sigma R_1\dfrac{R_1^2}{r^2}\end{cases}\tag{3.14}$$

在弹、塑性圈交界面上的弹性应力为

$$\begin{cases}\sigma_{re}=\sigma R_1\\ \sigma_{\theta e}=2\sigma_0-\sigma R_1\end{cases}\tag{3.15}$$

交界面上的塑性应力

$$\begin{aligned}\sigma_{rp}&=(p_i+C_m\cot\phi_m)\left(\frac{R_1}{R_0}\right)^{\frac{2\sin\phi_m}{1-\sin\phi_m}}-C_m\cot\phi_m\\ \sigma_{R_1}&=(p_i+C_m\cot\phi_m)\frac{1+\sin\phi_m}{1-\sin\phi_m}\left(\frac{R_1}{R_0}\right)^{\frac{2\sin\phi_m}{1-\sin\phi_m}}-C_m\cot\phi_m\end{aligned}\tag{3.16}$$

由界面上弹性应力与塑性应力相等，得

$$\sigma_{R_1}=(p_i+C_m\cot\phi_m)\left(\frac{R_1}{R_0}\right)^{\frac{2\sin\phi_m}{1-\sin\phi_m}}-C_m\cot\phi_m\tag{3.17}$$

解出 R_1，得到修正芬纳-塔罗勃公式：

$$R_1=R_0\left[\frac{(\sigma_0+C_m\cot\phi_m)(1-\sin\phi_m)}{p_i+C_m\cot\phi_m}\right]^{\frac{1-\sin\phi_m}{2\sin\phi_m}}\tag{3.18}$$

得到卡斯特纳（Kastner）公式：

$$R_1=R_0\left[\frac{2}{\xi+1}\frac{\sigma_c+\sigma_0(\xi-1)}{\sigma_c+p_i(\xi-1)}\right]^{\frac{1}{\xi-1}}\quad\left(\xi=\frac{1+\sin\phi_m}{1-\sin\phi_m}\right)\tag{3.19}$$

从计算公式可以看出：巷道开挖后，围岩塑性圈半径 R_1 随天然应力 σ 的增加而增大，随支护力 p_i、岩体强度 C_m 的增加而减小。

（3）几种弹塑性力分布应力

图 3.12 是在同等条件下几种弹塑性力学方法比较应力曲线。从图 3.12 可以看出，柯西解适合于材料全部为弹性的情况，在出现塑性的情况下，其解与布雷解存在较大差别，而

这种差别是不容许的。在塑性区，切向应力将逐步松弛，一直到相当于材料强度的最大值。隧道附近区域的塑性性态有将隧道的影响延伸到围岩相当远处的作用。在完全弹性的情况下，切向应力在巷道半径 3.5 倍处将降低到只高于初应力的 10%；而在弹塑性情况下，弹性区的应力在同一距离处比初应力大 70%，需要延伸到 10 倍半径处才会使巷道应力变动到比初始应力大 10%。因此，在弹性层里两条并不相互影响的巷道，在塑性岩层里则可能会相互影响。虽然解析法可用来求解开挖洞室周围岩体的应力分布，但其求解的范围及正确性受到很大限制，表现在：解析法求解时需建立力学模型，然后相对于该模型建立微分方程，但模型通常与实际状态有差异。解析法通常需假定岩体为弹性材料或为特有的塑性材料，而无法考虑岩体的非线性特征。为求解微分方程，通常需假设应力函数，而微分方程解的正确性与假设的函数有关系。解析法通常需要进行较多的、烦琐的公式推导。

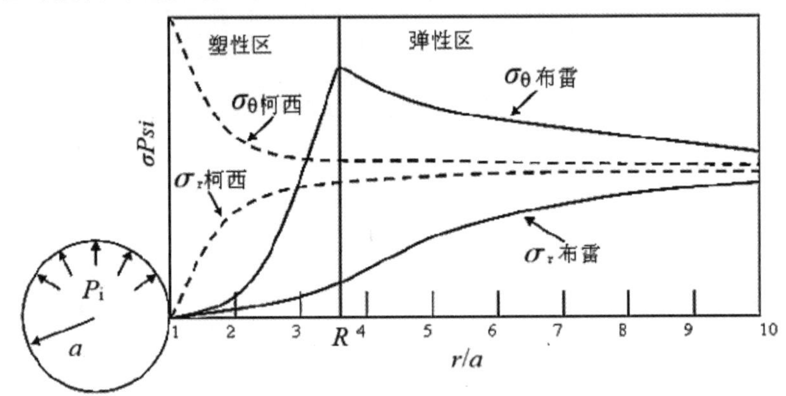

图 3.12　同等条件下柯西解和布雷解的应力曲线

3.4　巷道围岩承载结构的数值分析

（1）巷道围岩塑性区分布，以总回风下山为例见图 3.13。

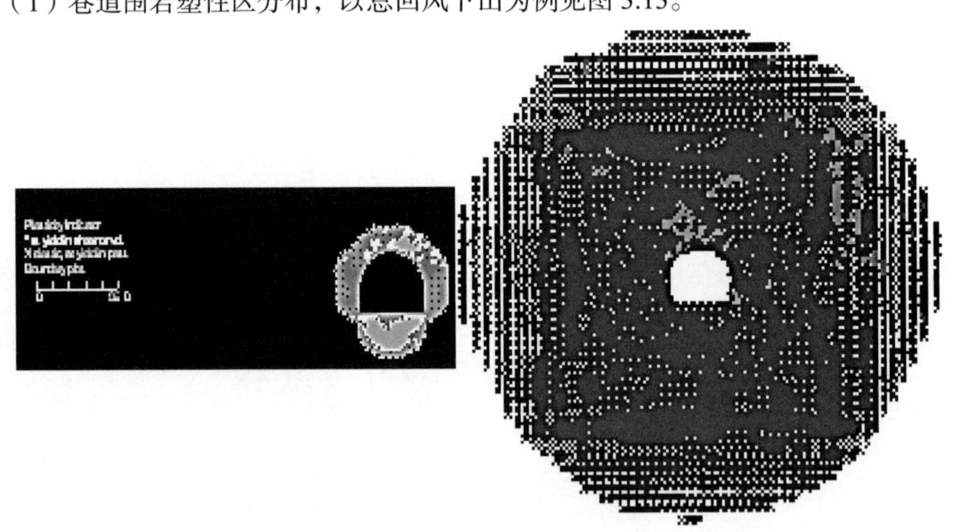

图 3.13　巷道围岩塑性区分布

巷道掘进过程中，由于底板没有及时得到控制，含膨胀性矿物成分较多的底板岩层遇水极易膨胀，出现严重底鼓变形现象，影响巷道的正常使用。

巷道底帮鼓起主要变形方式为顶板下沉和巷道底鼓，最大下沉区域集中在巷道顶板中部，极限垂向位移达到 20cm，甚至更大；在巷道底部，底鼓变形破坏现象严重，最大底鼓区域集中在巷道底板中部，极限垂向位移达 30cm，甚至更大。由于巷道出现底鼓变形，帮部产生侧向水平位移，导致巷道帮部产生鼓出变形，与现场发生的变形相接近。

（2）巷道围岩垂直应力分布见图 3.14 所示。

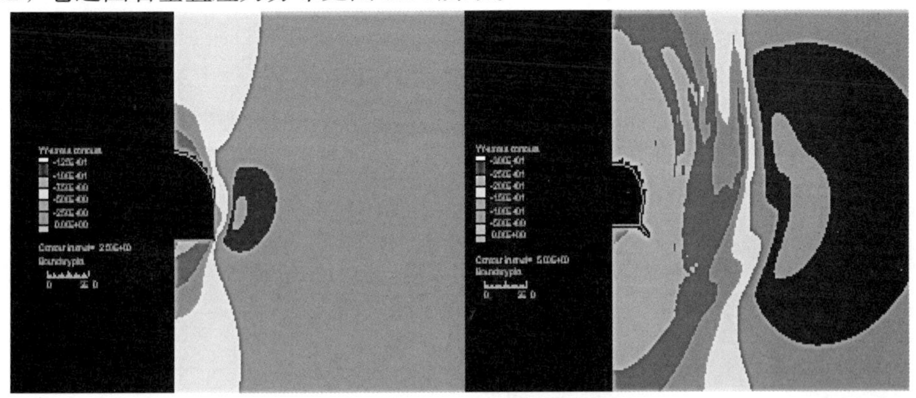

图 3.14　巷道围岩垂直应力分布

（3）巷道围岩内聚力分布见图 3.15 所示。

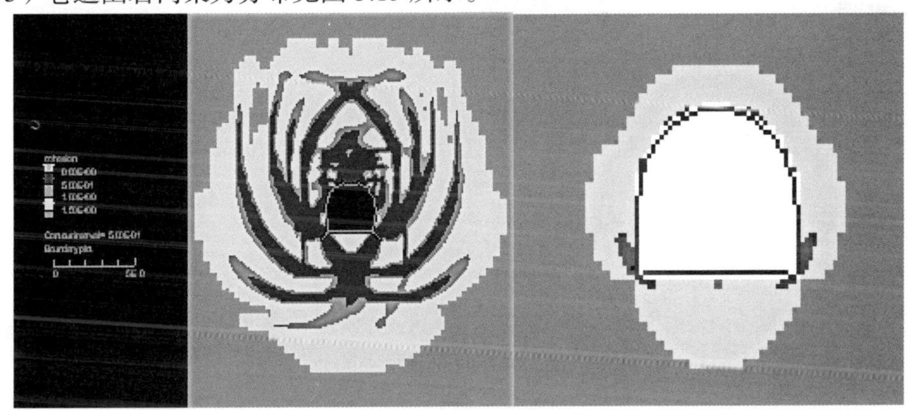

图 3.15　巷道围岩内聚力分布

（4）巷道底鼓变形破坏机理见图 3.16 和图 3.17 所示。

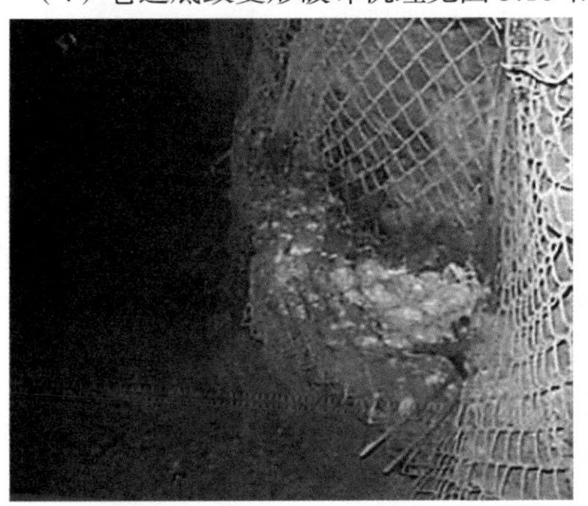

图 3.16　巷道底鼓帮部产生侧向水平位移变形破坏机理

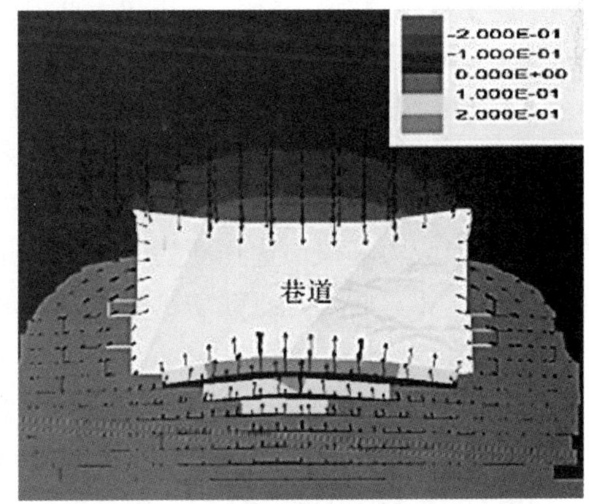

图 3.17　巷道底鼓帮部变形破坏机理

（5）优化支护后的巷道垂向位移矢量场如图 3.18 所示。

对于泥岩底板型巷道结构，巷道一般为上硬中碎下软的典型结构，在活动构造应力场和自重应力场相互作用下，巷道破坏变形表现为：高应力接触→底板和帮部的蠕变→顶板下沉加速→应力释放、调整和转移的一个循环过程。由此看来，控制顶沉、防止底鼓和加固煤帮成为泥岩底板岩层巷道稳定性控制的主要因素。从图 3.18 可看出，巷道主要变形方式为顶板下沉，下沉最大的区域主要集中在巷道顶板中部，但发生最大下沉值的区域范围有限。从巷道位移矢量场分析，位移等值区域分布比较均匀，说明变形的协调性较好，锚索网支护系统和围岩在强度和刚度上耦合效果明显，围岩稳定性得到基本控制。围岩移近累计位移与时间关系曲线所示，巷道变形量不大，未出现大的顶板下沉、离层和帮鼓现象，巷道成型好，围岩变形量小。巷道的顶板和底鼓控制得很好，两帮移近量稍大。底鼓控制非常理想，这与采取挖掉底板的泥岩，以及采用底角锚杆的技术有至关重要的关系。

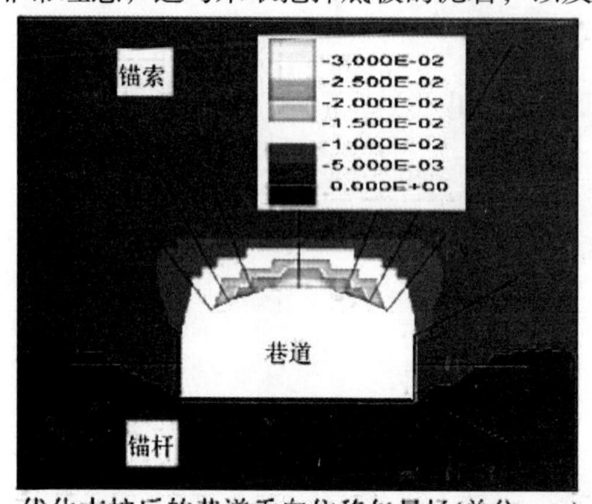

优化支护后的巷道垂向位移矢量场(单位：m)

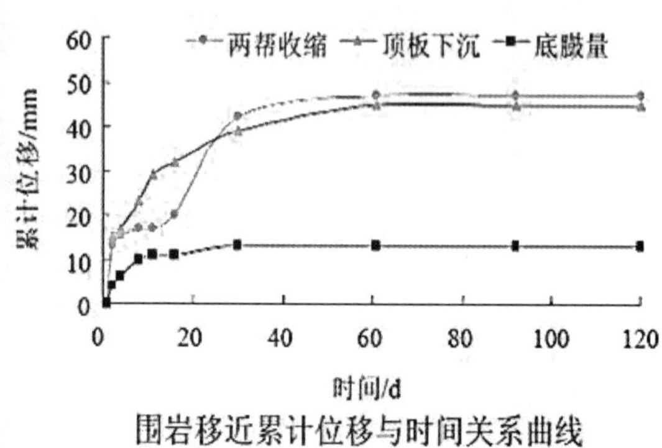

围岩移近累计位移与时间关系曲线

图 3.18　优化支护后的巷道底鼓有效控制

3.5　构造应力巷道变形特点

（1）构造应力巷道的矿山压力显现特点。

①巷道围岩初始变形速度大，掘进后第一天底鼓和两帮移近量达几十毫米以上。

②底鼓持续时间长，一般都要持续几个月甚至巷道全封闭。

③在巷道开挖时发生高应力劈裂现象。巷道经常突然来压，造成锚杆破断，两帮和顶板可听到岩体破裂的劈啪声。

④与一般软岩巷道不同，深井动压巷道围岩变形具有明显的分层性，一般情况下首先是两帮煤体被迅速挤出，紧接着是强烈底鼓，然后是顶板下沉。

（2）巷道开挖后集中应力峰值迅速向两帮煤体内部移动，由于两帮煤体强度较低，巷道围岩大范围松散破碎，围岩应力场难以在短时间内通过自身的调节达到平衡，应力峰值相对无限外移。而浅部煤巷掘出后，围岩应力也有一个调整过程，应力峰值同样向两帮煤体内移动，但应力场很快达到新的平衡。这是深部煤巷和一般煤巷的矿压显现显著不同的特点。因此，相对而言，浅部动压巷道的外部围岩是稳定的，而深部动压巷道的外部围岩相对不稳定。

（3）巷道支护的任务。防止巷道表面附近破碎岩体垮落和蠕变变形，而且还需限制围岩应力峰值的外移和塑性区的扩展，维护巷道稳定。

3.6　锚喷支护力学分析和破坏形态

当前，关于锚喷支护的力学作用，流行着两种分析法：一种是从结构观点出发（支撑观点），把喷层与围岩部分岩体组合起来，视为组合拱，把锚杆与围岩组合在一起，视为组合梁、承载拱，把大块危石用锚杆锚固在围岩上，视为悬吊作用等，属此类；另一种是从围岩和支护共同作用的观点出发（围岩加固观点），把支护视作围岩的外力（或视作围岩与支护共同体内的内力）和围岩的承载力来考虑。

显然，支撑作用观点是一种近似处理方法，无法考虑支护与围岩的共同受力作用，解释某些现象会遇到困难，如锚杆锚固在破碎岩层内，同样能发挥一定作用，但用锚杆的悬吊理论就不好解释。加固作用观点，考虑了支护对围岩的支承作用与加固作用：支承作用是由于支护对围岩施加外力，从而使围岩受力状态得到改善，反过来也使支护受力得到改善。如喷层对围岩产生支护抗力，使围岩由二向受力变成三向受力状态，改善了围岩受力条件，发挥了围岩的自承作用，与喷层相似，锚杆通过受拉对锚固区造成径向受压作用。加固作用是指锚喷支护加强了围岩承载力，如喷层喷入岩体裂隙中，提高了岩体强度。锚杆锚入围岩中，也起到提高和保护围岩抗剪强度的作用。根据岩体的地质特征和力学特性，锚喷支护的破坏形态和围岩类型分如下几种。

（1）坚硬裂隙岩体。这种岩体的岩块十分坚硬，岩体破坏只能沿裂隙面剪裂或拉裂。其原因或是岩体自重的作用，或是初始应力过大，裂隙面强度低，常见的破坏形式是危石松动塌落，围岩局部坍塌。围岩压力一般表现为顶部大，两帮小，底部没有。如果坚硬岩层中夹有软弱夹层，还容易出现软弱夹层顺层滑落或顺层挤出。这种岩层锚喷支护以后，整体破坏极少，局部破坏有：喷层拉裂、错剪、剪裂、撕裂和剥落（见图 3.19）。这些现象主要是危石滑移、松动或塌落所致。危石塌落有时引起岩体局部坍塌，尤其是碎裂岩体或薄层岩体。因为危石岩体结构互相镶嵌，不至于坍塌，一旦危石坍落，破裂区会引起一连串塌落，这是锚喷支护设计要考虑的。

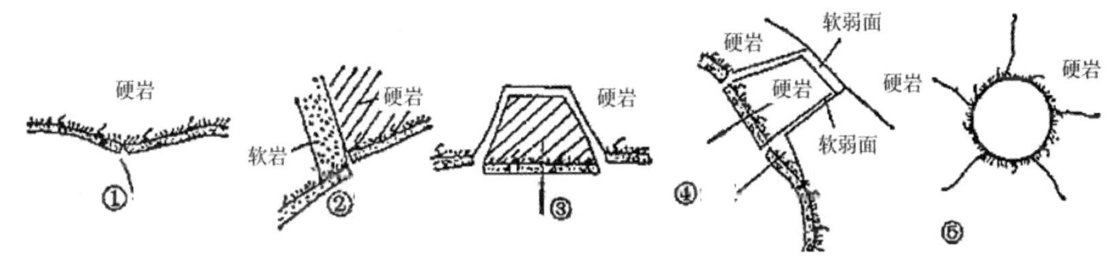

①拉裂；②错剪；③剪裂；④塌裂；⑤发射状开裂

图 3.19　坚硬裂隙岩体锚喷支护破坏形态

（2）破碎软弱岩体。这类岩体破碎，岩块强度低，其破坏形态表现为先挤压性变形、松动，而后发展至片帮、冒顶。冒顶可发展得很快，冒得高，这是一个特点。但这种岩体没有明显的流变特性，如无极大的初始应力作用，片帮冒顶前的变形量不大。当最大初始应力位于垂直方向时，破坏通常开始在巷道两侧。即两侧岩体外挤，顶部岩层下沉、松动、冒顶。当刚性支护不允许两侧岩体外挤时，出现两侧或拱腰部围岩压力增大，而当两侧岩体外挤时，导致顶压猛增。当最大初始应力位于水平方向时，顶底部易出现破坏，围岩压力主要来自顶部。破碎岩体开挖的巷道，锚喷支护破坏形态与最大初始应力有关。当 $\lambda_0=1$ 时，围岩四周压力均匀，喷层周围出现剥落或剪切破坏。当 $\lambda_0<1$ 时，最大主应力位于垂直方向，围岩塑性区位于巷道两侧，剪切破坏使两侧出现破裂楔体，或者四周受压引起剪切破坏。

（3）塑性流变岩体。它具有明显的塑性和流变性质，有极大的蠕变位移。破坏形态表现为硐壁内挤，顶板下沉，底板隆起，巷道断面缩小，围岩处于塑性流动状态。但随时间延长，围岩变形释放，达到新的平衡状态。塑性流变岩体的自稳时间很短，无自承能力，易于冒顶。初始冒顶不如破碎软弱岩体那么严重。支护后，围岩压力一般来自四周，当水平方向应力大于垂直方向应力时，漩体、喷层呈尖桃形破坏见图 3.20；当垂直方向应力大于水平方向应力时，围岩压力主要来自顶部，漩体、喷层成平顶形破坏见图 3.21。

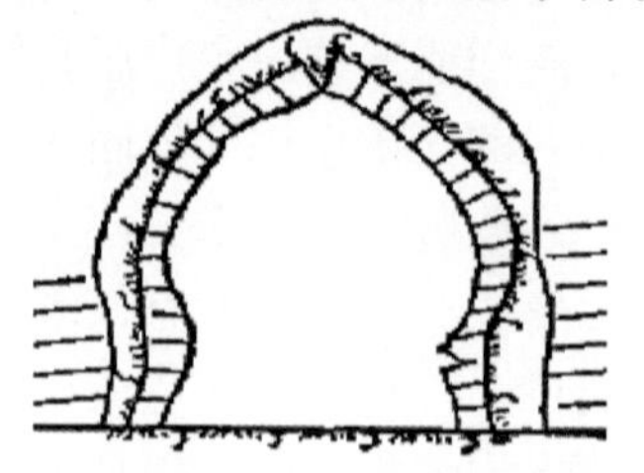

图 3.20　塑性流变岩体尖桃形破坏形态

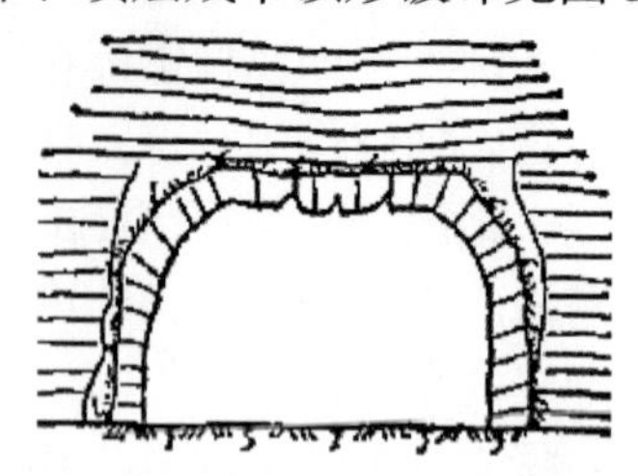

图 3.21　塑性流变岩体平顶形破坏形态

（4）膨胀潮解岩体。此类岩体都具有一定塑性、流变性特征，但与塑性流变岩体不同，它遇水膨胀大，潮解力强。如果有水存在，支护极为困难，围岩自稳时间极短，甚至完全不能自稳。在膨胀性岩体开挖巷道时，围岩除有形变压力外，还有膨胀压力。膨胀压力都是四周均匀，如巷道有积水，会出现底鼓。这种岩体经过水化、泥化，潮解，围岩强度逐渐变小至零，出现冒顶或极大的形变压力。

3.7　锚喷支护设计施工原则

（1）为确保围岩不出现有害松动，发挥锚喷支护施工快的特点，做到支护及时，喷速凝、早强混凝土，紧跟开挖面，设计和施工应对锚喷支护的施工顺序、时间、支护面与开挖面的距离，都应提出严格要求。

（2）准确、合理地调节控制围岩变位，在不出现有害松动的条件下，允许围岩有一定程度的变位，以便充分发挥围岩的自承能力。锚喷支护中，采用二次喷混凝土或二次锚固法。第一次允许围岩有较大的变形，第二次变形量就会迅速减小。当围岩变形很大时，企图用二次锚喷仍是不足，必须采用可缩性支护来调节、控制。实际上，锚杆是一种良好得可缩性支护。喷层留纵向变形缝也可提高可缩性，等待围岩变形停止，再喷混凝土封住纵向变形缝。修筑底拱，控制围岩继续变形。一般在复喷前或复喷时封底。利用延迟支护时间来控制围岩变位，但是若支护较晚，易出事故。围岩总的变形量，应控制在允许极限位置之内。变位大的应增加锚杆数量，加钢丝网或适当增加喷厚。

（3）喷层厚度不宜过大，以发挥喷层柔性支护的优点。通常第一次喷厚 3 ~ 10cm，喷层总厚不超过 10 ~ 20cm，大跨度的巷道允许适当增加。喷层最小厚度为 5cm。破碎软弱岩层的最小喷厚为 10cm。如果喷层强度不足，可加锚杆或金属网。

（4）巷道断面形状尽量与围岩压力相适应。四周来压，宜用圆形。除坚硬岩层外，应设底拱以封闭支护。断面轮廓尽可能采用圆滑曲线，光爆施工减少应力集中，增强喷层结构效应。当地质条件突变时一般断面不变，用增减锚杆和金属网调节。

（5）设计和施工中应把围岩和支护视为共同体，喷层与岩面、喷层与喷层、喷层与金属网、喷层与锚杆，都要有良好的黏结和连接，以造成两者之间共同变形、共同受力的条件。喷层与岩面的黏结力，锚杆的锚固力，都是保证质量的检验项目。从锚固力大小角度来看，黏结式螺纹锚杆效果最好。

（6）锚杆在锚喷支护中起很大作用，锚杆通过受拉向锚固区提供压力来改善围岩受力状态，锚杆与围岩共同变形、共同工作。预应力锚杆的拉力更大。锚杆尚能通过受剪来提高围岩强度（c，φ 值）。

（7）锚杆布置以重点布置（局部布置）和整体布置（系统布置）相结合，危石和软弱层的滑落，节理面和软弱面，顶部和侧帮上部，应是重点加固的部位。当最大初始应力位于垂直方向时，锚杆重点布置在侧帮；当最大初始应力位于水平方向时，重点布置在拱顶围岩。锚杆数量多少，即锚杆间排距的确定，以发挥喷层作用和施工方便为原则，即通过锚杆数量的变化，使喷层始终具有有利的厚度。合理的锚杆数量，正好使第一次喷层下围岩达到稳定状态、复喷厚度作为安全储备。锚杆排、间距不大于锚杆长度的 1/2，也要与一次开挖的进度、巷道宽度相适应，便于施工。

（8）锚杆长度应充分发挥锚杆强度作用而获得经济合理的锚固效果。所以锚杆应力尽量接近锚杆的抗拉强度或锚固强度。黏结式锚杆沿长度应力分布不均，利用率低，但锚固力大，施工方便。设计中允许锚杆局部应力适当超过锚杆屈服极限。某些专著中要求锚杆长度超出围岩的塑性区的观点是错误的，这会使锚杆的效用变得很低而造成浪费。但锚杆过短，使锚杆应力超过承载力，很难起到保护四周岩体的 c、φ 值的作用。所以锚杆的最小长度一般不宜小于围岩松动区的厚度。

（9）围岩的自稳时间，是确定支护的施工顺序与施工时间。如果围岩自稳时间长，可先锚后喷；若自稳时间短，甚至边挖边塌，可采用超前锚杆，或喷-锚-喷。第一次喷层时间，通常要求自稳时间内完成一半喷层厚度。第二次喷层，除塑性流变和膨胀性岩层外，要求第一次喷层不出现破裂时进行。有两种做法：一是缪勒提倡的，在第一次喷层支护下，待围岩稳定后，再施行第二次复喷。如发现第一层强度不足，增加锚杆调节。复喷是为了支护安全。两次喷射时间为 3 个月至 6 个月。二是待围岩变形发展到第一层临近破裂（围岩变形量达到第一喷层破裂时变形量的 80%时），喷第二层。围岩变形量和时间关系可由实测或计算确定。一般两层相隔时间为 15 ~ 30 天左右。

（10）设计施工要和现场监控工作相配合，及时掌握施工动态，防止危险状态出现，以便修改设计，指导施工，对支护效果和围岩稳定性做出正确估计。监控工作有：围岩变位量测，用来确定围岩松动范围和围岩内应力分布状况；断面收敛量测，用来评定围岩变化动态，围岩最终稳定状态和混凝土复喷时间；锚杆应力量测，配合上述两种监察，确定锚杆根数和长度；喷层接触压力和喷层内切向应力量测，用来检验和指导喷层厚度是否选择适当。

（11）水是造成围岩松动的重要原因，对膨胀岩层和潮解岩层，危害更大。裂隙岩层注意防止水过大的渗透压力，所以要有良好的排水体系。若水量不大，先喷后开排水孔排水，若水量水压都大，采用开挖面上留排水道集水坑排水，有水地段应加强围岩与喷层的黏结。

（12）坚硬裂隙岩层的破坏是沿节理面松动塌落，采用锚杆支护效果好。大断面巷道以施加或不施加预应力长锚杆和锚索为主，喷混凝土与钢筋网为辅。在长锚杆中间辅以较短的中间锚杆，以支承锚杆间岩石。锚杆锚固重点一般放在顶部和高边墙巷道的侧壁上。锚杆数量、长度、直径的选用及其配置，都要考虑承受危石的重量和裂隙岩体塌落区的重量，锚杆锚固在稳定岩体中。锚杆方向与岩层面正交，与岩体主结构面成较大角度布置，垂直于巷道周边轮廓线。预应力锚杆应灌注砂浆。

（13）破碎软弱岩体的破坏特点是围岩松动早，来压快，易塌方。所以早支护，早封闭，设底拱。一般采用锚杆、喷层、金属网联合支护。

（14）塑性流变岩体，围岩变形与时俱增，变形量大，来压快，围岩压力大，持续时间长。这类岩体采用何种支护形式，至今尚无定论。一般认为“先让后顶”，把围岩较大的应力和变形释放，再用特强支护顶住。有必要试验特强锚喷或锚喷与传统支护相结合的复合支护。采用可缩性大的支护，以锚为主，采用短、密锚杆，形成塑性挤压带，配合留有纵向变形缝喷层。这种喷层允许变形 50cm 还不破坏。

（15）膨胀潮解岩体要有良好的排水设置，并要及时封闭围岩。若局部膨胀，只需局部处理。若围岩全部膨胀，必须采用封闭式圆形支护，并配置钢筋网。若膨胀性极大，采用双层支护效果好。先锚喷一层，预留膨胀空间，再用钢筋网喷混凝土或传统支护。

众所周知，巷道工程设计由于地质环境复杂、基础信息缺乏，无论采用理论计算法还是工程类比法，依据目前的技术水平，都不可能得到十分准确的结果。另外，由于工期、经费、勘测手段等因素的限制，在开挖前不可能将地质信息等施工中可能出现的因素搞得十分清楚，而必须通过开挖后所揭示的地质条件对围岩级别进行再认识和再确定，所有这些，将严重影响设计和施工决策的可靠性。设计文件中所拟定的断面尺寸、结构形式、支护参数、预留变形量和施工方法等设计参数均不是一成不变的，需要在开挖过程中重新评估和确认，必要时须做调整或修正。因此，巷道工程的设计无法在开工前就做到一步到位，这就是巷道工程有别于其他土木工程的重要特征。正因为如此，目前在巷道工程设计中，广泛采用经验借鉴、理论分析、现场量测技术、信息反馈、超前预报和动态调整相结合的所谓“动态设计法”。

巷道工程动态设计法又称信息化设计，与地面工程迥然不同，在巷道工程的动态设计法中，勘察、设计、施工等诸环节之间有交叉、反复、变更等现象。在前期地质调查和试验资料的基础上，根据经验方法或通过理论计算进行预设计，初步选定支护参数。然后根据预设计进行施工，同时，还需在施工过程中进行监控量测、超前预报，对量测数据进行理论分析，获得关于围岩稳定性和支护系统力学和工作状态的信息，然后结合有关规范和经验，对预设计有关支护参数及施工方案进行调整，而且这个过程是反复持续下去的动态过程，即修改设计、再施工、再量测、再反馈，直到建成一个长期稳定的巷道结构体系。由此可见，动态设计方法与过去采用的一般设计方法相比，有了很大的改变。它不仅包括施工前的设计，还包括施工过程中的设计，即把过去截然分开的施工和设计两个阶段融合为一体，构成了一个完整的动态设计过程。同时也可以看出，这种方法并不排斥以往各种理论计算、经验类比以及模型试验等设计法，而是“变孤军奋战为多兵种联合作战”，把它们最大限度地容纳在自己的理论系统中，发挥各种方法特有的优势；变一步到位为多步调整，让各种传统方法在一个动态系统中不断发挥作用。

实践表明，巷道工程特别适合于采用动态设计法，因为一般巷道工程多为线状结构物，不仅通过对已成巷道的地质素描与摄影、工程测量、巷道水观测以及位移应力监测等手段获得围岩的基本信息，还可以通过超前地质预报、地球物理探测等先进技术手段探测开挖面前方的围岩情况。因此，完全具备在开挖过程中进行设计和施工调整的技术条件。

3.8　巷道底鼓的防治措施

（1）卸压法。卸压法的实质是采用一些人为的措施改变巷道围岩的应力状态，使底板岩层处于应力降低区，从而保证底板岩层的稳定状态。它特别适用于控制高地应力的巷道底鼓。目前出现的卸压法有切缝、打钻孔、爆破及掘巷卸压等形式。打钻孔这种措施在技术上有很大难度，因为在钻孔间距很小的情况下，打直径为 50 ~ 60mm 的孔而不发生偏斜是非常不容易的。此外这种措施的卸压范围比底板切缝小，因而要考虑到钻孔后发生底鼓的可能性。

（2）用锚杆加固底板。底板通常是成层的，因而非常适合于用锚杆加固。木锚杆一般用于巷道范围内的垂直钻孔，钢锚杆则用于斜孔，锚入两帮下面（约与巷道两帮成 35°～40°角）的地层中。其作用在于减少巷道底板的破碎程度。这样支护的工作原理主要有两个方面：一是将软弱底板岩层与其下部稳定岩层连接起来，抑制因软弱岩层扩容、膨胀引起的裂隙张开及新裂隙的产生，阻止软弱岩层向上鼓起；二是把几个岩层连接在一起，作为一个组合梁，起承受弯矩的作用。此组合梁的极限抗弯强度比各个单一岩层的抗弯强度的总和大。在各种各样的地质条件下所做的试验表明，成功地加固软弱底板并不一定要求它具有层状构造，底板岩层经过锚杆加固以后增加了抗弯强度。

（3）底板注浆。底板注浆一般用于加固已破碎的岩石，提高岩层抗底鼓的能力。当底板岩石承受的压力超过岩体本身的强度而产生裂隙和裂缝时，应采用注浆的办法使底板岩层的强度提高，达到防治底板底鼓的目的。由于所选择注浆的形式、材料、压力和时间长短不同，岩层中的裂隙可能全部或部分被粘合，当注浆压力高于围岩强度时，会产生新的裂隙并有浆液渗入。注浆后岩层达到的结合强度主要取决于选择的注浆材料：采用聚氨酯材料，岩层间的结合强度较高，加固的效果较好，但底板潮湿时粘和强度较低，成本也较高注水泥浆虽然成本低，但结合强度较低，所以在选择材料时要根据实际情况合理选择。还应指出，软岩进行底板注浆不能保证取得成效。如果将注浆和锚固结合使用，就可以使原来只适用两者的范围得到扩展。

（4）巷道壁充填。在巷道和未采煤柱之间的巷道壁充填，主要是通过把侧翼地层压力支点转移到远离巷道的地方而改善压力分布，从而增加底板黏土从未采煤柱的下面向巷道流动的阻力。另外一种用于永久性巷道的底板支护是，在巷道底板上先挖出矩形坑槽，然后再填以遇水硬结的材料，使之成为混凝土反拱。这种支护具有较高而且平均一致作用于底板上的支护阻力。加装可伸缩支撑件可进一步加强混凝土反拱，使其获得更大的抵抗底鼓的残余变形阻力的能力。

（5）巷道中水的控制。在很多地下巷道中都有水的存在，而水的存在是造成巷道底鼓的重要原因，因为水的侵蚀会使自然界中几乎所有矿物强度软化。因此重要的是使用什么方法来保证底板不受水的严重影响。这就要求地下巷道排水要及时和通畅，同时要求高标准的排水。

3.9　巷道支护衬砌的主要类型

巷道优化设计内容：巷道初支作为取水工程永久性构筑物的一部分，应避免巷道围岩日久破碎和水的侵蚀，产生松弛、掉块、坍塌以致围岩失稳，危及取水巷道安全运营，初支施工与稳定应满足至永久衬砌工程建成时期并营运的需要，所以巷道的衬砌支护是十分必要的。巷道支护衬砌有：锚喷衬砌、整体式衬砌、复合式衬砌。

（1）锚喷衬砌：①喷混凝土支护；②喷混凝土+锚杆支护；③喷混凝土+锚杆+钢筋网支护；④喷混凝土+锚杆+钢筋网+钢架支护。锚喷衬砌是一种加固围岩，控制围岩变形，能充分利用和发挥围岩自承能力的支护衬砌形式，具有支护及时，柔性、紧贴围岩、与围岩共同变形等特点，在受力条件上比整体式衬砌优越，对加快施工进度、节约劳动力及原材料、降低工程成本等效果显著，能保证围岩的长期稳定。

（2）整体式衬砌是被广泛采用的衬砌方式，有长期的工程实践经验，技术成熟，适应多种围岩条件。因此，在巷道洞口段、浅埋段及围岩条件很差的软弱围岩中采用整体式衬砌较为稳妥可靠。

（3）复合式衬砌是由内、外两层衬砌组合而成，第一层称为初期支护，第二层为二次衬砌，目前大型过水断面巷道已经普遍采用复合式衬砌。复合式衬砌的初期支护采用锚喷支护，二次衬砌采用模筑混凝土衬砌。其优点是能充分发挥锚喷支护快速、及时，与围岩密贴的特点，充分发挥围岩的自承能力，使二次衬砌所受的力减到最小。

锚喷衬砌：在复合式巷道衬砌中，锚杆衬砌被用作巷道初期支护的主要手段，利用快速、及时、与围岩密贴的特点，充分发挥围岩的自承能力，使二次衬砌所受的力减到最小。喷射混凝土利用泵或高压风作动力，把混凝土混合料通过喷射机、输料管及喷头直接喷射到巷道围岩壁上的支护方法。喷射混凝土是在巷道掘进后立即施工，以覆盖岩面，维护巷道围岩稳定的结构物，具有不需要模板、施工速度快、早期强度高、密实度好、与围岩紧密黏结、不留空隙的突出优点。巷道掘进后及时喷射混凝土支护，可以起到封闭岩块、防治破碎松动、填充坑面及裂隙、维护和提高围岩的整体性、帮助围岩发挥自身的结构作用、调整围岩应力分布、降低应力集中、控制围岩变形、防止掉块、防止坍塌等作用。锚杆支护是锚喷支护的主要组成部分，锚杆支护是通过锚入岩体内部的钢筋与岩体融为一体，达到提高围岩的力学性能，改善围岩的受力状态，实现加固围岩、维护围岩稳定的目的。根据大量试验和工程实践表明，锚杆对保持隧道围岩稳定、抑制围岩变形发挥了良好的作用。利用锚杆的悬吊作用、组合拱作用、挤压加护减跨作用、组合梁作用，如图 3.22 所示，将围岩中的节理、裂隙串成一体，提高围岩的整体性，改善围岩的力学性能，从而发挥围岩自承能力。锚杆支护不仅对硬质围岩，而且对软质围岩也能起到良好的支护效果。为了充分发挥锚杆对围岩的支护作用，从技术上要求：第一紧跟开挖面及时安装锚杆支护系统；第二要确保锚杆全长注浆饱满，端头锚固坚固，与岩体连成整体；第三要求锚杆达到使用耐久，避免松弛、锈蚀、腐蚀损坏。本设计综合考虑上述巷道支护衬砌情况开展初支设计。

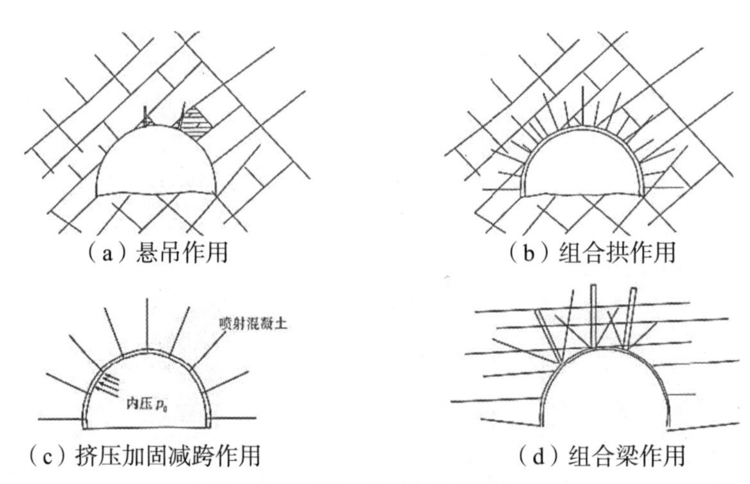

（a）悬吊作用　（b）组合拱作用
（c）挤压加固减跨作用　（d）组合梁作用

图 3.22　锚杆对围岩的支护机理

岩体中锚杆的作用主要体现在对层理结构面张开和滑动的控制上，即为锚杆的基本支护作用。层理结构面张开时锚杆受拉力作用，层理结构面滑动时锚杆受剪力作用。这两种基本支护作用可以同时存在，当锚杆与层理结构面斜交时，层理结构面的滑动使锚杆既受拉又受剪，或层理结构面张开和滑动同时形成时，锚杆也同时受到两种力的作用；反过来，锚杆则同时控制层理结构面的张开和滑动，这两种基本支护作用形式称为锚杆的强化作用，见图 3.23。

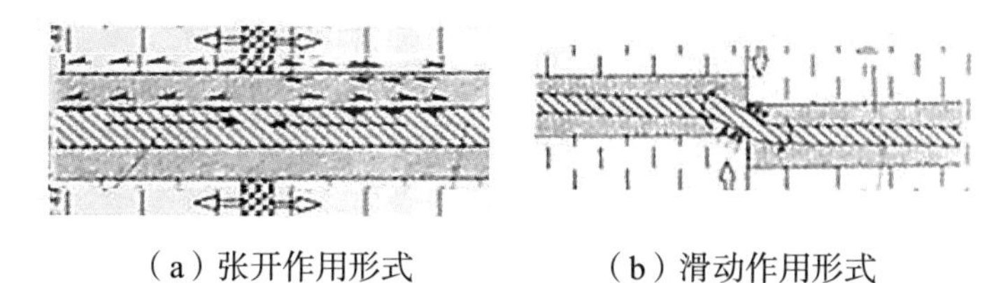

（a）张开作用形式　　　　（b）滑动作用形式

图 3.23　锚杆支护作用

岩层失稳形式以溃屈、铰接拱变形失稳为主，即梁柱溃屈模型，适用于跨厚比较大而纵向应力较高的情况。在铰接拱处纵向荷载形成局部集中应力，当此应力达到一定值时，铰接拱出现破坏，导致层理岩体的破坏。这两种失稳都属于岩体结构失稳，主要控制因素是岩体跨度和厚度的比值。锚杆的支护作用是将多层层理岩层组合起来。锚杆受力仍是拉力和剪力，从施加支护的岩体中拆下的锚杆弯曲说明锚杆受到了剪力的作用。组合梁作用理论认为锚杆将层理岩体锚固成了一个整体，显然夸大了锚杆的支护作用。因此，组合梁作用理论的成功之处是它针对层状岩体结构变形和失稳提出了支护机理，但认为围岩成为整体则是不确切的。可见，锚杆的主要作用是控制围岩结构岩体的变形和失稳，认识锚杆的支护作用，要从分析围岩的结构变形和失稳机理入手。不同结构类型的岩体，其变形和失稳机理不同，锚杆的主机理也就不同，因此要按照岩体结构分类研究锚杆的支护机理，但是锚杆的受力不外乎拉力和剪力两种。了解锚杆支护机理是设计锚杆参数、优化布置的依据，图 3.24 所示为层理岩体的锚杆优化布置形式。

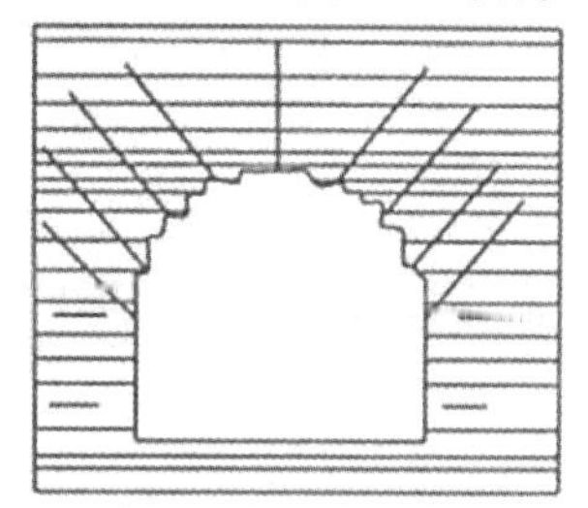

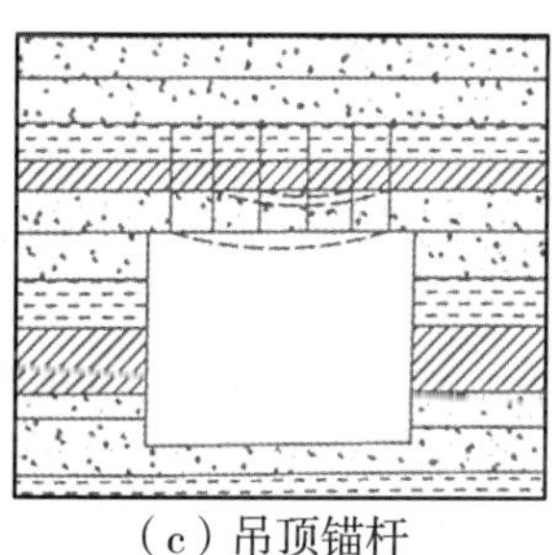

（a）水平地层拱形吊顶锚杆（b）倾斜地层顶板边墙锁固锚杆　　（c）吊顶锚杆

图 3.24　锚杆支护优化布置

3.10　复合式衬砌结构设计

（1）复合式衬砌一般规定

复合式衬砌是近年来兴起的一种新型衬砌形式，尤其在公路、铁路、水工隧（道）洞等巷道工程中应用广泛。复合式衬砌由内、外两层衬砌组合而成，通常称第一层衬砌为初期支护，一般为锚喷类柔性支护，第二层衬砌叫做二次衬砌。

复合式衬砌的优点是采用先后两次支护，能充分发挥围岩的自承能力，对衬砌受力非常有利。围岩在柔度较大的外层支护条件下，可产生较大的形变但又不至于造成松动压力，释放了大部分的变形能，因而能使后设的内层衬砌减小受力，改善内层衬砌受力状态，充分利用衬砌材料的抗压强度，从而提高衬砌的承载力。围岩变形基本稳定后施作内层衬砌，内层衬砌又会对原先处于二次受力状态的外层支护产生径向抗力，从而改善外层支护受力条件。复合式衬砌是巷道结构工程采用新奥法进行设计与施工，并在我国推广应用所取得的成果之一。

复合式衬砌内外两层组合的方式有锚喷支护和混凝土衬砌、锚喷支护和喷射混凝土衬砌、可缩式钢拱喷射混凝土支护和模筑或喷射混凝土衬砌以及装配式衬砌（管片）和模筑混凝土衬砌等，一般常用的是锚喷支护与整体混凝土衬砌的组合。也就是说，根据围岩条件，复合式衬砌初期支护采用喷射混凝土、锚杆、钢筋网和钢架等支护形式单一或组合施工，并通过监控量测手段，确定围岩已基本趋于稳定，再进行内层二次衬砌施工，二次衬砌可采用模筑混凝土、锚喷、拼装式衬砌等，但一般采用模筑混凝土。巷道断面设计时，预留一定的洞周变形量是复合式衬砌设计的特点之一，具体预留周边变形量大小随围岩条件、巷道宽度、埋置深度、施工方法和初期支护刚度等因素的影响而定。一般Ⅰ、Ⅱ级围岩变形量小，可不预留变形量；但Ⅲ~Ⅴ级围岩特别是软弱、破碎围岩的变形量较大，要多预留变形量。然而，要精确计算预留变形量是困难的，一般采用工程类比法确定并通过实地监控测量加以修正。

（2）复合式衬砌结构初期支护设计

复合式衬砌的初期支护一般指锚杆喷射混凝土支护，必要时配合使用钢筋网和钢拱架，外层支护与围岩形成统一的受力整体，共同承担因开挖巷道所产生的围岩释放应力。由于影响支护结构的因素很多，如围岩状态、支护施作时间、衬砌刚度和施工方法等，有些因素又无法事先预测，因此分析计算只能作为设计时的参考，必须根据施工过程的实际监控量测结果予以动态修正。根据目前的设计做法，一般强调“强初期、弱二次”的设计原则，因此初期支护可考虑承担全部围岩压力，而二次衬砌仅作为安全储备和提高防水等级加以考虑。

（3）复合式衬砌结构二次衬砌设计

复合式衬砌的二次衬砌主要目的是增加安全储备、防水、防破碎和内部装饰要求，二次衬砌一般受力比较均匀，为防止应力集中，宜采用连接圆顺、等厚的马蹄形断面，其厚度按施工要求而定，一般不超过 60cm，交通巷道厚度为 30~50cm。但影响二次衬砌受力状态的因素很多，除围岩级别、地下水状态、巷道埋置深度外，还有初期支护的刚度及其施作时间等，故设计二次衬砌时，应综合考虑各种因素的影响，以期达到安全、经济的目的。对于一些软弱、破碎围岩的条件，由于不易做到待初期支护变形完全稳定后再施作内层衬砌。

例如，国内外巷道现场试验表明，软弱流变围岩巷道，在施工后 2~3 年甚至 5~6 年围岩变形才最终稳定，当松软围岩流变引起的延滞变形历时很长时，内层衬砌所承受的荷载主要是由于围岩流变延滞变形产生的形变压力，这种情况应考虑时间效应，可考虑按黏弹塑性有限元法进行计算；此外，部分锚杆腐蚀失效、围岩物理力学参数因涌水等因素而降低，也会对二次支护产生附加岩土压力。因此，我国有关巷道工程设计规范都规定，巷道复合衬砌计算时，初期支护设计，应按主要承载结构计算。

二次衬砌设计，在Ⅲ类及以上围岩可作为安全储备，按构造要求设计；在Ⅳ类及以下围岩，应按承载结构设计，一般视围岩情况以 40%~100%的围岩压力作为二次衬砌的外荷载；明洞和浅埋巷道的二次衬砌按承载结构设计。二次衬砌的围岩压力确定后，结构内力即可计算；我国有关巷道设计规范也给出了二次衬砌的经验范围值，可作为设计参考。

（4）二次衬砌施作时间的确定

由于二次衬砌一般是作为一种安全储备而设置的，所以二次衬砌的施作应在围岩和初期支护变形基本稳定后进行，且应同时具备四项标准：室周边水平收敛速度以及拱顶或底板垂直位移速度明显下降；巷道周边水平收敛速度小于 0.2mm/d，拱顶或底板垂直位移速度小于 0.1mm/d；施作二次衬砌前的位移相对值已达到总相对位移量的 90%以上；初期支护表面裂缝不再继续发展。为减少洞内各工序间的干扰，当围岩自稳性能较好且巷道跨度不大时，可在整个巷道贯通后再施作二次衬砌。对于按承载结构设计的二次衬砌以及当采取一定措施仍难以符合上列条件的储备型二次衬砌时，可提前施作二次衬砌，且应予加强。

（5）复合式衬砌结构设计实例

巷道围岩岩体较破碎，围岩级别属Ⅳ～Ⅴ级围岩。巷道区地下水以裂隙水为主，有地表降雨补给，大部分从地表地下排泄。根据巷道断面尺寸、工程地质条件、围岩级别、埋置位置及施工条件，巷道的衬砌结构设计分别采用了明洞式衬砌和复合式衬砌两种形式。复合式衬砌设计根据覆盖层厚度分浅埋式和深埋式，深埋与浅埋的界定按规范和本报告确定进行。

①衬砌设计。由于先修衬砌，再回填洞身，结构受力明确，应按整体式衬砌结构设计。衬砌的围岩压力按有关内容确定，结构内力计算按有关方法进行。通过计算采用现浇钢筋混凝土结构，混凝土强度 C25 或 C30，衬砌厚度 40cm；边坡开挖采用 1:0.5 坡率，坡面用钢筋网喷射混凝土防护，锚杆采用水泥砂浆锚杆，杆体 HRB335Φ22@1.0m×1.0m，L=3.0m，喷射混凝土厚度 150mm。

②浅埋段及断层破碎带处复合式衬砌设计。浅埋段复合式衬砌基本对应于巷道进出口的Ⅳ、Ⅴ级围岩地段，断层破碎带处围岩级别为Ⅴ级。由于浅埋地段及断层破碎带处围岩自稳能力差、变形快，容易引起地表变形、开裂，因此，为了及时稳妥地控制围岩较大变形的发生，初期支护设计采用了早期强度高、刚度大的格栅钢架与锚喷联合支护。其中Ⅴ级围岩段还须采用 HRB335Φ22 超前锚杆，环向间距 1.0m，纵向间距 1.6m，L=3.5m，初期支护设计结合工程类比方法按剪切破坏理论验算。二次衬砌按承载结构设计，围岩压力按规范 JTG D70-2004 计算，根据Ⅳ、Ⅴ级围岩不同，分别以其 60%和 80%的压力进行衬砌内力计算。此外，要求尽快施作二次衬砌，使二次衬砌和初期支护共同受力。

③深埋段复合式衬砌设计。深埋段复合式衬砌基本对应于巷道洞体的Ⅲ级围岩地段，采用初期支护和二次衬砌，初期支护同样按剪切破坏理论计算并结合工程类比方法，二次衬砌只作为初期支护的安全储备，主要采用工程类比法并按构造要求设计。上述各类衬砌结构的支护参数如表 3.1 所示。

表 3.1　各类衬砌结构支护参数

围岩级别	初期支护							二次衬砌		预留变形量/cm
	喷射混凝土厚度/cm	锚杆			钢筋网		钢架间距/m	拱墙厚度/cm	仰拱厚度/cm	
		直径/mm	间距/m	长度/m	直径/mm	间距/m				
Ⅲ	10	22	1.2	2.5	6	0.30		35		3
Ⅳ	18	22	1.0	3.0	6	0.25	1.0	40	35	8
Ⅴ	22	22	0.8	4.0	6	0.20	0.8	45	40	10

3.11 国内重大工程中同类技术的研究、应用案例

（1）开展降低我国煤炭开采对环境损害的相关基础理论研究

以神东矿区为代表的我国西北煤炭大型生产基地，地处毛乌素沙漠地带，其煤层赋存条件突出特点为：煤层埋藏浅（大部分在 100m 以浅）、上覆基岩薄、地表覆盖厚风积沙松散层，且松散层与基岩层之间蕴藏着当地工农业与生活必需的唯一潜水资源。大规模长壁开采浅埋煤层，必将不同程度地影响甚至破坏上覆含水层，从而造成水资源大量流失，会导致本就非常脆弱的地表生态环境进一步恶化。

大规模高效开采浅埋煤层与宝贵水资源保护已成为我国西北煤炭资源开发面临的重大

课题。“保水采煤”从提出到今，已取得不少的理论成果和工程实践经验，但主要都是以短壁开采为主要手段，以合理留设煤柱为技术关键，来控制含水层不被采动破坏。为取得最大综合经济效益和最大限度地提高煤炭资源回收率，综合考虑安全与环保的要求，在我国西部要尽可能形成浅埋煤层长壁工作面保水开采技术，即长壁开采后浅表水暂时形成下降漏斗仍能恢复到原来状态的开采技术。

（2）工业性试验及推广应用

相关学者在类似矿山工程试验及应用情况如下。

河南平顶山煤业公司四矿、河北金牛能源股份有限公司葛泉矿、湖南省群力煤矿、江西萍乡矿务局巨源煤矿、湖南涟邵矿业集团牛马司实业公司水井头矿、湖南涟邵矿业集团金竹山实业有限公司土朱矿、江西丰城矿务局尚庄煤业邮箱公司、邵阳长城公司斜岭煤矿等几十多个。试验前后巷道底鼓开展情况对比见图 3.25 至图 3.27。

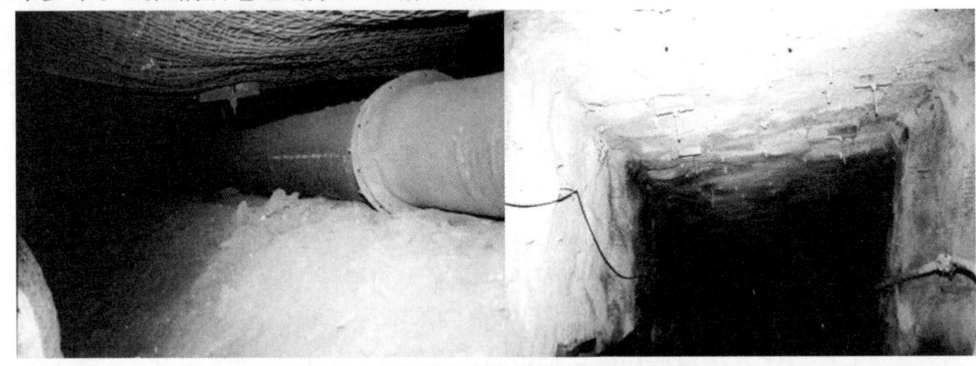

图 3.25　试验前后巷道顶板下沉与治理

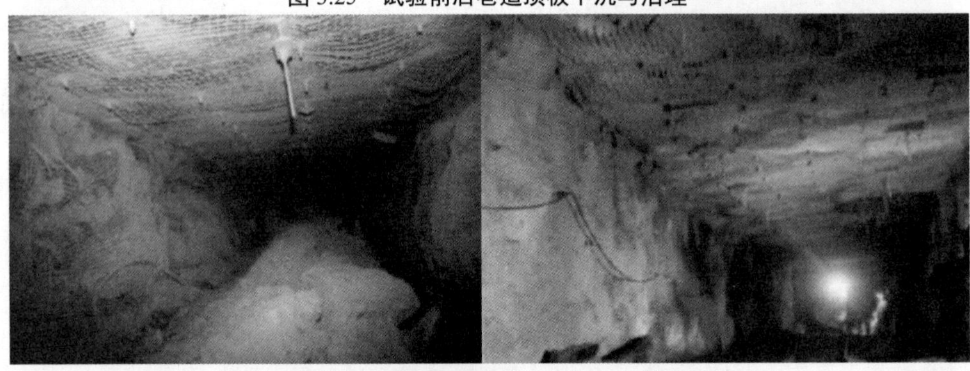

图 3.26　试验前后巷道边帮挤出与治理

图 3.27　试验前后巷道底鼓与治理

第 4 章　巷道掘进支护参数优化

锚杆是锚杆支护体系的主体，影响锚杆支护性能的参数有杆体材质、长度、锚固长度、布置形式、锚固剂、杆体光洁度和锚杆安装工艺等，提高锚杆支护性能的主要途径是要使这些参数与围岩之间达到最佳配合，其中，锚杆长度、锚杆间排距是锚杆工程设计必须确定的主要参数，是锚杆布置的主要问题。在工程设计中，一般应首先确定锚杆长度，然后再确定锚杆间排距。通过分析锚杆组合拱支护理论、锚索加固拱支护理论，结合巷道围岩松动圈厚度与锚杆组合拱厚度、锚索加固拱厚度的关系，提出预应力锚杆锚索双拱支护理论。在已知巷道围岩松动圈厚度和巷道锚网喷支护基础上进行预应力锚索二次加固，确定了预应力锚索加固拱厚度。数值计算结果表明，采用双拱支护能有效地抵抗上部煤层工作面跨采对上山围岩稳定性的影响。

4.1　巷道矿压控制与支护技术

古典自重理论认为，支架承担上部岩柱的全部重量，显然只有浅部的松散软弱的岩体才有可能。松散体理论认为，巷道顶板围岩会形成一定形状的冒落带，该冒落带中的岩体重量就是支架要承担的压力，这个理论注意到岩体的裂隙性，但是不能用一个简单的系数表述任何岩体的松散性质。对于完整坚固的岩体是不适用的。弹性体理论把工程岩体视为连续均质的弹性体与大多数岩体的实际情况不符合。弹塑性体理论不但考虑了岩体的力学性质、原岩应力、支架反力和巷道尺寸，还注意到围岩力学性质的转化，较之前面几种理论有较大的进步，更接近了实际，但是某些工程围岩根本不是弹性体，巷道围岩也不具备所假设的塑性属性。新奥法强调围岩是承受地压的主要结构，设置人工支护只是为了改善和提高围岩自身支持能力，不主张把地面工程的力学理论直接用于地下工程，巷道是在有地应力场作用的岩体中施工。围岩失稳是破裂介质再破坏的问题。因此，围岩不仅是施载物体，又是承载结构体，围岩承载圈和支护体是组构巷道的统一体，是一个力学体系，是同时承受铅垂与水平作用力的厚壁圆筒；巷道的开掘与支护都要为保持与改善围岩的自持能力服务。以上原则对于指导采准巷道支护也有积极意义。新奥法是根据岩体力学和岩体工程地质力学的基本原理制定的。岩体力学认为岩体是在地质建造和改造过程中形成的，是经受过变形、遭受过破坏的地质体；它具有一定的成分、一定的结构、赋存于一定的地质环境中的客体。一般将岩体分为连续介质、碎裂介质、板裂介质、块裂介质，对于各种介质应用相应的岩体力学分析方法去解决。

（1）巷道矿压控制

巷道围岩中应力场的分布情况往往在巷道的拐角处，产生很大的应力集中，且产生很大的剪应力，拐角的曲率半径愈小，应力集中程度越高。巷道的直线段部分容易产生拉应力。为尽量减少围岩中的应力集中，避免或减少巷道周边出现拉应力，可根据原岩应力分布状态调节巷道断面形状。一般情况下，曲线形巷道，如椭圆形、圆形、拱形比较合理，它们比较接近冒落拱的形状，可以降低围岩应力。即在稳定的围岩中可选择结构简单的直线型如矩形或梯形巷道，在不稳定的围岩中应选择曲线型的圆形或近似圆形巷道。稳定围岩一般为连续介质，它的破坏属于材料的张及剪破坏，变形以结构体压缩及剪切为主。因此，稳定围岩变形量很小，用刚性支架支护是有效的，破碎介质属于不稳定围岩，它的破坏是由沿结构面滑动、结构体滚动、结构体张及剪破坏等多方面造成的。岩体变形是结构体压缩、剪切、结构面闭合滑移共同作用的结果。也就是所谓的塑性变形，或伴随时间而进行的"流变"。因此，不稳定围岩变形量较大，同时传递一部分上覆岩层压力及其他应力作用在支架上，为改善支架的工作状态，适应围岩的这种变化，应选用可缩性支架。属于板裂介质和块裂介质的比较稳定的围岩，选用的支架介于两者之间。总之，随着围岩由稳定状态向不稳定状态的变化，支架结构的几何形状由简单的直线型向复杂的曲线型过渡。支架的力学性能由简单刚性结构向复杂的可缩性结构过渡，即巷道支护技术的一般规律。

（2）巷道光面爆破作用

光面爆破是一种合理利用炸药能量和有效地控制爆破作用的爆破技术，在井巷施工中采用光面爆破有两个显著的特点：爆破后巷道成形规整，符合设计断面轮廓；围岩保持稳定，炮震裂缝能控制在最小范围。由此而带来一系列的优点：巷道超挖量由一般爆破的15%～20%下降到3%～5%，减少了排矸量；保证了工作面的安全；特别是为锚喷支护创造了良好的条件。光面爆破的内容和实质是获得平整的开挖断面（或规整的井巷轮廓面）和控制开挖边界以外围岩的破坏程度，以达到边帮稳定和围岩稳定的目的。就其施工方法和技术的不同，可以分为光面爆破和预裂爆破两种类型。由于光面爆破对围岩的破坏小，保持围岩的整体性，从而增强了围岩自身的承载能力。根据在松软页岩层上的实测表明，普通爆破法,围岩松动范围可达0.8～1.0m;而采用光爆时,松动范围一般均小于0.5～1.0m。采用独臂掘进头掘进，松动范围一般均小于0.3～0.5m。

（3）巷道锚喷支护作用

锚喷支护是锚杆与喷射混凝土联合支护的简称。锚杆和喷射混凝土都可独立使用，但两者联合应用，支护效果更加完善。锚杆的结构类型、技术特征与适用条件见表4.1所列。

表4.1 锚杆支护作用

支护组成	条　件	作　用	图　示
平顶巷道	有伪顶、易碎直接顶 单一岩体，有结构切割 单一岩体，结构面稀少	悬吊或悬挂作用	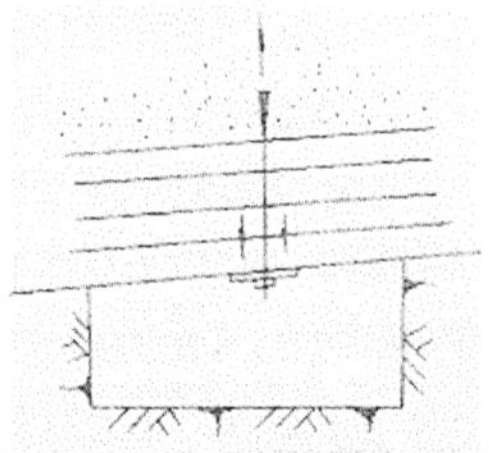
	薄层状岩体	组合梁减跨作用	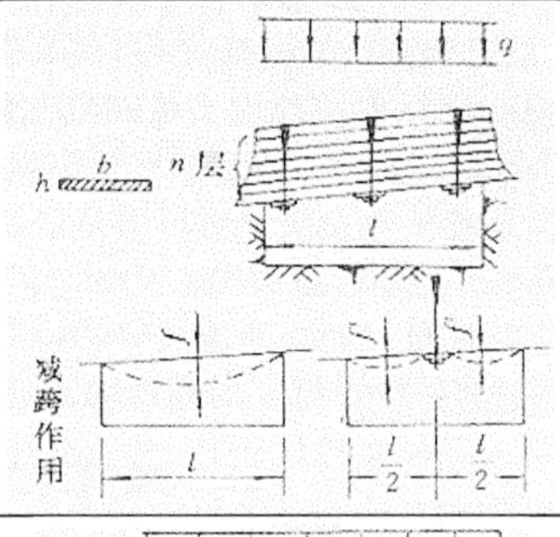 q h b n层 l 减跨作用 l $\frac{l}{2}$ $\frac{l}{2}$
拱顶巷道	块状或层状岩体	组合拱或拱形压缩带作用，形成组合拱厚度	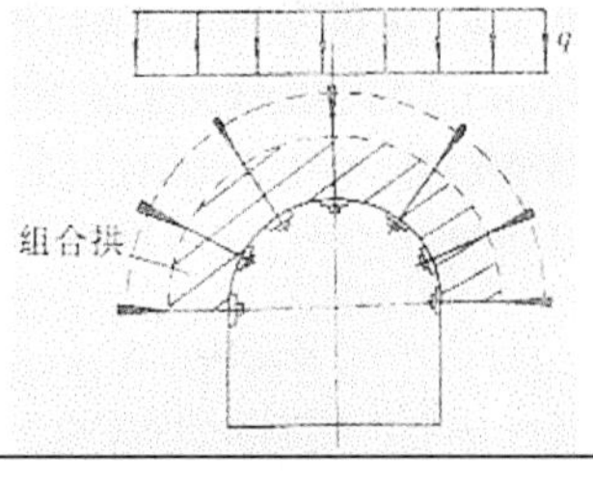 q 组合拱

矿区常用的锚杆有自钻式锚杆和水泥锚杆。锚杆支护与普通支护相比，其最大的特点是置入围岩内部，靠提高围岩的自身强度来发挥支护作用。在适当的条件下，锚杆的支护效果良好，且用料也省。锚杆的用钢量只有 U 形钢支架的 1/12 ~ 1/150。

（4）巷道支护技术的统计

巷道支护是一个极为复杂的问题，不仅受众多自然因素的制约，还要受人为因素的影响。因此，无法用简单的“因果关系”加以严格的控制或确定。这种带有一定偶然性的问题，很难用简单的物理定律加以概括，必须从大量的观测中综合分析，归纳出一些规律。

在进行了矿区巷道围岩分类和支护状况调查的基础上，分析了现有的多条巷道，总结巷道围岩稳定性类别与支护形式之间的规律。调查结果可以分为 I 型巷道围岩类别——稳定、II 型巷道围岩类别——中等稳定、III型巷道围岩类别—不稳定，所占比例分别为 48.96%，22.59%，28.45%。可以得出回采巷道随着围岩由稳定状态向不稳定状态变化，支架几何形状由直线型向曲线型、力学性刚性向可缩性过渡的巷道支护技术的一般规律。岩石巷道支护中，锚喷支护已占绝大多数。

4.2　回采巷道支护技术

依据巷道支护原理、结合矿区各回采煤层情况，针对各种支护方式进行专题研究。

（1）拱形可缩性支架

拱形可缩性金属支架结构受力合理、承载能力高、可缩性能好。能适应巷道自然冒落拱形状。它适用于围岩稳定性较差、顶底板相对移近量大于 300mm、断面大于 6m^2 的各种采准巷道，特别是综采工作面上下顺槽的支护。

根据拱形支架的节数不同，一般情况下：三、四节拱形金属支架的适用条件是：巷道断面较小时用三节拱，较大时用四节。巷道侧压不大时用三节，侧压较大时用四节，这是因为支架受到侧压时顶部的连接件可收缩。围岩条件和外载荷变化较大时用四节拱。五节拱适用于断面大（宽度大或高度大）围岩变形量较大的巷道。

（2）梯形支架

图 4.1 为刚性梯形支架，矿区使用的梯形支架基本上是刚性的，它结构简单、架设容易、不破坏顶板。主要适用于巷道围岩稳定或中等稳定，顶底板相对移近收敛量不大于 200mm、断面小于 8 ~ 10m^2 的回采巷道。即在稳定围岩中一侧受采空区影响的巷道及中等稳定围岩中两侧均为实体煤的巷道。在工作面超前压力影响范围内，用单体液压支柱或金属摩擦支柱配合十字铰接顶梁或双向铰接顶梁替代梯形支架。

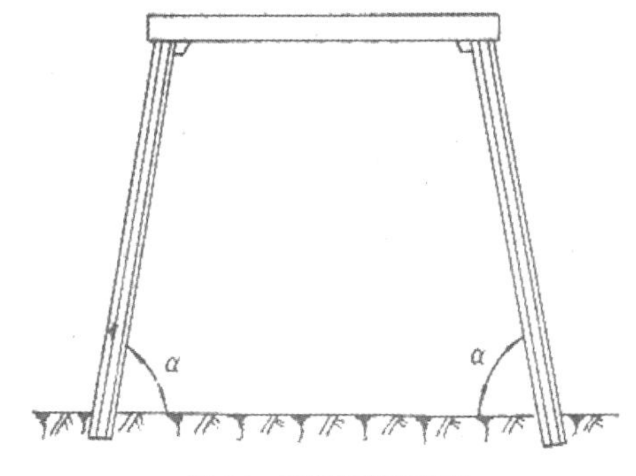

图 4.1　刚性梯形支架图

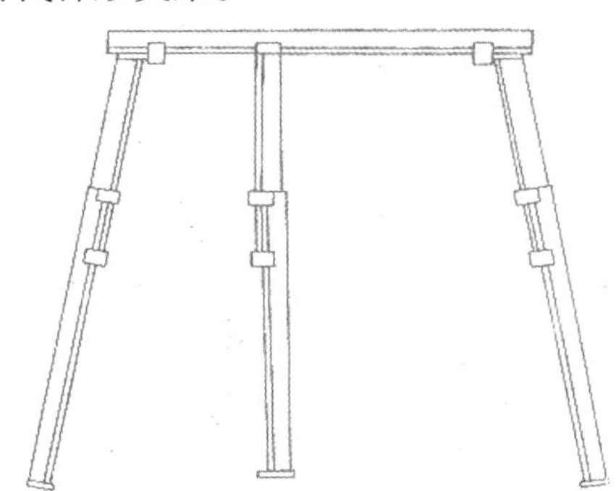

图 4.2　梯形可缩支架图

在这种情况下，梯形支架可扩大到不稳定巷道中使用。为了保持顶板的完整性，又具有一定的可缩量，也可使用梯形可缩支架，见图 4.2。

（3）摩擦金属支柱斜梯形支架

图 4.3 为摩擦式金属支柱与矿用工字钢顶梁配套，构成一种梯形支架，这种支架工作性能优于金属梯形支架，主要是因为摩擦金属支柱有较高的初始工作阻力，有效支撑顶板；支柱纵向有一定的可缩量，适应顶底板的移近量，这些是刚性梯形支架所不具备的。

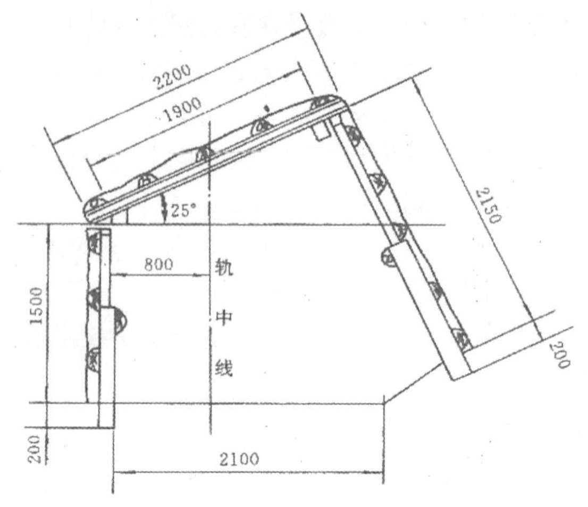

图 4.3　摩擦式支柱斜梯形支架

另外，摩擦式金属支柱的铰接顶盖可以卡在工字钢梁上，并能适应顶梁有一定转角，比其他形式的接触结构性能好，改善了支架的工作性能。但是，由于摩擦式金属支柱由碳素钢制成，脆性大，柱锁焊接处抗侧向压力性能也差。所以，它适用于稳定和基本稳定巷道。如果在顶梁两端配置横向摩擦滑移块，（该项技术为中国矿业大学专利产品）增加支架的横向可缩性，支架可扩大使用范围。但在不稳定巷道，由于两帮变形剧烈不宜使用。

（4）锚杆支护

图 4.4 为锚杆支护系统，应用范围逐步扩大，锚杆支护不但用到采煤工作面上的下顺槽、开切眼的掘进支护，而且应用到综采面的安装。拆除和沿空留巷的支护工作中，锚杆的结构由大直径圆柱式发展到中心导孔式。小直径快硬水泥卷锚杆，支护形式由单一的锚杆支护发展到组合锚杆支护，即锚杆与钢板梁、钢带、金属网、塑料网组合而成的支护系统。经过多年的试验、使用，总结出以下规律。

①对于稳定类巷道，可用单一的锚杆支护，巷道服务期间不需要维修，回采期间采用正常的超前支护；对稳定类略差巷道，用单一的锚杆支护或锚杆与钢带组合支护，在巷道服务期间，局部要进行修护工作。

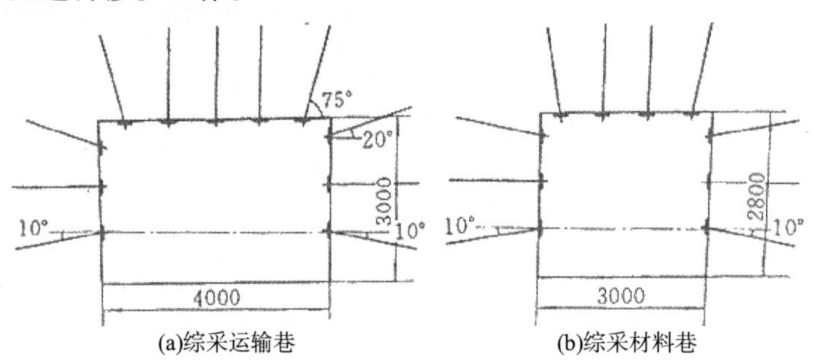

(a)综采运输巷　　(b)综采材料巷

图 4.4　回采巷道锚杆支护

②对基本稳定类巷道，顶板、两帮均要采用组合锚杆支护，顶板用锚杆、钢带、塑料网，两帮用木锚杆、塑料网。巷道服务期间要进行局部维修，工作面超前支护要大于 30m。

（5）锚梁网+锚索联合支护

对 0403 综采工作面下顺槽进行了锚梁网+锚索联合支护，试验巷道断面为 4000mm×3000mm 和 3000mm×2800mm；顶板安装 5 根和 4 根锚杆，杆长 1600mm（建议 2000mm）；同时架设金属网和钢梁、钢带，用锚杆托板把钢梁固定住，并把金属网拉紧，每 800mm 设置 4000mm 长锚索进行联合支护；两帮用金属网、钢带和锚杆。

联合支护形式经受了回采动压的考验，有效地加固了围岩。该巷道围岩属于不稳定类巷道，巷道独臂掘进头掘进和支护试验的成功，扩大了锚杆支护的使用范围，见图 4.4。

4.3　沿空留巷掘巷技术

沿空留巷是将上区段的运输巷经特殊支护留做下一区段工作面的回风巷，其优点是：巷道处在矿压降低区，少掘一条巷道，多回收煤炭资源。

（1）沿空留巷的矿压显现

回采巷道围岩变形要经历 5 个阶段，沿空留巷的围岩变形同样要经历 5 个阶段，与煤柱护巷相比，第Ⅰ，Ⅱ阶段的围岩变形完全相同，第Ⅴ阶段的受力状况基本相似，主要区别是在第Ⅲ，Ⅳ两个阶段。

第Ⅲ阶段，在回采工作面后方，巷道处在两种不同的介质中，巷道的煤帮属于弹性介质，靠采空区一侧为冒落矸石，属于松散介质，受力状况与煤柱护巷的巷道有明显的差别，其沿倾斜的剖面如图 4.5 所示。

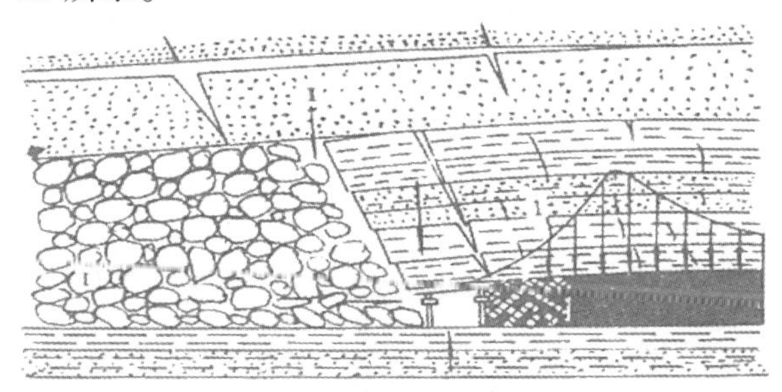

图 4.5　沿空巷道的受力状况

Ⅰ—冒落带老顶；Ⅱ—裂隙带岩层；1—煤帮支撑应力分布

沿空留巷沿倾斜的剖面与回采工作面沿走向的剖面有类似之处，不同的是回采工作面在不断推移，围岩应力不断发生变化，而沿空留巷除老顶剧烈运动时期外，围岩应力处于缓慢变化的状态。因此，沿空留巷第Ⅲ阶段的矿压显现规律，可以与回采工作面矿压显现的某些规律相对应。沿空留巷第Ⅰ阶段的顶底板移近量由两部分组成：一是直接顶的离层、破裂和变形；二是老顶的沉降。当老顶级别高、沉降剧烈时，巷道矿压显现强烈，围岩变形量大。

①一类工作面沿空留巷前，运输平巷用木点柱和锚杆联合支护，沿空留巷超前工作面 10m 将直径为 180mm 的木支柱更换为 220mm 的在位于切顶线处开始将原支柱距 1m 加密到 0.5m。巷道保留原断面的 2/3，其巷道断面及支护如图 4.6 所示。

②另一类工作面沿空留巷前，用工字钢菱梯形支架，其巷道断面及支护形式见图 4.7(a)，棚距 0.8m，沿空留巷超前工作面 10m 开始加强支护，加强支护是在每架基本支架下架设摩擦支柱，见图 4.7(b)。

（2）沿空掘巷的矿压显现

沿空留巷是沿已稳定的采空区边缘掘进巷道，理论上讲这时岩层运动已经稳定，巷道处于应力降低区内，巷道维护比较容易。

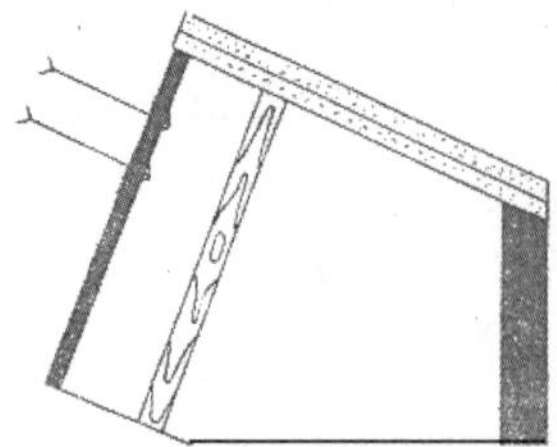

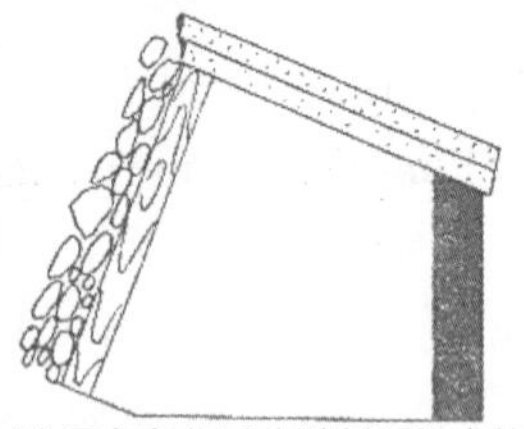

（a）留巷前巷道断面及支护　(b)沿空留巷后巷道断面及支护

图 4.6　一类工作面沿空留巷前后的巷道断面及支护

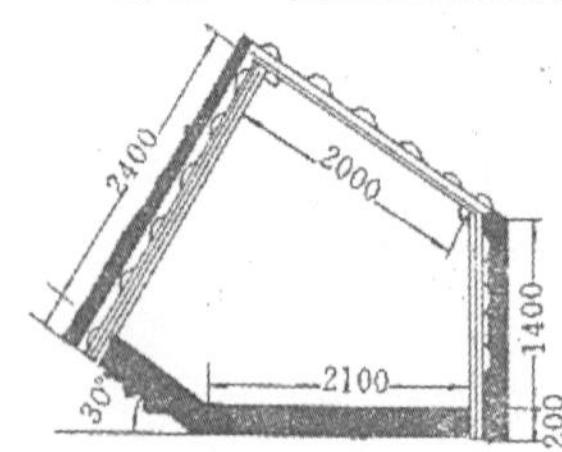

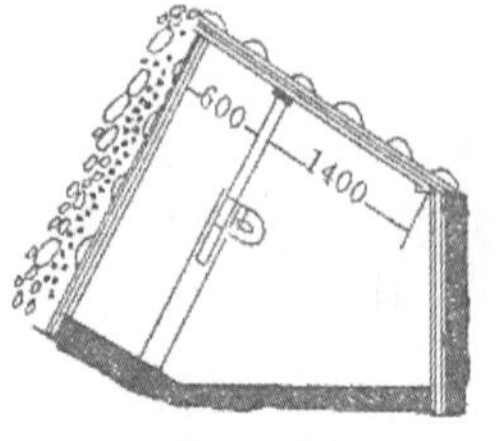

（a）留巷前巷道断面及支护　(b)沿空留巷后巷道断面及支护

图 4.7　另一类工作面沿空留巷前后的巷道断面及支护

沿空掘巷以前，煤体左侧为采空区，在煤体上出现支撑压力，其垂直应力分布，如图 4.8 中虚线 1 所示。当沿采空区边缘开掘巷道以后，破坏了原有的应力平衡，支撑压力向煤体深部移动，其垂直应力分布曲线如图 4.8 中实线 2 所示。沿空掘巷后的支撑压力并不增大，一般只是向煤体深部移动一个巷道的宽度，相应地平衡区也向煤体深部移动，因此，沿空掘巷应力重新分布过程中引起的围岩变形比较小，巷道易于维护。

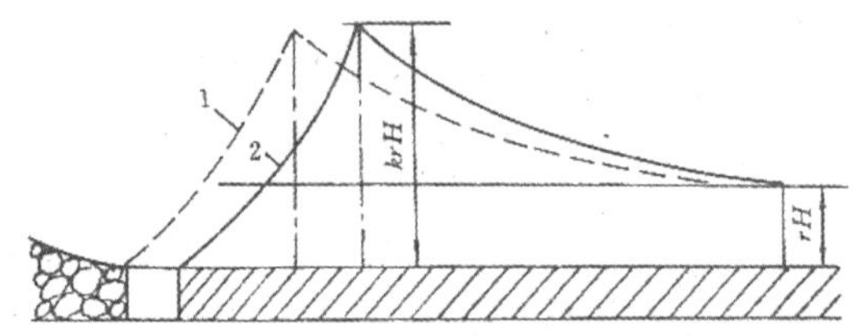

图 4.8　沿空掘巷前、后的应力分布状况

1 一掘巷前应力分布；2 一掘巷后应力分布

沿空掘巷的变形要经历 3 个阶段。第Ⅰ，Ⅱ阶段与一般巷道类似；在第Ⅲ阶段，由于巷道受到回采工作面超前支撑压力的影响，围岩变形速度加大，这时的支架力学性能要与围岩变形状况相适应。此外，沿空掘巷还应注意两点：一是回采上区段时，要使采空区冒落矸石胶结压实，必要时需向采空区注水或注浆，开掘巷道时注意背帮背顶，防止围岩松动冒落；二是要在采空区的岩层运动已经稳定后才开掘巷道，否则，无异于沿空留巷第Ⅱ阶段巷道处于回采工作面后方的情况，这将对巷道维护十分不利。

上述两个问题若处理不好，就会造成巷道围岩变形量加大，巷道维护量增加。

（3）沿空掘巷的施工顺序

由于矿山综采工作面布置在同一采区，开采强度较大，若沿空巷道不及时开掘，就会造成综采工作面接续紧张。为此，采取避开上一区段回采面的影响范围，在离采空区 30～40m 的压力正常区内开掘一条附加材料道。附加材料道掘至上一区段的采空区岩层移动和上覆岩层压力已稳定区拐线正式开掘沿空巷道。外部沿空材料道部分在综采工作面生产过程中，边回采边掘进，以缩短沿空材料道的暴露时间，减少巷道变形，见图 4.9 所示。根据类似矿山矿压实测资料，上区段工作面回采后，对下面巷道的滞后影响距离 120～180m，影响时间为 4～5 个月。因此，沿空掘巷拐线时间一般在上区段回采后 5～6 个月。

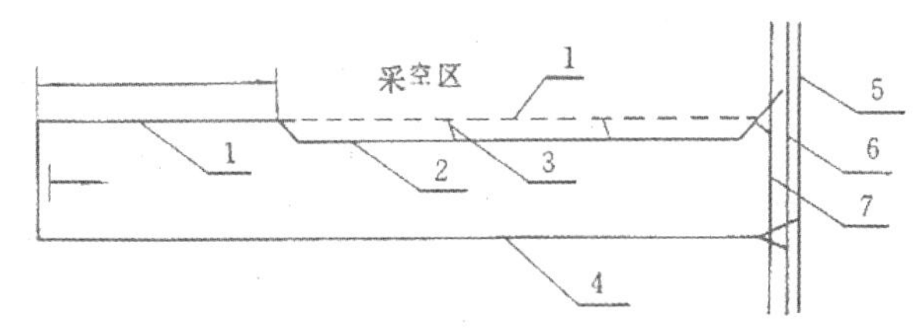

图 4.9　沿空掘巷施工顺序

1—沿空掘巷（材料道）；2—附加材料道；3—小横贯；4—工作面运输机道；
5—采巷皮带机巷；6—采区大巷；8—采压回风道

（4）沿空掘巷的支护

一般情况下，沿空掘巷应紧贴采空区边缘进行，但由于施工时，沿采空区掘巷破坏严重，掘进困难，又没有建立完善的巷旁充填系统，根据矿区煤层顶板稳定一般，巷道时常出现底鼓，煤层强度一般的条件，采取留设 2 ~ 3m 左右的小煤柱的方法。

巷道支护如图 4.10 所示，建议顶部采用快硬水泥锚杆支护，金属杆体长 1.8m，ϕ16mm。由于巷道两帮（尤其是靠采空区侧）受到上区段回采工作面的影响和开掘本巷道的影响，两帮煤体松软，整体性差。故采用打锚杆的方式来提高两帮煤体的强度，在巷道的两帮钢筋网和钢带来提高煤体的整体稳定性。边帮锚杆建议长 1.6m，ϕ16mm。金属锚杆采用铁托盘，其规格为 100mm×100mm×10mm。

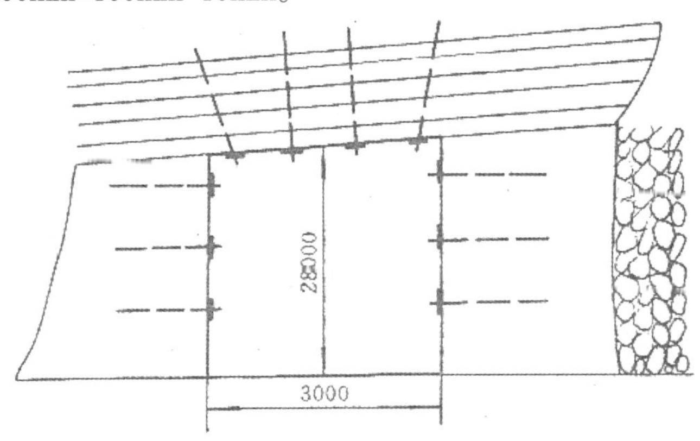

图 4.10　沿空掘巷支护方式

（5）沿空材料道在各个时期的矿压显现规律

上区段工作面回采后，采空区附近的煤体受到支撑压力的影响。当岩层运动已稳定时，处于极限状态下的残存支撑压力分布：在采空区边缘为已卸载的松弛区，煤体深部为承载的塑性区和弹性区。沿空掘巷破坏了原有的平衡，在巷道边缘出现了新的松弛区、塑性区和弹性区。支撑压力向煤体深部转移。要注意开掘期、围岩稳定期和回采期的变形量，以便采取措施。

4.4　锚杆长度确定选取

国内外对锚杆长度进行了大量研究，各国、各行业都有选择锚杆长度的规定。

（1）Hoek 和 Brown、美国工程师协会及美国矿山局等提出用于检验锚杆长度的一般经验准则，认为锚杆最小长度至少为两倍锚杆间距；岩体断裂面平均间距所确定的临界潜在不稳定岩块宽度的 3 倍；巷道跨度之半（跨度小于 6.0m）。

（2）Lang 和 Bischoff 认为，锚杆长度与锚杆间排距之比为 1.2 ~ 1.5，锚杆长度可作为巷道跨度的函数来选择，如图 4.11 所示。

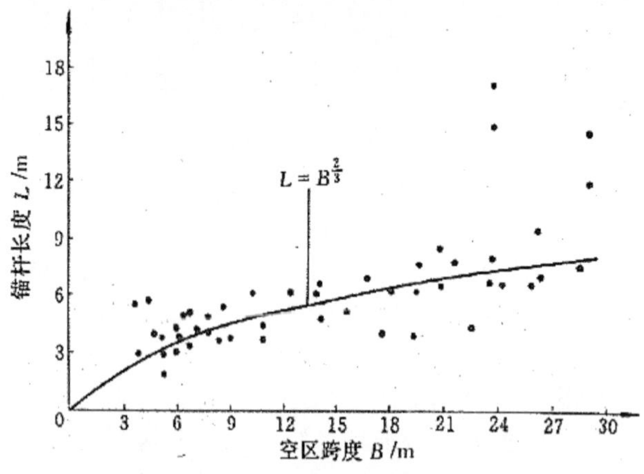

图 4.11　锚杆长度与巷道空区跨度的关系

（3）Bieniawski 基于 *RMR* 岩体力学分类体系，给出了一个设计锚杆布置经验的方法：

$$h_t=\frac{B(100-RMR)}{100} \tag{4.1}$$

式中：h_t—冒落岩体的高度；B—巷道空区跨度。

锚杆长度取 $h_t/2$ 与 $B/3$ 中较大者。

（4）Schach 等认为，锚杆长度与巷道空区跨度 B 可由下式来定。

非预应力锚杆为

$$L=1.4+0.184B \tag{4.2}$$

预应力锚杆为

$$L=1.6+(1+0.012B^2)^{1/2} \tag{4.3}$$

（5）水电站巷道结构厂房普遍采用砂浆锚杆，锚杆长度见表 4.2，锚杆直径一般选用 16～32mm 直径为宜，钻孔直径应比锚杆直径大 20mm 为宜。

表 4.2　砂浆锚杆长度经验数据

部　位	国　内	国　外
顶　拱	（0.1～0.5）B	（0.23～0.35）B
边　墙	（0.05～0.2）B	（0.1～0.5）B

（6）我国《铁路隧道锚喷构筑法技术规则》规定确定锚杆长度时，主要考虑地质条件。在成块和成层的岩层中，欲获得悬吊或梁效应，锚杆的长度应大于围岩松弛范围。如果是为了获得拱效应或为了加固、改良围岩时，应使锚杆与围岩组成统一结构，共同作用，此时，锚杆的端头也可锚固在非稳定岩层中，但锚固应具有足够的抗拔力。为了提高锚杆施工的作业效率，不宜使用太长的锚杆。但锚杆过短又起不到加固或改良围岩的作用。局部锚杆的长度一般应比系统锚杆的长度大。《铁路隧道锚喷构筑法技术规则》规定，在围岩条件较好的Ⅳ～Ⅵ类岩层，可以采用锚喷支护，锚杆长度为 1.5～3.0m；在围岩条件中等和较差的Ⅰ～Ⅳ类岩层中，作为复合衬砌中初期支护的锚杆，净跨 5m、净高 6m 的单线隧道锚杆长度为 2.0～3.0m，净跨 9m、净高 6m 的双线隧道锚杆长度为 2.0～3.5m。

（7）新奥法对锚杆长度的设计。新奥法对锚杆长度的设计，基于支护要促使围岩形成自成拱的思路，锚杆主要是给巷道围岩松动圈内的岩体提供支护力使其形成拱的效应，所以锚杆要穿过松动圈并深入围岩一定深度，而巷道围岩松动范围与岩层条件和隧道跨度有关，所以锚杆长度这样确定：对于岩质条件较好的硬岩锚杆长度取 1.0～1.2m；对于岩质条件稍差的中硬岩，锚杆长度取巷道宽度的 1/3～1/4，通常为 2.0～3.0m；对于破碎岩体和土沙质地层，锚杆长度取巷道宽度的 1/2 ~ 2/3，通常为 4.0 ~ 6.0m。

综上所述，锚杆长度主要与巷道跨度和围岩性质有关，在不同的巷道断面形状和尺寸条件下，首先确定锚杆要支护的围岩范围（特别是松动范围）及所需的支护强度，而围岩的松动范围及巷道支护所需的支护强度，主要受巷道跨度和围岩性质决定。

锚杆长度主要是根据经验或经验公式选取，使用最多的是 1.6 ~ 2.0m。锚杆长度首先是根据巷道断面形状和围岩条件确定采用哪种锚杆支护设计理论，然后再根据巷道断面尺寸和岩性计算所需的锚杆长度。巷道围岩松动圈较大，一般为 1500 ~ 2000mm，可以采用高强锚杆支护系统进行成功的支护，所谓高强锚杆支护系统组成：锚杆直径不小于 20mm，采用全长锚固，锚杆预张力不小于 50kN；喷射混凝土层，需要时分两次喷射；金属网及钢带等。这种情况下见图 4.12，锚杆长度也应大于松动圈厚度，锚固段应锚入非松动区，锚杆长度确定式为

$$L=l_1+l_p+0.3 \tag{4.4}$$

巷道围岩松动范围较大，一般大于 2000mm；极软围岩松动范围甚至达 3000mm 以上，锚杆很难深入到稳定坚固的岩层中，锚杆全长都锚固在松动围岩内。巷道围岩变形量大，围岩变形内表比小，锚杆与围岩之间位移差大，即使采用全长锚固锚杆，锚杆也极易丧失锚固力。

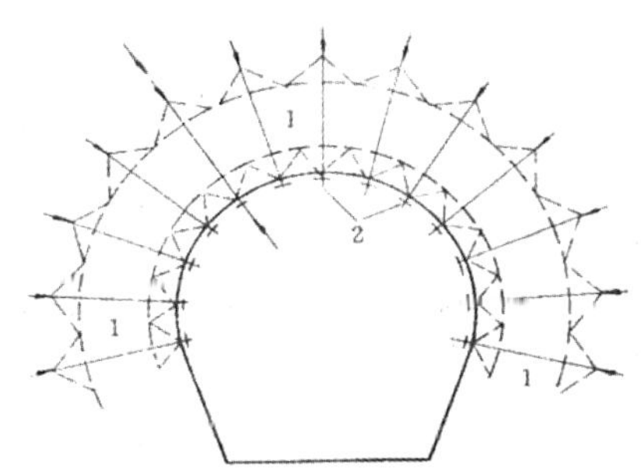

图 4.12　锚杆支护组合拱示意图

1—组合拱；2—锚杆

实践证明，对较软、破碎围岩巷道，可以采用高强锚杆支护系统，仅靠锚杆支护系统提供的支护作用是不够的，必须与钢架支护形式构成联合支护，提高整个支护系统的强度和整体性，才能控制围岩变形。例如，采用锚注支护，通过注浆加固在围岩内部形成一注浆加固圈，又使锚杆内锚端锚固在稳固的注浆加固岩体中，提高了锚杆的可靠性。

4.5　锚杆间距确定选取

Hoek 和 Brown、美国工程师协会及美国矿山局等提出了检验锚杆间距的经验准则，锚杆最大间距不应超过锚杆长度之半、巷道跨度之半（跨度小于 6.0m）、岩体断裂面平均间距所确定的不稳定岩块宽度的 1.5 倍。Lang 和 Bischoff 认为锚杆长度与锚杆间排距之比为 1.2 ~ 1.5 范围比较合适。Schach 等从在巷道顶部能够形成压力拱出发，如图 4.13 所示，认为锚杆长度 L 和锚杆之间的距离 a 的比例应该接近 2。我国《铁路隧道锚喷构筑法技术规则》规定锚杆的间距不宜大于锚杆长度的 1/2，以有利于相邻锚杆共同作用。新奥法从支护应使围岩形成支撑拱出发，规定为：硬岩的锚杆间距取 1.5 ~ 2.0m；中硬岩的锚杆间距取 1.5m；破碎岩体和土砂地层及膨胀性地层的锚杆间距取 1.0 ~ 0.8m。可见，每根锚杆都有其影响范围，将系统锚杆相互连接起来才能形成连续的拱结构或梁结构。锚杆的间排距对形成锚固围岩的拱效应、梁效应或加固层效应具有重要作用，锚杆间排距与锚杆长度应有一

定的比值。

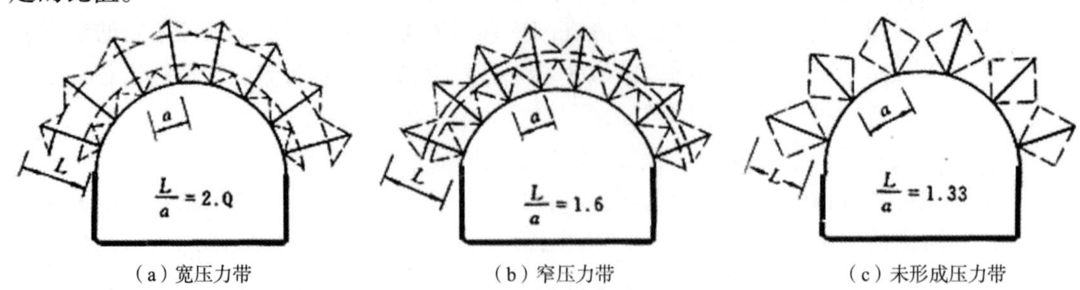

（a）宽压力带　　（b）窄压力带　　（c）未形成压力带

图 4.13　建立的预应力拱

锚杆的间距、锚杆直径与锚杆设计径向锚固强度之间应合理匹配，如图 4.14 所示，在确定围岩控制所需的锚固强度之后，锚杆的间距与直径有一定的关系。

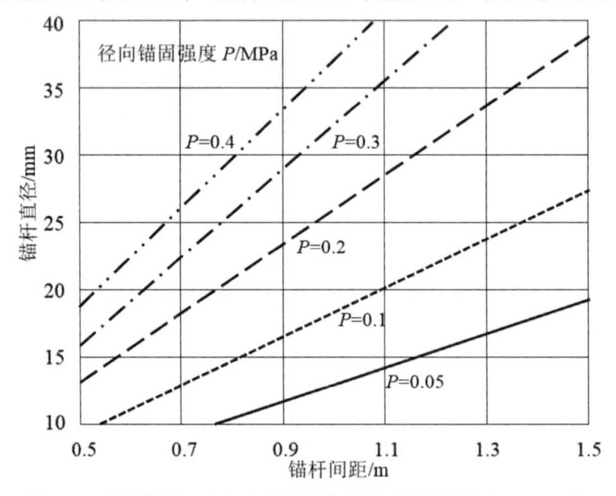

图 4.14　锚杆间距、直径与锚固强度关系（锚杆强度为 380MPa）

中硬岩巷道围岩松动范围较小，一般小于 1500mm，锚杆支护以悬吊或者组合-悬吊作用机理为主，锚杆间距确定：

$$a = \sqrt{\frac{Q}{Kl_p\gamma}} \tag{4.3}$$

式中：Q—锚杆最大拉拔力，通过现场实验确定或根据经验选取；K—安全系数，一般取 2；l_p—围岩松动圈厚度；a—锚杆间排距；γ—岩层平均容重。

4.6　群体锚杆支护作用机理及支护参数

巷道围岩失稳的根本原因是由于围岩强度低于围岩应力，围岩发生破裂，出现围岩松动圈，由于围岩松动圈厚度大小不同，根据围岩碎胀变形量要求锚杆提供的支护力不同，锚杆支护作用机理也不同。由此，群体锚杆组合拱支护作用机理应结合松动圈的围岩状态来阐述。根据松动圈厚度，如表 4.3 所示，选取合理组合拱厚度和锚杆间排距。

表 4.3　组合拱厚度，间排距选取参数

松动圈/cm	组合拱/m	间排距/m	变形余量/mm
150 ~ 200	1.0 ~ 1.1	0.60 ~ 0.70	100 ~ 150
200 ~ 250	1.1 ~ 1.2	0.50 ~ 0.60	150 ~ 200
250 ~ 300	1.2 ~ 1.4	0.50 ~ 0.55	200 ~ 350
300 以上	1.4 ~ 1.5	0.45 ~ 0.50	300 ~ 500

翟新献、宋宏伟、李常文、弓宏飞等人就锚杆组合拱的承载能力、支护载荷、组合拱合理厚度和合理锚杆长度与间排距等问题进行了探讨，认为锚杆组合拱具有整体移动、收

缩变形、释放外部围岩压力的特征，锚杆组合的两个重要性质为具有较大的可缩性和组合拱间的岩石强度接近于原非破坏岩石的强度。利用锚杆组合拱具有提高巷道围岩的承载能力的支护理论应用到矿井巷道合理支护当中。研究表明，锚杆组合拱理论是优化巷道支护参数行之有效的方法。

4.7　预应力锚索加固拱分析

预应力锚索是通过树脂药卷与内锚固段孔壁胶结在一起，然后用拉力设备给锚索施加预应力，利用内锚固段树脂药卷与孔壁周围岩体的摩擦力和胶结力将锚索的应力传递到深部稳定的岩体中，施加张拉力以加固岩土体使其达到稳定状态或改善内部应力状况。它是一种主要承受拉力的杆状构造，其最大特点是可施加较大的预应力，并能充分利用岩土体自身强度和支撑能力，减轻结构自重，节省工程材料，是高效和经济的加固技术。

预应力锚索具有柔性可调、深层加固、主动加固、施工快捷灵活的特点。预应力锚索除具有与锚杆相同的悬吊作用、组合梁作用、组合拱作用外，还具有的作用有：改善围岩开掘后的受力状态，阻止围岩松动圈向深部发展；具有承剪阻滑的作用，即对软弱围岩的增强效应；通过锚索群的"岩壳效应"，对围岩施加"环向约束"；具有增强节理岩体的裂隙前缘岩土断裂韧度的作用，阻止裂隙的进一步扩展与贯通。

预应力锚索加固拱是在锚索锚固入岩体后，锚索与锚固段将形成一个 45°的压力锥体，在锥体范围内的岩体相互挤压，把锚索与其周围的岩体连成一个整体，形成一个均匀的挤压带，当使用间排距适当的群锚加固时，压力锥体包相互叠加，形成岩体内承载圈加固带，如图 4.15 所示，称此为预应力锚索加固拱。此加固拱可以改变内部岩体的应力状态，阻止岩体的变形破坏，提高岩体不稳定部分的整体性与稳定性。其中，L，l 分别是锚索锚杆长度；α，β 分别是锚索锚杆锁固锥角； R 松动圈厚度；H，r 分别是锚索、锚杆加固拱厚度；S，C 分别是锚索、锚杆径向间距。

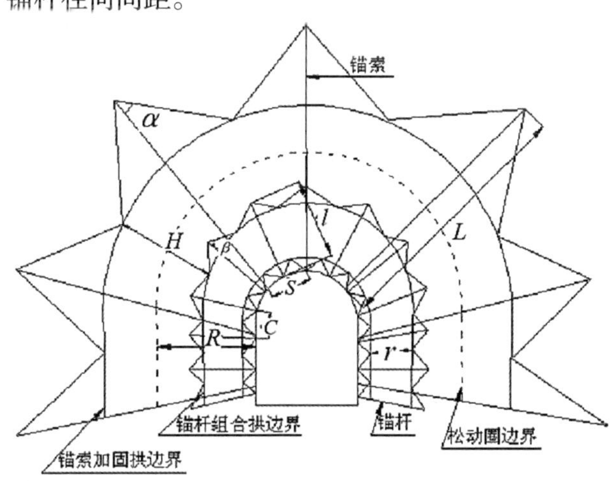

图 4.15　锚索加固拱群锚效应

近年来，预应力锚固技术广泛应用于岩土工程领域。在岩土工程中，预应力锚固技术主要起到发挥岩土体自身承载能力、调节和提高岩土自身强度和自稳能力、增强施工安全性、有效控制岩土体变形的作用。

丁秀丽、盛谦等得出多根预应力锚索在岩体内形成的连续分布压缩带，其分布形态与锚索布置方式、间排距、锚索数目及锚索预应力大小有关。唐树明通过室内模型试验研究了预应力群锚锚固均质岩体边坡，研究表明，预应力群锚边坡均质岩体强度与锚索布置间距相关。朱杰兵、韩军等试验研究得出施加预应力锚索后，在预应力锚索作用点周边形成了一个锥形受压区，该区内岩体从近似零应力状态转变为压应力状态，在群锚作用下形成的压应力区重叠连接成片，组成了“岩石承载墙”，使边坡稳定性得到了明显改善。朱维申等通过相似模型试验，研究表明，在特定试验条件下，锚固节理岩体的抗压强度、弹性模量、扩容起始应力和残余强度等力学参数，随着锚索锚固密度的增大而增加，比无锚时有大幅度提高，而泊松比则比无锚时减少很多。岩土工程预应力锚索群锚研究可以概括为以下 3 个方面：

①锚固效应。锚固的物理效应，岩土锚固的力学效应，锚固结构效应分析。

②加固作用。提高岩体的整体稳定性，增刚、止裂和增韧。

③设计方法。通过室内试验和数值计算，得到锚索的布置方式、布置间排距、长度及倾角等参数。对于巷道围岩松动圈厚度较大的部位，仅仅采用锚杆支护已不足以维持围岩的稳定性。因此，必须采用锚索进行二次加固，锚索支护适用于各类大松动圈巷道支护，把下部大松动圈范围内群体锚杆形成的组合拱及组合拱之外不稳定岩层悬吊于上部稳定岩层。在锚索加固设计中，应充分考虑锚索的群锚效应，并结合松动圈的厚度来设计锚索支护参数，从而控制松动圈厚度的增大。锚杆组合拱支护、锚索加固拱支护在煤矿巷道支护技术中已广泛使用，但很少有文献研究围岩松动圈厚度与组合拱、加固拱厚度之间的关系。根据巷道围岩松动圈厚度来确定锚杆组合拱厚度、锚索加固拱厚度及支护相关参数，以此来控制采动对巷道围岩稳定性的影响。

①松动圈厚度与组合拱、加固拱厚度之间的关系。根据前面围岩松动圈分类表 4.3 中松动圈厚度在 150 ~ 300cm 的围岩采用锚杆组合拱支护理论以及表 4.1 中依据松动圈厚度来确定锚杆组合拱厚度及间排距可知，松动圈厚度与锚杆组合拱厚度有直接关系，松动圈厚度越大，要求锚杆组合拱厚度相应增大。对于大松动圈围岩，锚杆长度往往达不到松动圈厚度，围岩松动破裂范围普遍大于锚杆长度，因锚杆较短形成的组合拱太薄，锚杆不能够把破碎围岩锚固在稳定岩层中，因而锚杆支护的组合拱效应并不明显，而且组合拱的强度往往也不能保持围岩的稳定。因此，采用预应力锚索通过施加较高的预应力来对围岩施加外部应力和位移约束，提高围岩的侧向围压，从而提高松动圈内围岩的强度，以达到增加松动圈内破裂岩体抗破坏、抗变形的能力。

②预应力锚杆锚索“双拱”形成条件。预应力锚杆锚索双拱理论是指通过预应力锚杆和锚索使岩体相互挤压，形成二个彼此相连的挤压带，即为组合拱外边界与加固拱内边界重合，阻止岩体的变形与破坏，改变内部岩体的应力状态，从而提高岩体不稳定部分的整体性与稳定性。深部岩体采用锚索锚固，巷道周边浅部岩体采用锚杆锚固，从而锚杆形成组合拱，锚索形成加固拱的“双拱”支护理论。此加固拱的内缘与锚杆组合拱的外缘相连，而外缘在未受破坏的稳定岩体中，并将松动圈的边界置于加固拱的中部，这样可以改变内部岩体的应力状态，阻止松动圈边界的岩体进一步向深部变形破坏，使松动圈的厚度稳定下来，从而使巷道的变形量稳定下来。

③为了达到理想的支护效果，假设围岩松动圈边界位于锚索加固拱中部位置，而组合拱与加固拱边界相连，如图 4.15 所示。

根据巷道围岩变形力学机制及支护力学过程分析，确定具体支护设计参数：锚杆排间距为 0.8m×0.8m，直径 ϕ16mm，长 1.5m，孔底端锚固段长≥0.3m，预应力≥3t，树脂药卷与锚孔按 ϕ24mm 配套，其锚杆托盘尺寸为 150mm×150mm，厚 10mm。沿巷道断面一共布置 12 根锚杆。金属网采用 10＃铁丝机制 50mm×50mm 的菱形网加邦顶钢带联合喷浆支护，其金属网搭接宽≥100mm，捆扎间距≤100mm，帮、顶钢带用 80mm×5mm 扁钢制作。格栅拱架采用钢筋砼支架，钢筋尺寸为 ϕ20mm，且拱顶合拢，其格栅拱架间距 1.6m。喷 200＃砂浆层厚度 100mm，其底板喷浆参数及工艺与帮顶一致。锚索的间排距为 1.5m×1.5m，直径 ϕ17.8mm，长度为 5.0m，采用树脂药卷锚固，预应力≥10t，锚固段长度 1.0m，每根锚索的预应力≥10t，其中黏结端锚固后的锚孔内剩余空间均注膨胀砂浆充填封闭(按抽放封孔的方法)。具体支护参数见表 4.4 和如图 4.16，煤岩物理力学参数见表 4.5。

表 4.4　　巷道锚网索支护参数

支护材料	支护参数				
	锚杆/索直径/mm	锚杆/索直径/m	喷层厚度/mm	弹性模量/GPa	泊松比
锚　杆	16	1.5	—	200	—
喷　层	—	—	100	—	0.18
锚　索	17.8	5.0	—	190	—
钢筋混凝土支架金属网	—	—	80	150	0.18

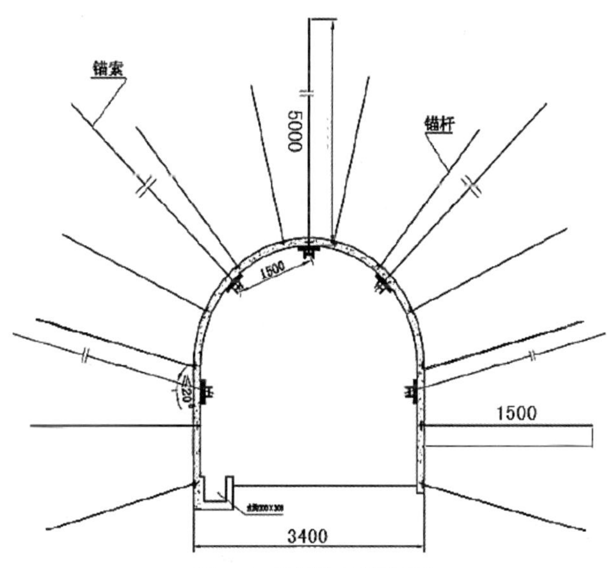

图 4.16　锚网索支护断面图

表 4 5　　煤岩物理力学参数

岩　性	厚度/m	抗压强度/MPa	抗拉强度/MPa	弹性模量/GPa	剪切模量/GPa	泊松比	黏结力/MPa	摩擦角/(°)	容重/(kg/m³)
粉/细砂岩互层	4.0	5.6	0.60	8.9	3.8	0.18	4.20	25	2540
泥质粉砂岩	10.0	8.8	1.10	5.4	2.2	0.25	4.60	23	2400
炭质页岩	0.3	2.6	0.40	1.4	0.6	0.22	2.30	12	2300
煤层	2.8	2.4	0.35	1.6	0.7	0.16	2.00	18	1300
炭质泥岩	2.7	4.4	0.50	3.3	1.3	0.30	3.35	20	2450
泥质粉砂岩	8.6	8.8	1.10	5.4	2.2	0.25	4.60	23	2400
炭质泥岩	10.0	4.4	0.50	3.3	1.3	0.30	3.35	20	2450
细砂岩	5.4	14.0	1.90	12.1	5.0	0.21	7.00	32	2650
泥质粉砂岩	2.9	8.8	1.10	5.4	2.2	0.25	4.60	23	2400
炭质泥岩	2.4	4.4	0.50	3.3	1.3	0.30	3.35	20	2450
泥质粉砂岩	5.6	8.8	1.10	5.4	2.2	0.25	4.60	23	2400
炭质泥岩	3.4	4.4	0.50	3.3	1.3	0.30	3.35	20	2450
泥质粉砂岩	6.8	8.8	1.10	5.4	2.2	0.25	4.6	23	2400
细砂岩	8.0	14.4	1.90	12.1	5.0	0.21	7.00	32	2650
粉砂/泥岩互层	13.2	4.0	0.62	4.8	2.0	0.20	3.55	19	2420
细砂岩	5.0	14.0	1.90	12.1	5.0	0.21	7.00	32	2650

从图 4.17 可以看出，无锚索支护时直墙半圆拱巷道周围形成“双耳”应力比较集中的关键部位，是造成巷道两帮剪坏的主要因素。在应力集中关键点上施加锚索后，剪应力明显向巷道深部围岩延伸、扩张，浅部围岩剪应力集中程度明显减小，且浅部应力值较不加锚索时要小很多，如图 4.18 所示，研究表明，锚索调动了深部岩体强度，控制浅部岩体的稳定性。

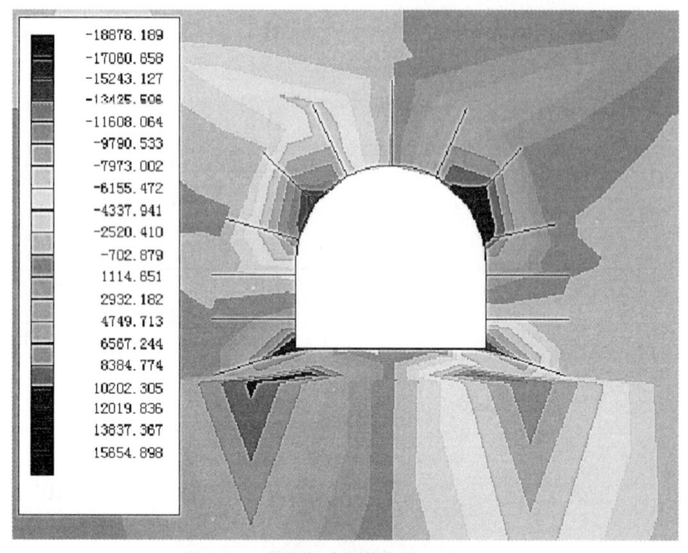

图 4.17 无锚索时巷道围岩 τ_{xy} 等值线

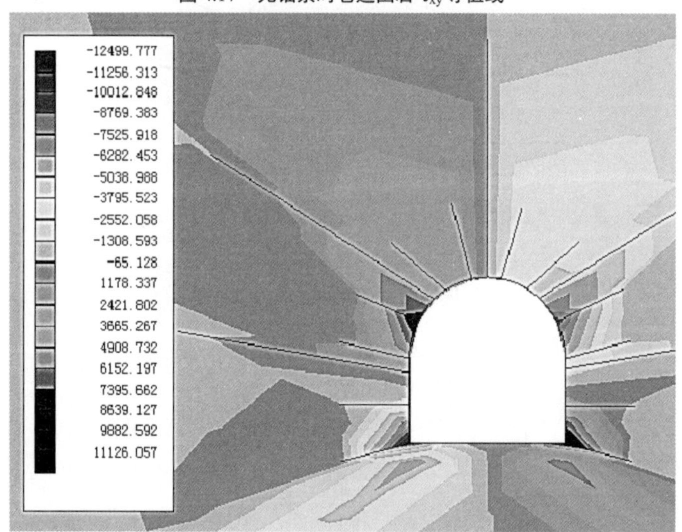

图 4.18 施加锚索时 τ_{xy} 等值线

从图 4.19 可以看出，无锚索支护时，拱顶应力集中程度较高且应力值较大，施加锚索后（见图 4.20）应力值大幅度降低。在巷道围岩深部锚索顶端出现拉应力集中区，说明由于锚索的作用，使巷道深部岩体也承担了浅部围岩的支护荷载，从而减小了巷道的变形量。同时，巷道开挖后，围岩的强度由采空区向深部逐渐增大到原岩强度，通过锚索的作用，调动了巷道深部围岩的强度，从而达到了巷道浅部围岩的支护效果。施加锚索后巷道围岩能承受煤层的采动影响而不发生较大变形。

从图 4.21 可以看出，施加锚索支护后，屈服区有向底板围岩扩展的趋势，巷道顶板围岩屈服区范围得到有效控制。

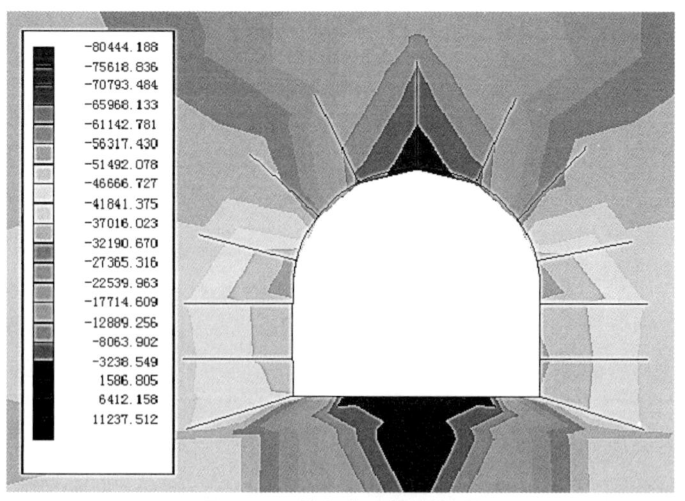

图 4.19 无锚索时 σ_y 应力分色图

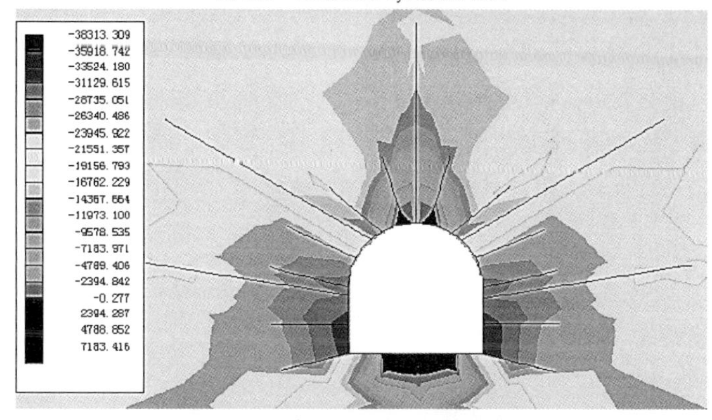

图 4.20 施加锚索时 σ_y 应力分色图

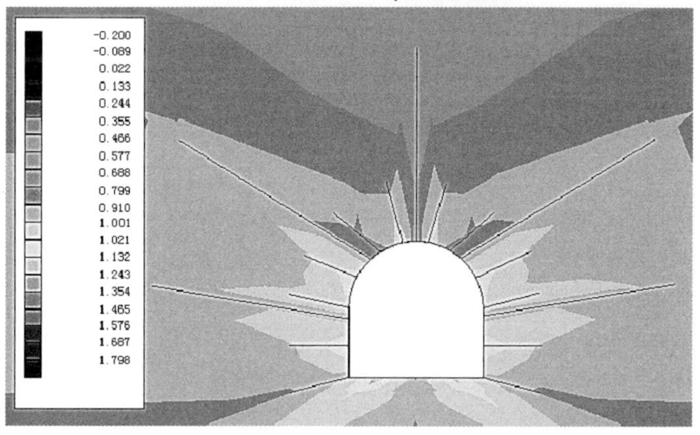

图 4.21 受煤层跨采影响锚网索支护下巷道屈服区分布

从表 4.6 可知，8#煤层采动影响期采用锚网索支护后巷道围岩变形得到有效控制，巷道顶底板及两帮变形量在围岩变形允许范围内，满足矿井的设计要求。

表 4.6 锚网索支护下受采动影响的巷道围岩变形

时期	顶板下沉/mm	底鼓/mm	两帮移近/mm
煤层采动影响期	85.9	107.6	207.0

大量的实测分析表明，煤矿巷道围岩开挖存在松动圈是一个普遍现象。煤矿巷道开挖必然破坏原岩应力状态，在巷道开挖前，岩体处于三向应力平衡状态，开挖后，破坏了围

岩原有的三向应力平衡状态，一方面使应力重新分布：一是切向应力增加，并产生应力集中；二是径向应力降低，巷道周边处应力达到零。另一方面围岩受力状态由三向变成近似两向，岩石强度下降许多，如果集中应力值小于或等于下降后的岩石强度，围岩将处于弹性状态，围岩可自稳，不存在巷道支护问题。相反，如果集中应力值大于下降后的岩石强度，围岩将发生破裂，这种破裂将从周边开始逐渐向深部扩展，直至达到另一新的三向应力平衡状态为止，此时围岩中出现一个破裂带，这个破裂带称为围岩松动圈，它有一个发生、发展和稳定的过程，稳定后的松动圈厚度值反映了围岩应力、围岩强度等共同作用的结果，其外是塑性极限平衡区及弹性区。研究表明，煤矿巷道开挖围岩的变形主要来源于松动圈中破裂岩体的体积膨胀，巷道围压也主要由松动圈引起，基于此，我国学者提出了围岩松动圈支护理论。大量的理论分析、模拟实验及现场实测结果表明，煤矿巷道支护的对象主要是松动圈形成中的碎胀变形，松动圈越厚，围岩变形力越大，支护越困难。

实践证明，松动圈支护理论抓住了支护的主要对象，其分类方法和所确定的支护形式与参数符合现场实际，取得的技术、经济与社会效益非常显著，从而应用越来越广泛。然而，要用该理论对巷道进行合理有效的支护，最关键的是要预先知道被支护巷道的松动圈厚度值。到目前为止，松动圈厚度值的取得都是靠现场实测，这不仅费力、费时，而且费用昂贵，从而限制了松动圈理论的进一步推广应用。因此，研究如何准确而且经济地获取松动圈厚度值已经是势在必行的工作。

第 5 章　巷道围岩开挖支护相关参数

在巷道开挖过程中，每次开挖进尺、开挖顺序、循环时间、地下水渗漏、岩性强度变化、爆破强弱等因素影响，直接威胁到巷道安全开挖与及时支护施工。

针对复杂地形地质的特殊情况，采用数值模拟方法模拟施工过程，开展不同地貌地层巷道开挖支护力学特性研究，对巷道施工具有非常重要的实际指导意义。

5.1　巷道工程设计中初始地应力的考虑

（1）巷道设计和开挖过程中考虑初始地应力问题

进行巷道掘进力学状态的分析，以下原则和经验值得考虑：

①在设计中，要注意初始地应力侧压系数 λ 对围岩稳定的影响。

当 λ=0.3～0.8 时：在巷道两侧出现“楔形破裂体”，并向洞内移动造成支护层发生剪切破坏。

当 λ=0.8～1.2 时：围岩塑性区将遍及巷道四周，压力大致均匀，巷道的这种受力状态是有利的。

当 λ>2 时：破坏首先发生在拱顶和底板中部，并随着水平应力增大而向两侧边墙发展。

②在水平应力为主的情况下，相互正交的两个方向水平主应力有时不尽相同，这时要注意选择洞轴方向，最好将其选择在与最大水平应力平行或靠近于最大剪应力方向，这样有利于围岩的稳定和施工的安全。如果由于某种原因不能这样考虑，可以改变巷道断面的几何形状和控制开挖顺序，即用所谓应力控制方法来达到围岩自身稳定的目的，这是因为不同的巷道断面形状能够适应不同 λ 值的应力状态。

③无量测数值时，垂直原岩应力可根据自重应力计算，但应当注意，埋深很小时可能会出现偏差；两个水平方向的应力，可取为相等。虽无实测值，但已测得巷壁位移，则可通过反分析计算确定原岩应力。有当地实测地应力数值时，应以实测值作为工程设计的计算参数。

④当无量测数据时，侧压系数 λ 可参考相关工程实践数据借鉴采用，否则可视情况确定：无明显构造应力地区、孤山地区及河谷、谷坡附近处取 λ<1；构造应力地区、距地表较深的区域可取 $\lambda\geq$1；松散软弱地层中 λ 值大约为 0.5～1.0。巷道工程设计中初始地应力具体以侧压系数 λ 考虑，取 λ=0.5，1.0，1.5 和 2.0 情况进行分析计算。

（2）活动性构造地应力

矿区位于和什托洛盖中新生代凹陷盆地中段北部的和什托洛盖复式向斜中，该复式向斜由北而南由和丰煤矿向斜、沙布其很哑布尔背斜、博尔托洛盖向斜组成，矿区主体在沙布其很哑布尔背斜东南部附近的南翼，沙尔其很哑布尔背斜呈北东 80°左右的方向延伸 12km，是一北陡南缓的不对称背斜，北翼倾角为 38°～48°，南翼倾角多在 20°以内，南部达 30°。核部为侏罗系下统八道湾组，两翼为三工河组，南翼还有西山窑组、头屯河组的地层。和什托洛盖复向斜中断裂构造不发育，但区域内有数条东西向盆地基底断裂，部分基底断裂具有长期活动性，受其影响，其上对应的侏罗系盖层局部发生扭曲和小的错断。

（3）煤层倾角考虑

矿区井田位于沙尔其很哑布尔背斜的南翼，受背斜总体延伸的控制，井田煤岩层呈微偏东南倾（170°方向）的单斜，倾角为 16°～22°，深部倾角变缓为 10°～15°。井田内井下和地表均未见有断层，井田构造较为简单。

分析时，中等深度 0402 采区巷道考虑煤层倾角为 16°和 22°两种情况，深部 0403 采区巷道考虑煤层倾角为 10°和 15°两种情况。

（4）地震

根据《中国地震动参数区划图》(GB 18306—2001)，该区地震动峰值加速度为 0.05g，地震动反应谱特征周期为 0.40s。对应的地震基本烈度为Ⅵ度。给施工带来麻烦甚至安全威胁，分析计算时应加以考虑。

（5）地下水考虑

根据矿区水文地质情况，在有效隔断和排除老采空区地下水的情况，分析计算不考虑地下水的影响，以及地下水对岩层的弱化或软化影响。

5.2 巷道开挖支护物理力学参数选取

大多数岩石为脆塑性材料，屈服即破坏，采用 Mohr-Coulomb 破坏准则；煤岩体材料类型采用弹塑性模型、支护材料采用弹性模型进行计算。

围岩各岩体物理力学参数见表 5.1 所示，支护材料参数见表 5.2 所示。

表 5.1 岩体物理力学参数表

参数 岩性	巷道位置	容重 $\gamma/(kN/m^3)$	抗压强度 σc/MPa	抗拉强度 σt/MPa	弹性模量 E/GPa	剪切模量 S/GPa	泊松比 μ	黏聚力 C/MPa	摩擦角 φ/(°)	节理间距 连续 a/m 间断 b/m	厚度 H/m
中砂岩	老顶	26.5	14.0	1.9	12.1	5.0	0.21	7.00	32	1.5/2.5	—
泥质粉砂岩	老顶	24.0	8.8	1.1	5.4	2.2	0.25	4.60	23	1.0/1.5	5.0
炭质页岩	直接顶	23.0	2.6	0.4	1.4	0.6	0.22	2.30	12	0.5/1.0	2.5
煤层	巷道	13.0	2.4	0.35	1.6	0.7	0.16	2.00	18	0.5/1.0	2.2
炭质泥岩	直接底	24.5	4.4	0.5	3.3	1.3	0.30	3.35	20	0.5/1.0	3.5
粉砂质泥岩	老底	24.2	4.0	0.62	4.8	2.0	0.20	3.35	19	1.0/1.5	5.0

表 5.2 支护材料物理力学参数表

材料	弹性模量/kPa	泊松比	拉力/kN	长度/m
喷射混凝土(C25)	2.8×10^7	0.15	—	—
锚杆	3.0×10^8	—	60	1.6 ~ 2.2
锚索	8.0×10^8	—	150	4.0 ~ 6.0

5.3 主巷道锚网喷混凝土支护

喷混凝土是不需要模板或预制混凝土砌块且施工性良好的混凝土，不仅在巷道工程的初期支护和永久支护中，也在防护，既有结构物的补修、补强中获得广泛和多方面的应用。在巷道掘进-支护的施工循环中，锚网+钢支撑的架设所占用的时间比例是比较大的。因此，为了实现巷道的高速施工，建议取消钢支撑，并在一些巷道掘进-支护中用高强度喷混凝土、取消钢支撑的支护体系获得成功。围岩抗压强度平均在 10MPa 左右，属于易变形的软弱围岩。取消钢支撑，是适应独臂掘进机高速掘进的支护体系之一。如采用了新开发的初期高强喷混凝土（10min 的强度为 $3N/mm^2$）和锚杆的支护体系，取消了钢支撑或预制混凝土砌块，以缩短掘进循环的作业时间和提高施工的安全性。

喷混凝土的技术特征：超低龄强度，10min 达 $3N/mm^2$ 以上，使巷道围岩早期稳定，从而能够进行大断面掘进。和易性及黏性好，回弹和粉尘少。获得的混凝土耐久性高。可采用既有的施工系统。试验结果：喷射机采用空气压送式有利。获得 10min，$3N/mm^2$ 强度的高强喷混凝土的配比：水泥 $380kg/m^3$、硅灰 $20kg/m^3$、速凝剂添加量为胶合材料的 9%。最佳塌落度，采用空气压送式喷射机时，为 20 ~ 22cm。

5.4　主巷道独臂掘进与爆破法对比

主巷道独臂掘进机高速掘进对策如下：

采用取消钢支撑的支护体系，缩短作业时间。开发大型施工机械，缩短作业时间。采用平行作业，节省作业时间。

主巷道独臂掘进机高速掘进施工参数：基于设定的围岩等施工条件，试算掘进循环时间：围岩强度为 10MPa 左右，无涌水。短台阶法（台阶长度 2 ~ 4m）。月工作日：23d。一班作业时间：540min。一次掘进长度：1.0m。喷混凝土：厚度 10cm，一次喷射。锚杆：上半断面 10 根，下半断面 4 根。掘进能力（独臂掘进机）30m^3/h；出渣处理能力：35m^3/h；混凝土喷射能力：13m^3/h；锚杆：1 根/3min。为了研究新的支护模式的性能，在巷道西工区地质条件比较匀质的新第三纪的泥岩、一部分凝灰岩和砾岩区间（长度约 121m），进行了改变支护模式和掘进速度的试验。独臂掘进机与爆破法主巷道掘进对比组合列于表 5.3。

表 5.3　试验施工模式

<table>
<tr><th rowspan="2">试验模式</th><th rowspan="2">掘进速度</th><th rowspan="2">一次循环进尺</th><th colspan="4">支护模式</th></tr>
<tr><th>类别</th><th>喷混凝土</th><th>锚杆</th><th>钢支撑</th></tr>
<tr><td>高速掘进 A 独臂掘进机</td><td>250m/月</td><td>1.5m</td><td rowspan="2">新支护</td><td rowspan="2">初期高强度喷混凝土
t=10cm</td><td rowspan="2">L=3.0m
n=14 根
c=1.0m</td><td rowspan="2"></td></tr>
<tr><td>通常掘进 A 爆破法</td><td rowspan="2">100m/月</td><td rowspan="2">1.0m</td></tr>
<tr><td>通常掘进 B 爆破法</td><td>标准支护</td><td>高品质喷混凝土
t=15cm</td><td>同上</td><td>H-125ctc=1.0m</td></tr>
</table>

高速掘进 A 模式是按取消钢支撑的支护模式，掘进速度按 250m/月（10.9m/d）设定的。通常掘进 A 模式也是按取消钢支撑支护模式，但掘进速度按 100m/月（4.3m/d）设定的。通常掘进 B 模式，是按标准支护模式、月进 100m 设定的。

在比较试验区间进行了量测和围岩调查。其中包括垂直位移和净空位移测定、地中位移测定、喷混凝土应力应变测定，以及锚杆轴力和钢支撑应力测定。

围岩调查都是在量测 A-①断面进行的。包括采取试样进行室内试验、各钻孔的原位试验等。围岩调查结构判明试验区间的围岩特性如下：

①围岩属于新第三纪的泥岩。单轴抗压强度为 10 ~ 20MPa（平均为 17.7MPa），洞内水平加载试验得到的变形系数是 4680N/mm^2。几乎没有裂隙，泥岩属于软质围岩。

②主要黏土矿物、2μm 以下的粒子含有率、塑性指数、阳离子交换量、浸水崩解度等指标说明具有膨胀性围岩的特性，但含水比平均只有 10%，非常小，因此可以看作没有膨胀作用的围岩。

③黏性倍率大约在 0.15 左右，也很小，是流变很小的围岩。

④根据初始地压的测定结果，地压倾斜，其值约在 6.6MPa 左右。

独臂掘进机与爆破法主巷道掘进对比试验的量测结果如下。

①巷道净空的动态特性。拱顶下沉、净空位移的历时变化，大约在掘进后 10d 之内产生。拱顶下沉在通常掘进 A 模式的断面 A-①处，除了约以 1.5mm/月的微小变形在发展外，几乎都收敛了。净空位移对所有断面几乎都是以 0.5 ~ 1.5mm/月的微小变形在发展，该区间在 2004 年 2 月前浇注了巷道底板，从巷道断面闭合后 1 个月左右，位移已经收敛。拱顶下沉按施工模式划分的最大位移是：高速掘进 A 模式和通常掘进 B 模式约为 5 ~ 7mm，通常掘进 A 模式约为 12 ~ 20mm。

另外，净空位移的最大值则相反，通常掘进 A 模式比高速掘进 A 模式和通常掘进 B 模式小。垂直位移速度、净空位移速度因掘进速度的不同，不是以掌子面通过后的时间，而是以与掌子面距离的关系表示。即以位移值与掌子面距离的函数用近似的多项式表示。量测 A-①的位移速度与掌子面距离的关系，在位移速度为 0 附近收敛。表现出高速掘进 A 模式收敛最早，依次是通常掘进 B，A 模式。

②巷道周边围岩的动态特性。按弹性波速度在 2.4m/s 以下为松弛区域考虑，松弛区域在试验区间约为 0.5 ~ 2.0m。拱顶松弛区域在高速掘进 A 模式下约在 1.0m 以下，其他模式下为 1 ~ 2m 左右。在巷道侧板，高速掘进 A 模式和通常掘进 A 模式都在 1m 以下，通常掘进 B 模式松弛区域一般变化较大。

第 6 章　0403 回风巷力学特性数值模拟

在 0403 回风（轨道）顺槽巷道模型建立的基础上，进行 0403 回风（轨道）顺槽巷道端面不同掘进、支护方式的力学特性分析，同时进行 10°，15°煤岩层倾角 0403 回风巷道不同构造应力影响分析。

6.1　0403 回风（轨道）顺槽巷道分析模型

0403 工作面回风（轨道）顺槽巷道分析模型见图 6.1，煤岩地层倾角考虑 10°和 15°情况，在考虑侧压系数 λ=0.5，1.0 和 1.5 情况下，位移归零；进行巷道断面一次性掘进支护，或考虑地震响应影响分析。首先考虑煤岩地层倾角 10°情况进行对比分析，见图 6.1。其次研究 0403 回风巷（轨道）顺槽巷道不同支护参数力学特性。

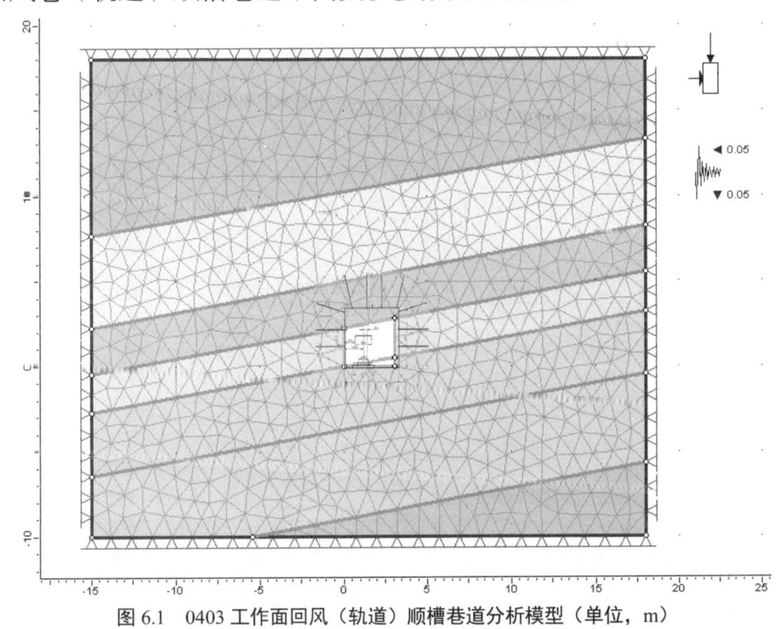

图 6.1　0403 工作面回风（轨道）顺槽巷道分析模型（单位，m）

6.2　0403 回风（轨道）顺槽巷道端面不同掘进力学特性分析

0403 回风巷（轨道）顺槽巷道爆破掘进和独臂掘进头机械掘进力学特性分析（无支护、侧压力系数 λ=0.5），数值模拟分结果见图 6.2 和图 6.3 所示。

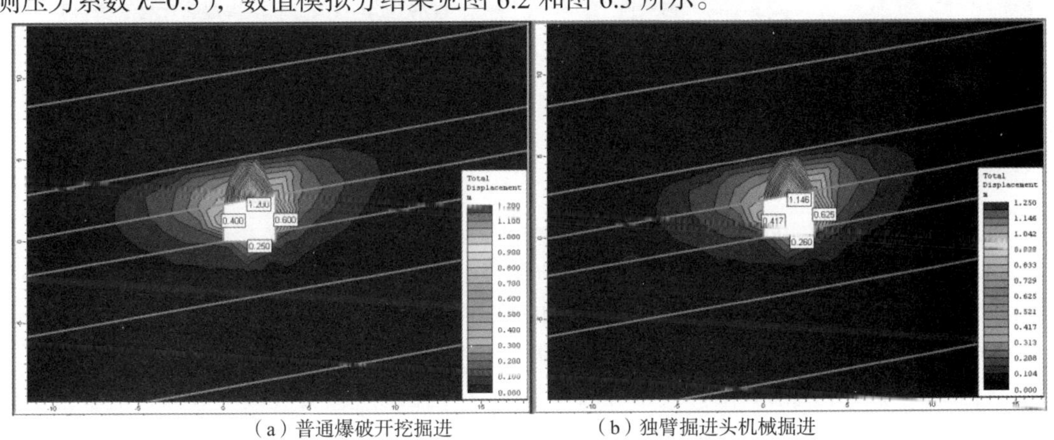

（a）普通爆破开挖掘进　　（b）独臂掘进头机械掘进

图 6.2　0403 回风巷（轨道）顺槽巷道掘进瞬时位移场等值线云图

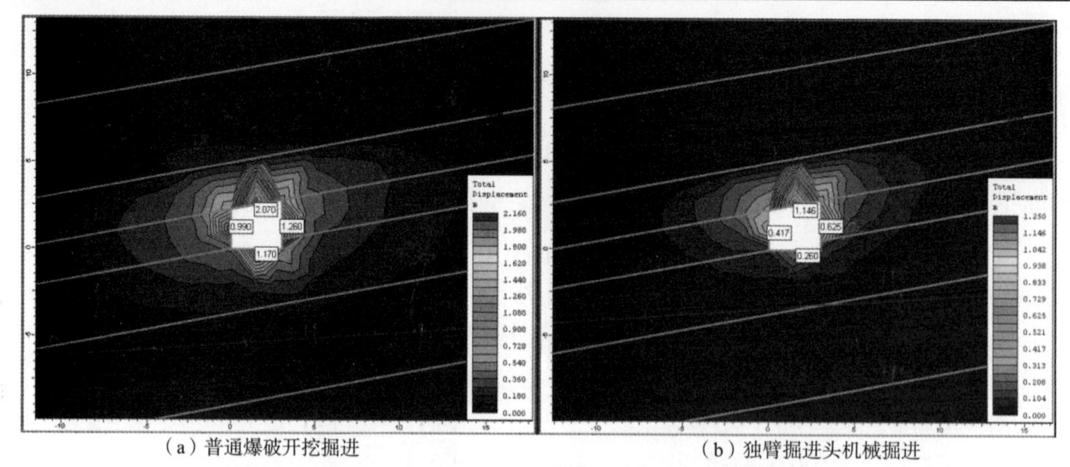

（a）普通爆破开挖掘进　　（b）独臂掘进头机械掘进

图 6.3　0403 回风巷（轨道）顺槽巷道掘进爆破震动位移场等值线云图

0403 回风巷（轨道）顺槽巷道掘进位移值变化见表 6.1。瞬时状态，位移值几乎相等，爆破震动状态影响时，普通爆破开挖掘进位移值变化较独臂掘进头机械掘进的大，表明独臂掘进头机械掘进较好地保护了围岩的整体稳定性，有利于支护和利用新奥法围岩自撑+锚钢带网+锚梁网+锚索支护的协调性，不像普通爆破开挖掘进难于控制围岩的整体稳定性，使得锚钢带网+锚梁网支护延迟而不得不进行巷道的多次维护，如刚性支架、补设锚钢带、多排锚索等。

表 6.1　0403 回风巷（轨道）顺槽巷道掘进位移值

影响因素	巷道掘进方式	顶板/m	底板/m	S 边帮/m	N 边帮/m
瞬时状态	普通爆破开挖掘进	1.200	0.250	0.400	0.600
	独臂掘进头机械掘进	1.146	0.260	0.417	0.625
爆破震动状态	普通爆破开挖掘进	2.070	1.171	0.990	1.260
	独臂掘进头机械掘进	1.146	0.260	0.417	0.625

0403 回风巷（轨道）顺槽巷道掘进破坏区（剪切、拉伸破坏）分布变化见图 6.4。

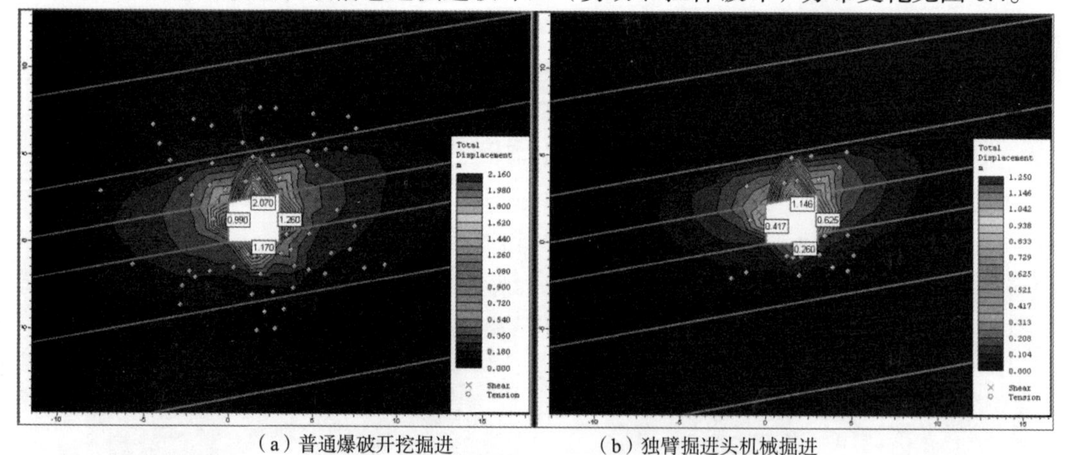

（a）普通爆破开挖掘进　　（b）独臂掘进头机械掘进

图 6.4　0403 回风巷（轨道）顺槽巷道掘进破坏区（剪切、拉伸破坏）分布图

爆破震动状态影响时，普通爆破开挖掘进破坏区变化较独臂掘进头机械掘进的范围大，表明独臂掘进头机械掘进较好地保护了围岩的整体稳定性。

0403 回风巷（轨道）顺槽巷道掘进位移矢量和剪应变分布变化见图 6.5。爆破震动状态影响时，普通爆破开挖掘进位移矢量和剪应变变化较独臂掘进头机械掘进的量值和范围大 1 倍，也表明独臂掘进头机械掘进较好地保护了围岩的整体稳定性。

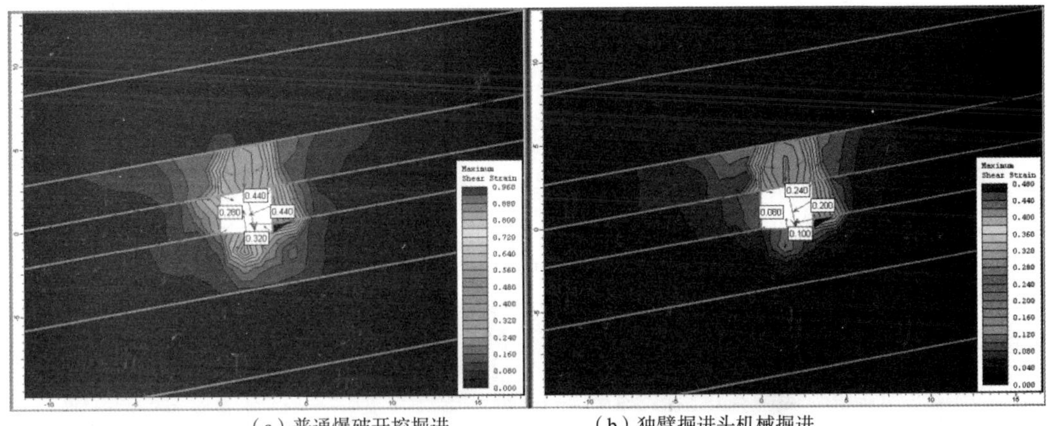

（a）普通爆破开挖掘进　　（b）独臂掘进头机械掘进

图 6.5　0403 回风巷（轨道）顺槽巷道掘进位移矢量和剪应变分布图

6.3　0403 回风（轨道）顺槽巷道不同支护方式力学特性分析

研究 0403 回风巷（轨道）顺槽巷道独臂掘进头机械掘进不同支护方式力学特性分析（侧压力系数 λ=0.5）。

（1）不同锚杆长度+钢带网

在原设计锚杆长度 L=1.6m+钢带网的基础上，考虑对比方案锚杆长度 L=2.2m+钢带网，见图 6.6。0403 回风巷（轨道）顺槽巷道掘进破坏区（剪切、拉伸破坏）分布变化见图 6.7。

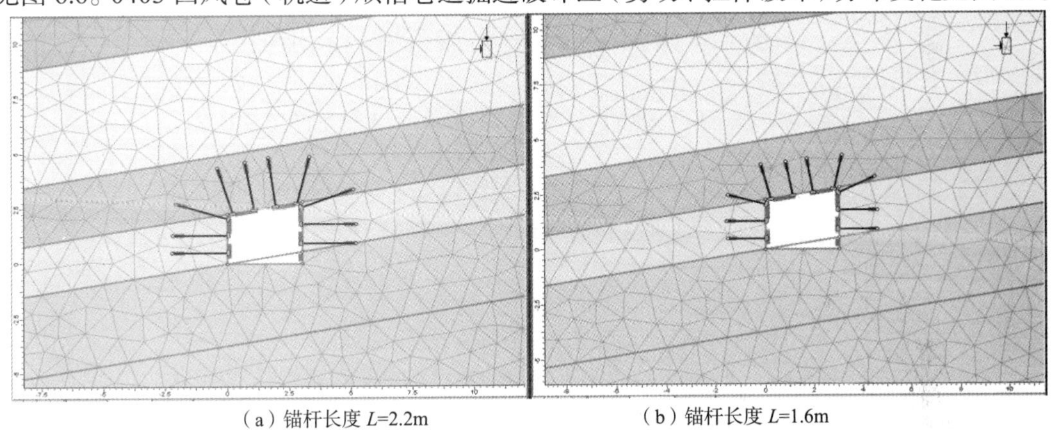

（a）锚杆长度 L=2.2m　　（b）锚杆长度 L=1.6m

图 6.6　0403 回风巷（轨道）顺槽巷道不同锚杆长度分析模型（单位，m）

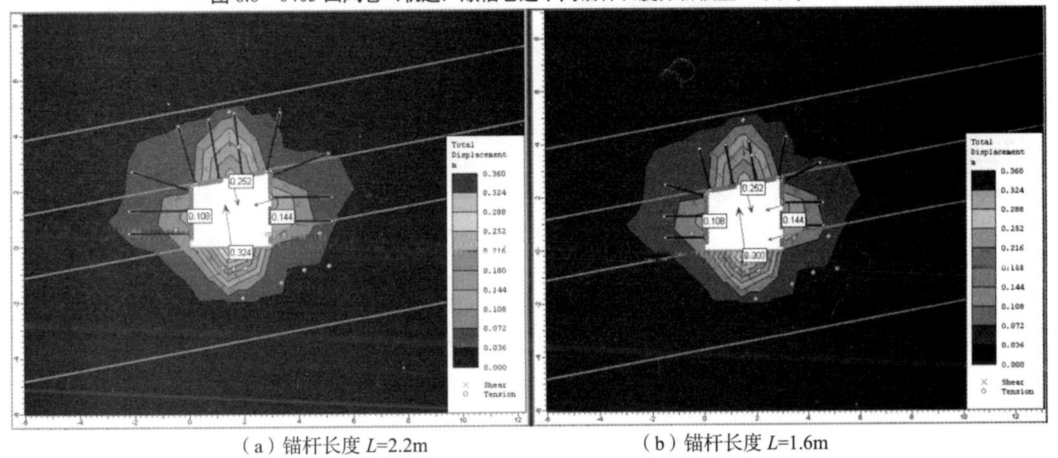

（a）锚杆长度 L=2.2m　　（b）锚杆长度 L=1.6m

图 6.7　0403 回风巷（轨道）顺槽巷道不同锚杆长度破坏区（剪切、拉伸破坏）分布图

图中两种锚杆的支护情况的顶板、边帮破坏区变化一致，锚杆 L=2.2m 底板位移为 0.324m，较锚杆 L=1.6m 底板位移为 0.360m 的小 0.036m，锚杆 L=1.6m 底板底鼓较锚杆 L=2.2m 底板大，按照围岩变形标准判断，巷道围岩的整体稳定性一般。

0403 回风巷（轨道）顺槽巷道掘进位移矢量和剪应变分布变化见图 6.8。两种锚杆支护情况下顶板、边帮位移矢量和剪应变变化一致，锚杆 L=2.2m 底板剪应变为 0.090m，较锚杆 L=1.6m 底板的剪应变 0.106m 小 0.016m，锚杆 L=1.6m 底板底鼓较锚杆 L=2.2m 底板大，按照围岩剪应变标准判断，巷道围岩的整体稳定性一般。

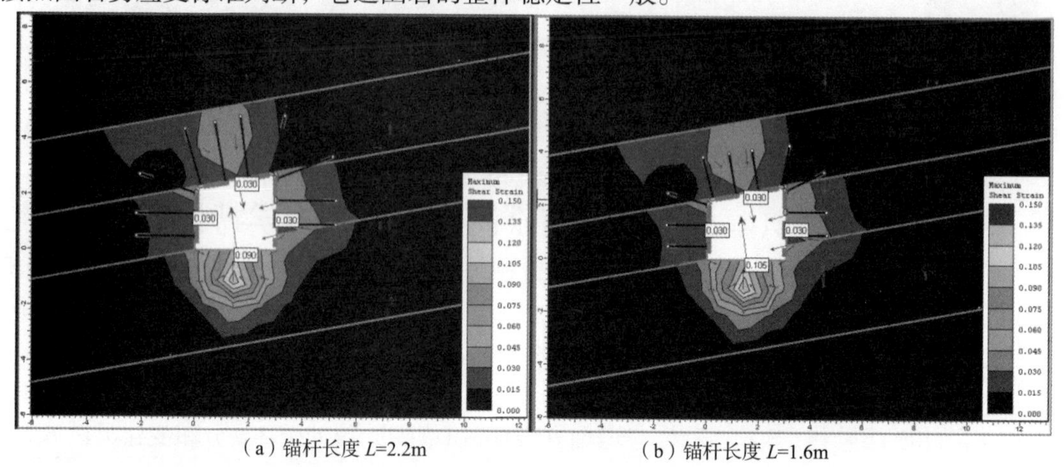

（a）锚杆长度 L=2.2m　　（b）锚杆长度 L=1.6m

图 6.8　0403 回风巷（轨道）顺槽巷道不同锚杆长度位移矢量和剪应变分布图

（2）巷道顶板增设锚索

在上述（1）方案巷道支护的基础上，巷道顶板增设锚索见图 6.9 所示。

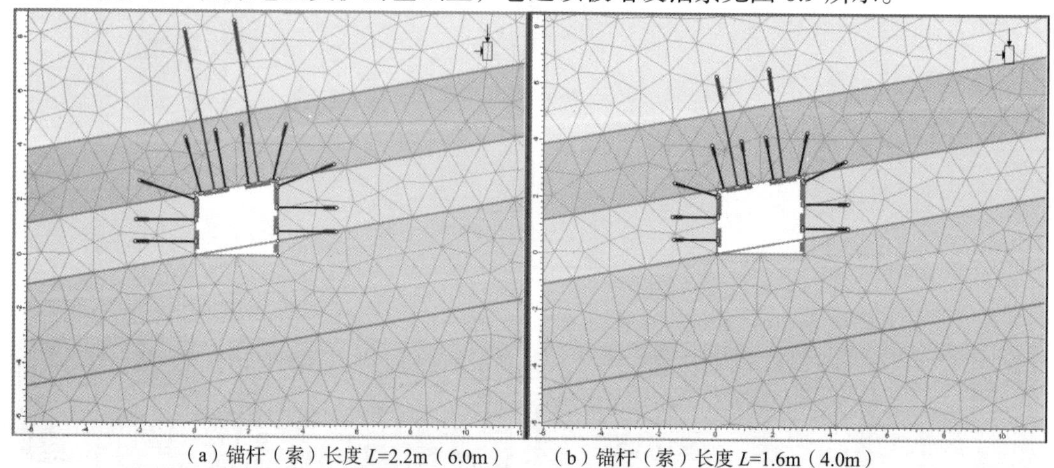

（a）锚杆（索）长度 L=2.2m（6.0m）　（b）锚杆（索）长度 L=1.6m（4.0m）

图 6.9　0403 回风巷（轨道）顺槽巷道顶板增设锚索分析模型（单位，m）

0403 回风巷（轨道）顺槽巷道顶板增设锚索破坏区（剪切、拉伸破坏）分布变化见图 6.10。两种锚索支护情况的破坏区变化一致，锚索 L=6.0m 顶板位移为 0.225m，较锚索 L=4.0m 底板的位移 0.240m 小 0.015m，锚索 L=6.0m 的 S 边帮位移为 0.090m，较锚索 L=4.0m 的 S 边帮位移 0.120m 小 0.030m，顶板得到一定控制位移，底板位移较大，仍出现底鼓，按围岩变形标准判断，巷道围岩的整体稳定性一般。0403 回风巷（轨道）顺槽巷道顶板增设锚索位移矢量和剪应变分布变化见图 6.11。两种锚索的位移矢量和剪应变变化基本一致，按围岩剪应变标准判断，巷道围岩的整体稳定性一般。

（3）巷道顶板增设钢梁

在上述（2）方案巷道支护的基础上，巷道顶板增设钢梁见图 6.12 所示。

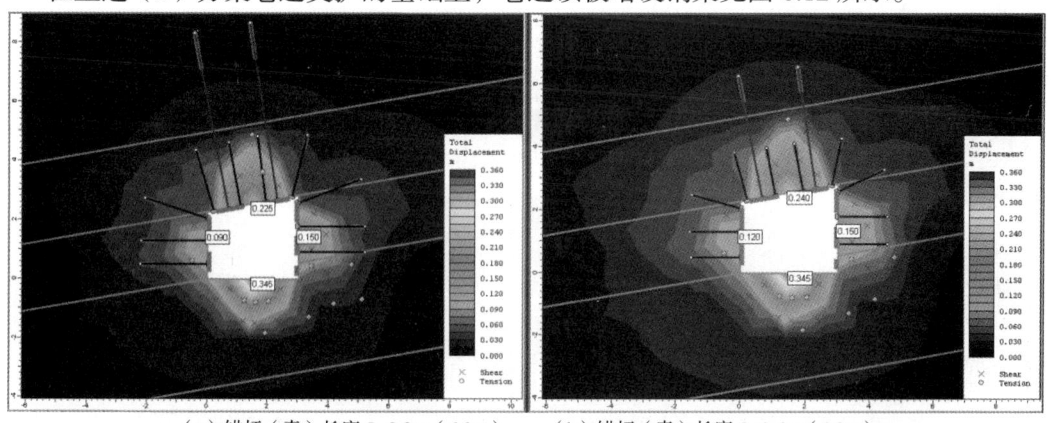

（a）锚杆（索）长度 L=2.2m（6.0m）　　（b）锚杆（索）长度 L=1.6m（4.0m）

图 6.10　0403 回风巷（轨道）顺槽巷道顶板增设锚索破坏区（剪切、拉伸破坏）分布图

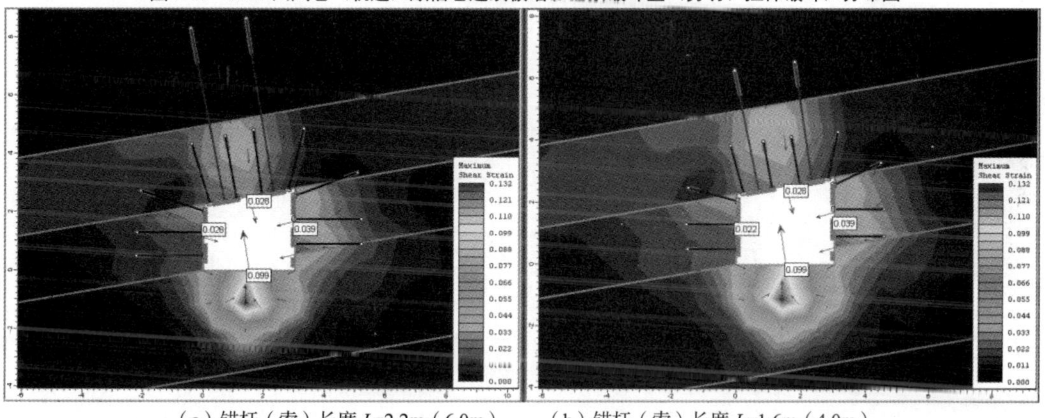

（a）锚杆（索）长度 L=2.2m（6.0m）　　（b）锚杆（索）长度 L=1.6m（4.0m）

图 6.11　0403 回风巷（轨道）顺槽巷道顶板增设锚索位移矢量和剪应变分布图

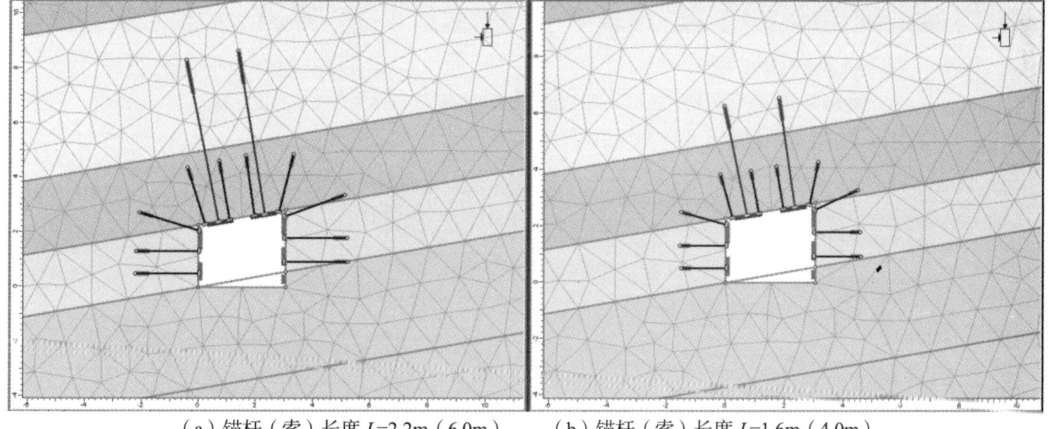

（a）锚杆（索）长度 L=2.2m（6.0m）　　（b）锚杆（索）长度 L=1.6m（4.0m）

图 6.12　0403 回风巷（轨道）顺槽巷道顶板增设钢梁分析模型（单位，m）

0403 回风巷（轨道）顺槽巷道顶板增设钢梁破坏区（剪切、拉伸破坏）分布变化见图 6.13。两种支护情况的破坏区变化基本一致，锚杆 L=2.2m 的 S 边帮位移为 0.100m，较锚杆 L=1.6m 底板的位移 0.120m 小 0.020m，锚杆 L=2.2m 的 N 边帮位移为 0.140m，较锚杆 L=1.6m 底板的位移 0.160m 小 0.020m，锚杆 L=2.2m 底板位移为 0.360m，较锚杆 L=1.6m

底板的位移 0.400m 小 0.040m；顶板位移得到有效控制，底板位移较大，仍然出现底鼓，按围岩变形标准判断，巷道围岩的整体稳定性一般偏好。

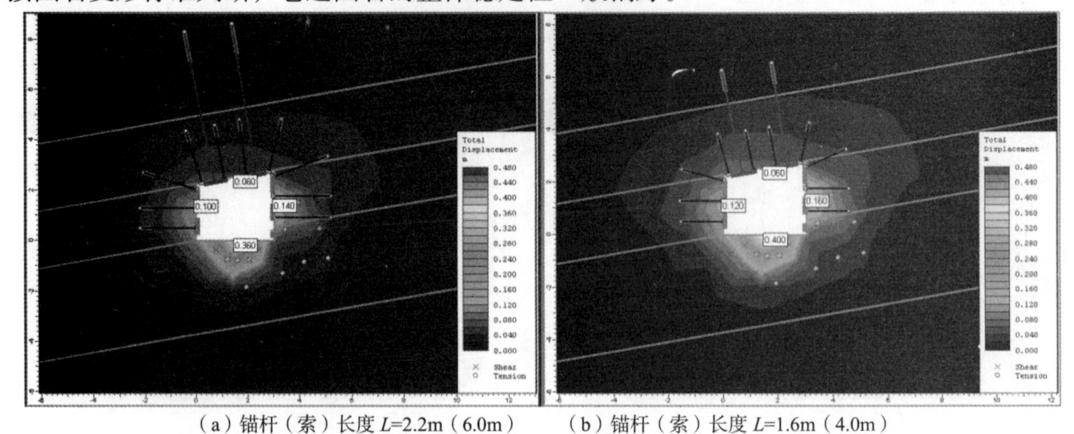

（a）锚杆（索）长度 L=2.2m（6.0m）　（b）锚杆（索）长度 L=1.6m（4.0m）

图 6.13　0403 回风巷（轨道）顺槽巷道顶板增设钢梁破坏区（剪切、拉伸破坏）分布图

0403 回风巷（轨道）顺槽巷道顶板增设钢梁位移矢量和剪应变分布变化见图 6.14。两种支护情况的位移矢量和剪应变变化基本一致，按照围岩剪应变标准判断，巷道围岩的整体稳定性一般偏好。

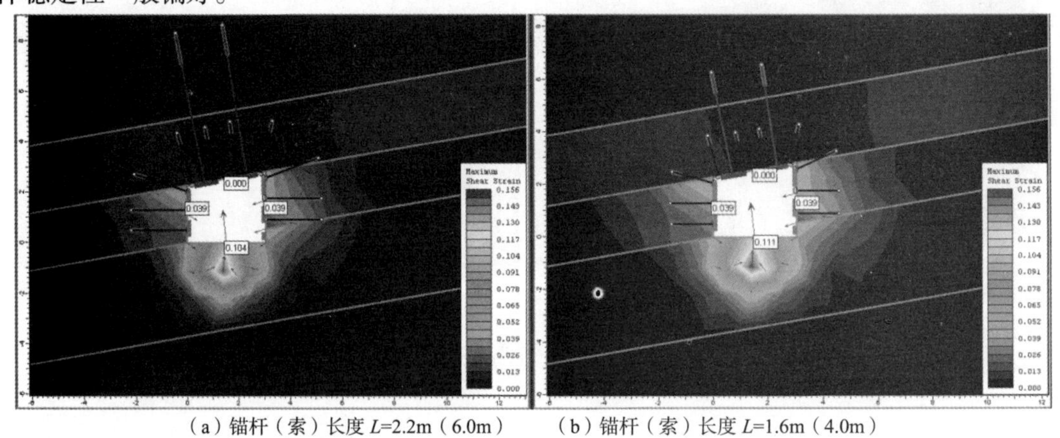

（a）锚杆（索）长度 L=2.2m（6.0m）　（b）锚杆（索）长度 L=1.6m（4.0m）

图 6.14　0403 回风巷（轨道）顺槽巷道顶板增设钢梁位移矢量和剪应变分布图

（4）巷道底板增设锚杆

在上述（2）方案巷道支护的基础上，巷道底板增设锚杆见图 6.15 所示。

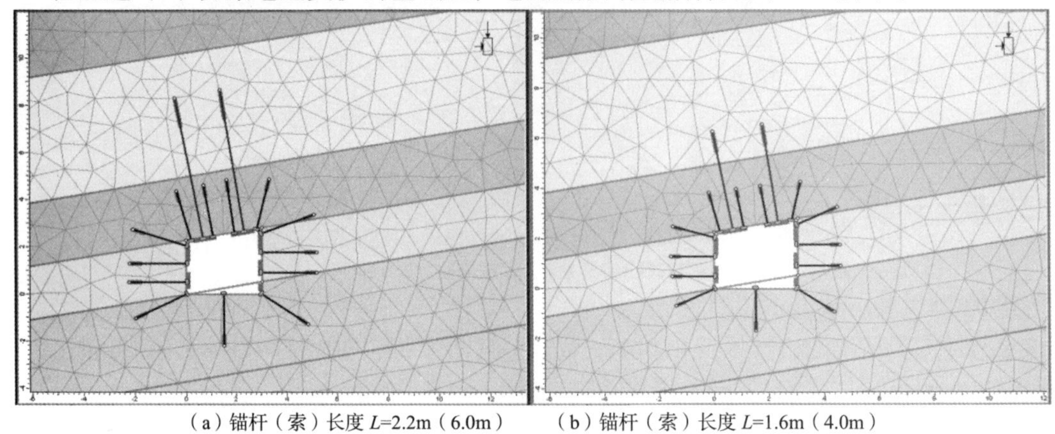

（a）锚杆（索）长度 L=2.2m（6.0m）　（b）锚杆（索）长度 L=1.6m（4.0m）

图 6.15　0403 回风巷（轨道）顺槽巷道底板增设锚杆分析模型（单位，m）

0403 回风巷（轨道）顺槽巷道底板增设锚杆破坏区（剪切、拉伸破坏）分布变化见图 6.16。两种支护情况破坏区变化一致，按照围岩变形标准判断，巷道围岩的整体稳定性一般。

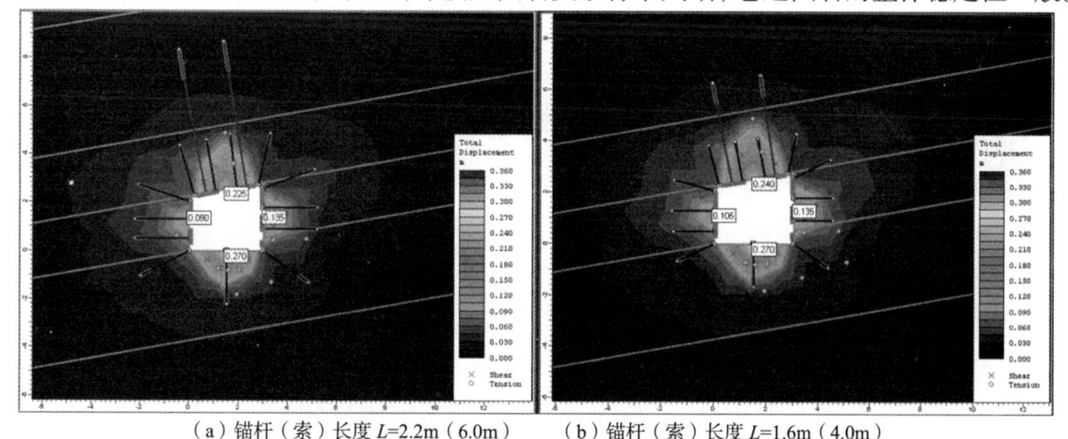

（a）锚杆（索）长度 L=2.2m（6.0m）　（b）锚杆（索）长度 L=1.6m（4.0m）

图 6.16　0403 回风巷（轨道）顺槽巷道底板增设锚杆破坏区（剪切、拉伸破坏）分布图

0403 回风巷（轨道）顺槽巷道底板增设锚杆位移矢量和剪应变分布变化见图 6.17。两种支护情况位移矢量和剪应变变化基本一致，按照围岩剪应变标准判断，巷道围岩的整体稳定性一般。

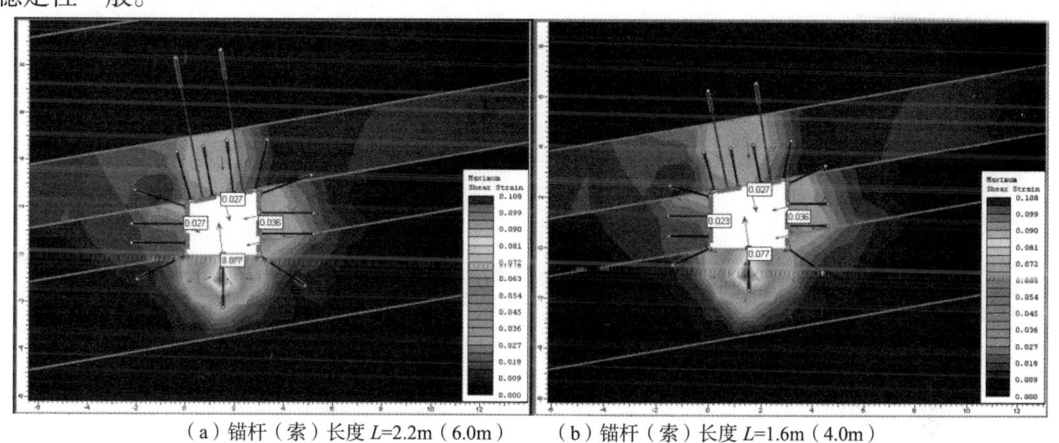

（a）锚杆（索）长度 L=2.2m（6.0m）　（b）锚杆（索）长度 L=1.6m（4.0m）

图 6.17　0403 回风巷（轨道）顺槽巷道底板增设锚杆位移矢量和剪应变分布图

（5）巷道顶板增加钢梁

在上述（4）方案巷道支护的基础上，巷道顶板增加钢梁见图 6.18 所示。

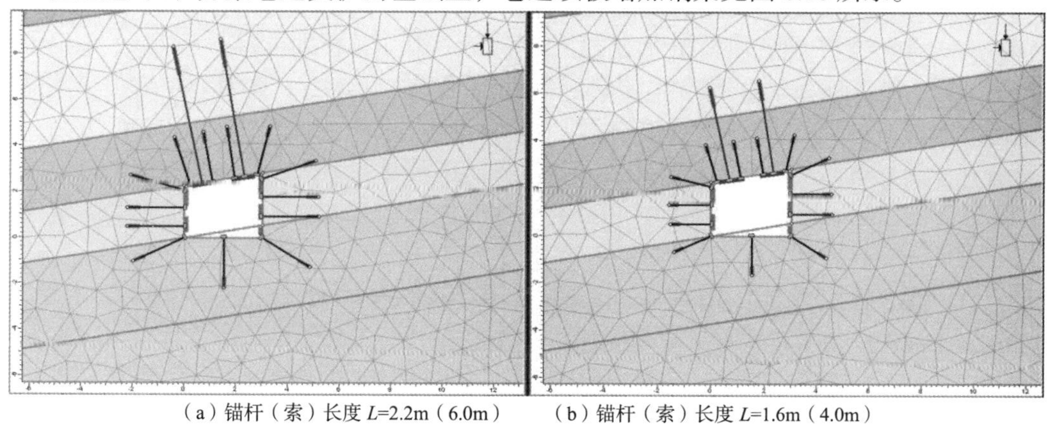

（a）锚杆（索）长度 L=2.2m（6.0m）　（b）锚杆（索）长度 L=1.6m（4.0m）

图 6.18　0403 回风巷（轨道）顺槽巷道增设巷道顶板增加钢梁分析模型（单位，m）

0403 回风巷（轨道）顺槽巷道顶板增加钢梁破坏区（剪切、拉伸破坏）分布变化见图 6.19，两种支护情况破坏区变化一致。0403 回风巷（轨道）顺槽巷道顶板增加钢梁位移矢量和剪应变分布变化见图 6.20，两种支护情况位移矢量和剪应变变化基本一致。按围岩位移和剪应变标准判断，巷道围岩的整体稳定性较好。

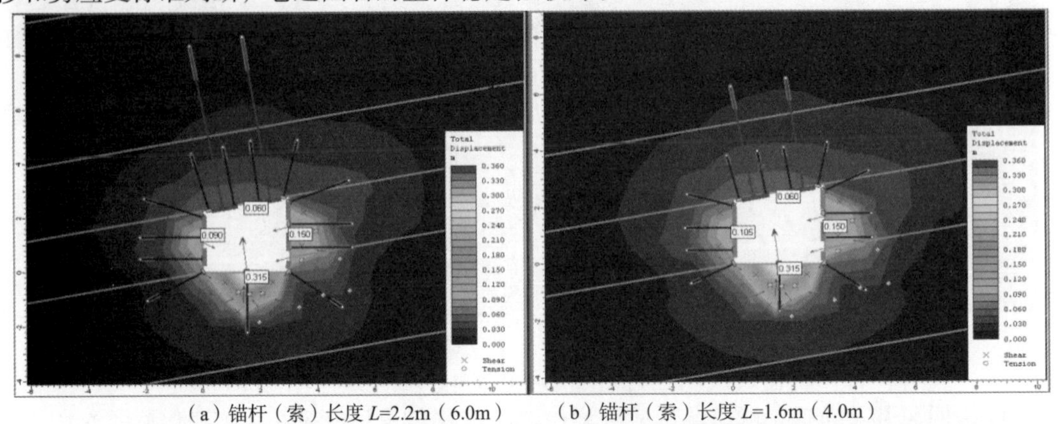

（a）锚杆（索）长度 L=2.2m（6.0m）　（b）锚杆（索）长度 L=1.6m（4.0m）

图 6.19　0403 回风巷（轨道）顺槽巷道顶板增加钢梁破坏区（剪切、拉伸破坏）分布图

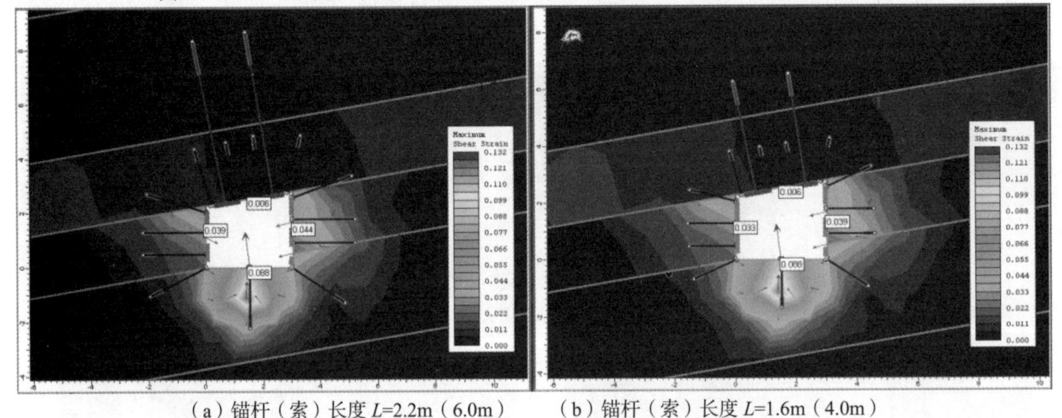

（a）锚杆（索）长度 L=2.2m（6.0m）　（b）锚杆（索）长度 L=1.6m（4.0m）

图 6.20　0403 回风巷（轨道）顺槽巷道顶板增加钢梁位移矢量和剪应变分布图

（6）主要结论

按照围岩位移和剪应变标准判断，在巷道支护基本参数锚杆 L=1.6m+钢带网的基础上，顶板增设锚索 L=4.0m+钢梁+底板锁脚锚杆 L=1.6m 的方案比较理想，巷道围岩的整体稳定性较好。通过各方对比分析表明，锚杆参数 L=1.6m 比较合理；锚索 L=6.0m 不易使用，建议锚索 L=4.0m 比较合理；顶板钢梁的使用，有效地控制了顶板的位移，可以有效地保护顶板围岩结构的整体性和巷道稳定性。从经济、技术和施工上对比，建议巷道支护参数锚杆 L=1.6m+钢带网的基础上，顶板增设锚索 L=4.0m+钢梁+底板锁脚锚杆 L=1.6m 的方案。巷道掘进和支护关系要符合新奥法施工要求，建议使用独臂掘进头机械进行巷道掘进，控制松动圈的影响发展范围，及时支护，可以有效地保护围岩结构的整体性和巷道的稳定性。建议巷道支护参数需要通过实际采矿进一步测试和认证。

6.4　10°煤岩层倾角 0403 回风巷道不同构造应力影响分析

10°煤岩层倾角 0403 回风巷道模型见图 6.21 所示。

（1）λ=0.5 分析结果

10°煤岩层倾角 0403 回风巷道破坏区（剪切、拉伸破坏）分布见图 6.22，两种支护情况的破坏区变化基本一致，有无锁脚锚杆顶板位移均为 0.060m，无锁脚锚杆底板位移为 0.400m，有锁脚锚杆底板位移为 0.315m，相差 0.085m；边帮位移接近，相差 0.005 ~ 0.010m。

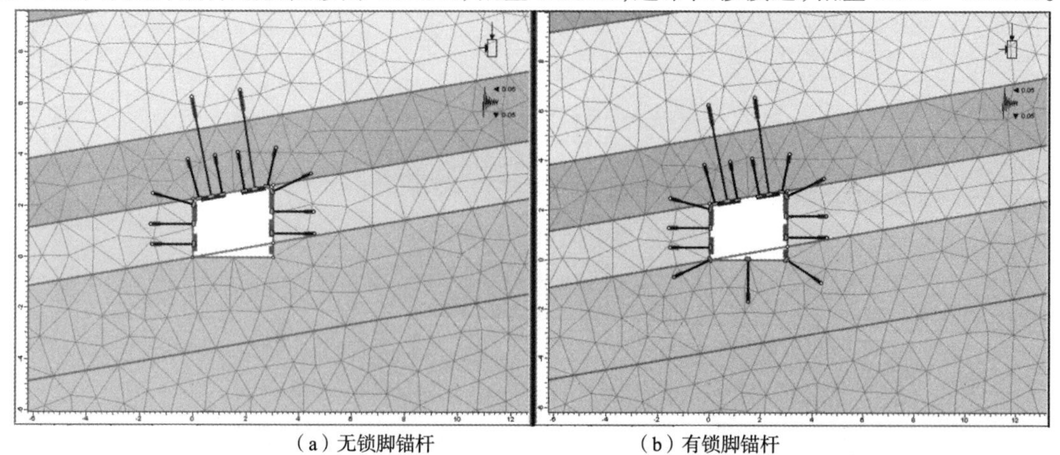

（a）无锁脚锚杆　　　　（b）有锁脚锚杆

图 6.21　10°煤岩层倾角 0403 回风巷道分析模型（单位，m）

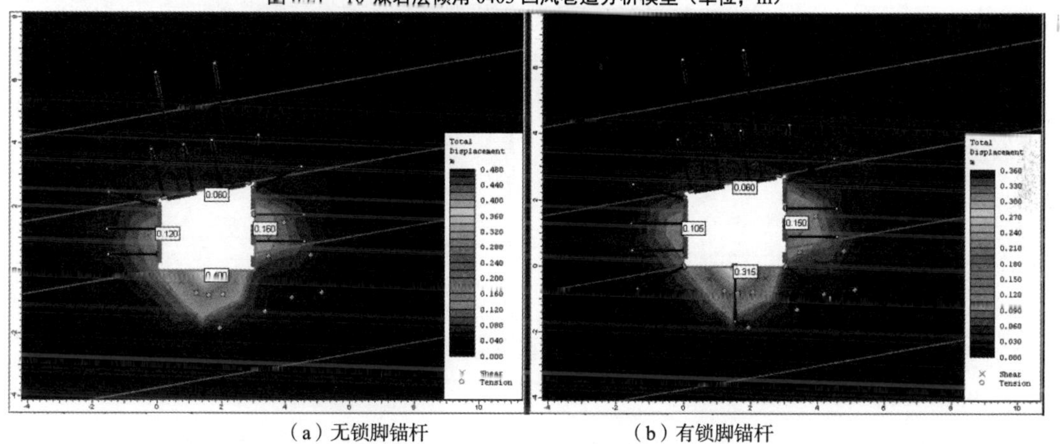

（a）无锁脚锚杆　　　　（b）有锁脚锚杆

图 6.22　10°煤岩层倾角 0403 回风巷道破坏区（剪切、拉伸破坏）分布图（单位，m）

10°煤岩层倾角 0403 回风巷道位移矢量和剪应变分布见图 6.23，其剪应变差值不大；10°煤岩层倾角 0403 回风巷道最大主应力分布见图 6.24，其最大主应力差值不大。可见，顶板位移得到有效的控制，底板位移较大，仍然出现底鼓，按照围岩变形标准判断，巷道围岩的整体稳定性一般偏好。

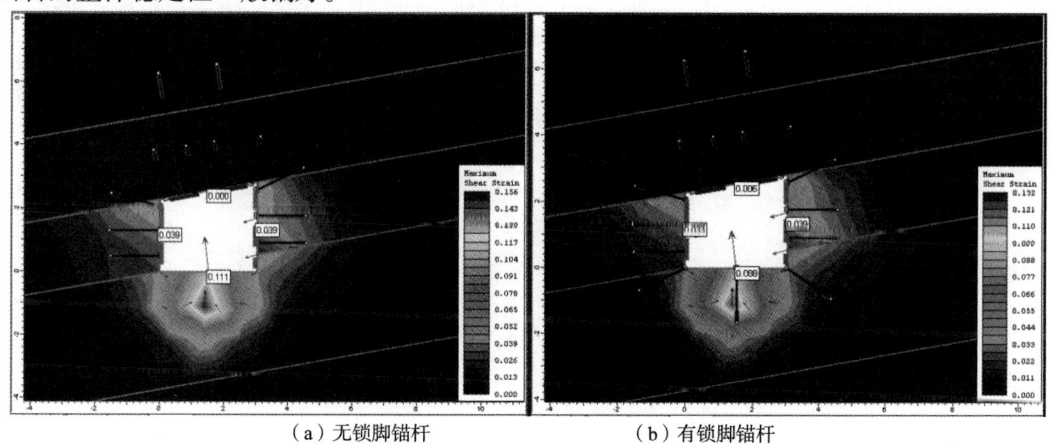

（a）无锁脚锚杆　　　　（b）有锁脚锚杆

图 6.23　10°煤岩层倾角 0403 回风巷道位移矢量和剪应变分布图（单位，m）

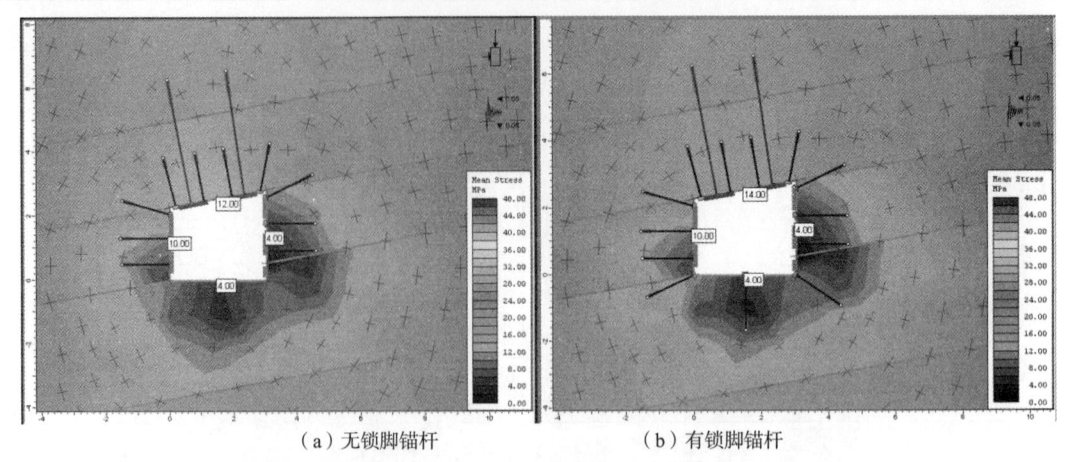

（a）无锁脚锚杆　　（b）有锁脚锚杆

图 6.24　10°煤岩层倾角 0403 回风巷道最大主应力分布图（单位，m）

（2）λ=1.0 分析结果

10°煤岩层倾角 0403 回风巷道破坏区（剪切、拉伸破坏）分布见图 6.25。

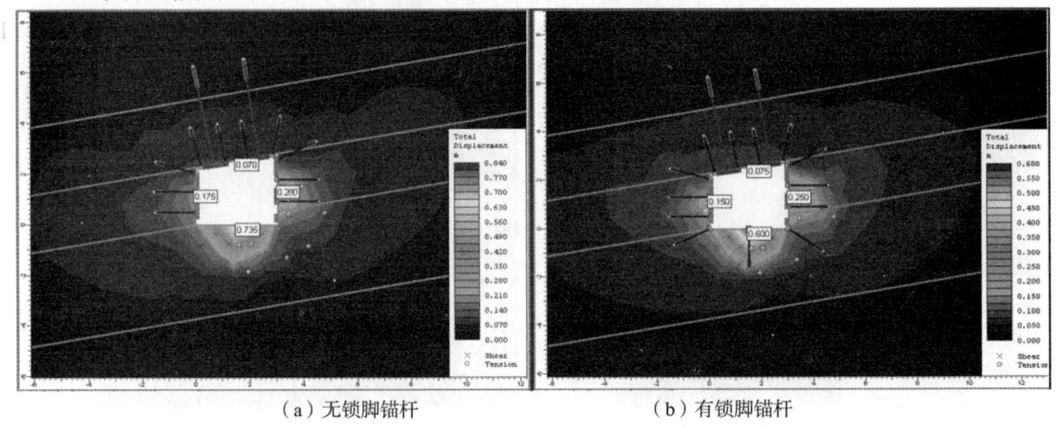

（a）无锁脚锚杆　　（b）有锁脚锚杆

图 6.25　10°煤岩层倾角 0403 回风巷道破坏区（剪切、拉伸破坏）分布图（单位，m）

图 6.25 两种支护情况的破坏区变化基本一致，有无锁脚锚杆顶板位移基本相等，有无锁脚锚杆底板位移相差 0.135m；边帮位移相差 0.025～0.030m。10°煤岩层倾角 0403 回风巷道位移矢量和剪应变分布见图 6.26，其剪应变差值有变化；10°煤岩层倾角 0403 回风巷道最大主应力分布见图 6.27，其最大主应力差值有变。可见，顶板位移得到有效控制，底板位移较大，仍然出现底鼓，按照围岩变形标准判断，巷道围岩的整体稳定性一般偏差。

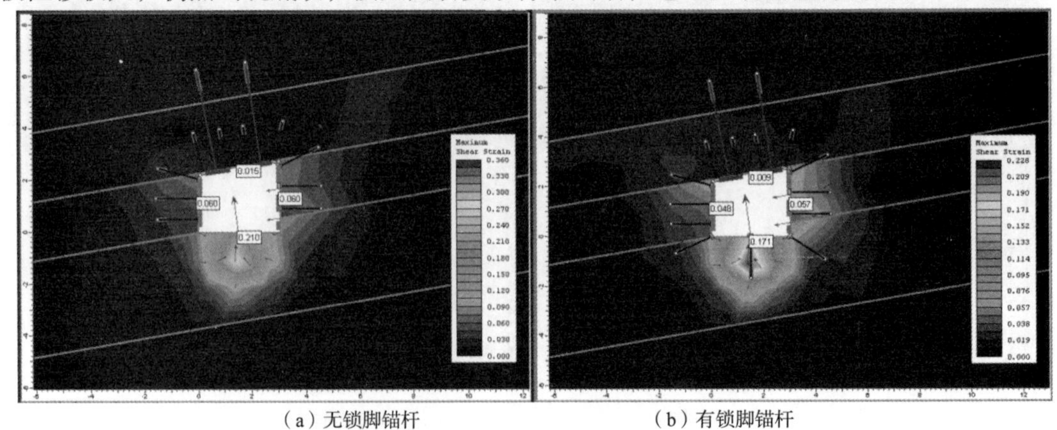

（a）无锁脚锚杆　　（b）有锁脚锚杆

图 6.26　10°煤岩层倾角 0403 回风巷道位移矢量和剪应变分布图（单位，m）

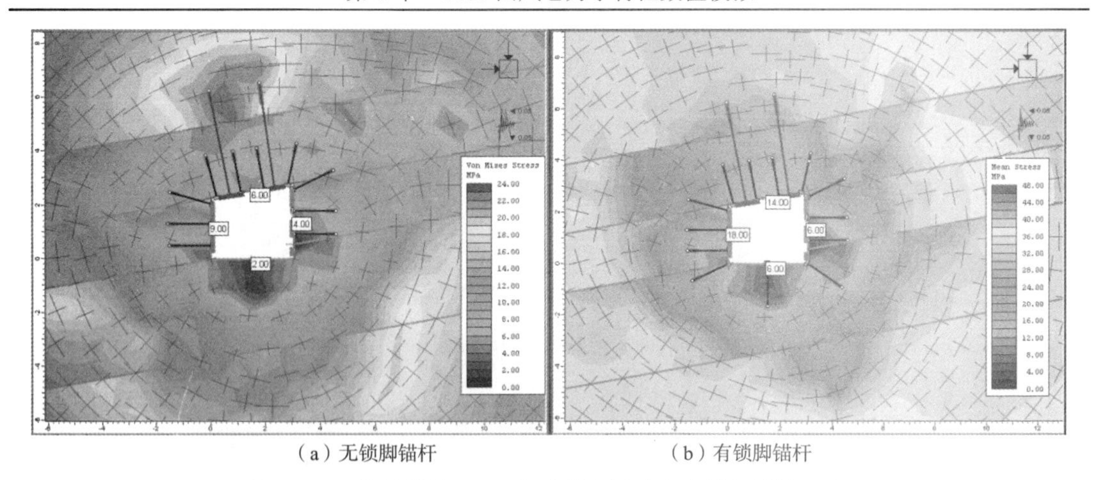

（a）无锁脚锚杆　　（b）有锁脚锚杆

图 6.27　10°煤岩层倾角 0403 回风巷道最大主应力分布图（单位，m）

（3）λ=1.5 分析结果

10°煤岩层倾角 0403 回风巷道破坏区（剪切、拉伸破坏）分布见图 6.28。

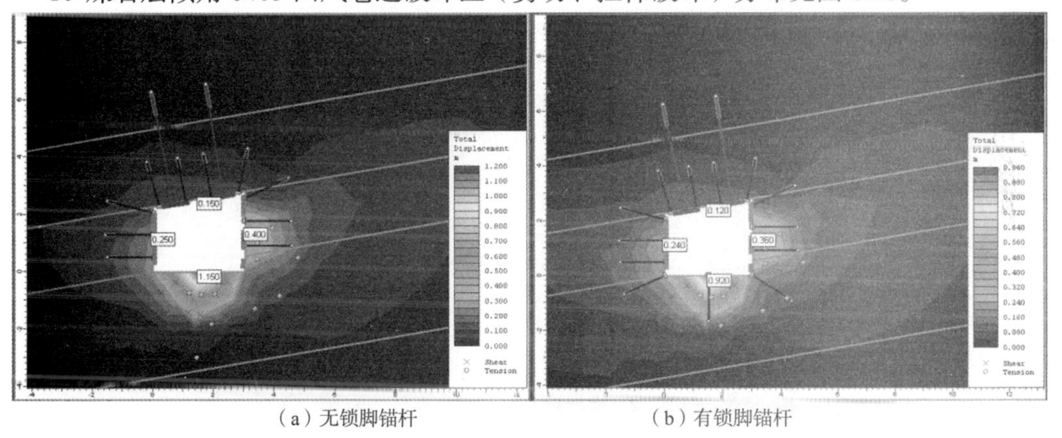

（a）无锁脚锚杆　　（b）有锁脚锚杆

图 6.28　10° 煤岩层倾角 0403 回风巷道破坏区（剪切、拉伸破坏）分布图（单位，m）

图 6.28 两种支护情况的破坏区变化基本一致，有无锁脚锚杆顶板位移相差 0.030m，有无锁脚锚杆底板位移相差 0.230m；边帮位移相差 0.010 ~ 0.050m；10°煤岩层倾角 0403 回风巷道位移矢量和剪应变分布见图 6.29，其剪应变差值变大；10°煤岩层倾角 0403 回风巷道最大主应力分布见图 6.30，其最大主应力差值变大。可见，顶板位移有效控制难度加大，底板位移较大，出现底鼓严重，按照围岩变形标准判断，巷道围岩的稳定性偏差。

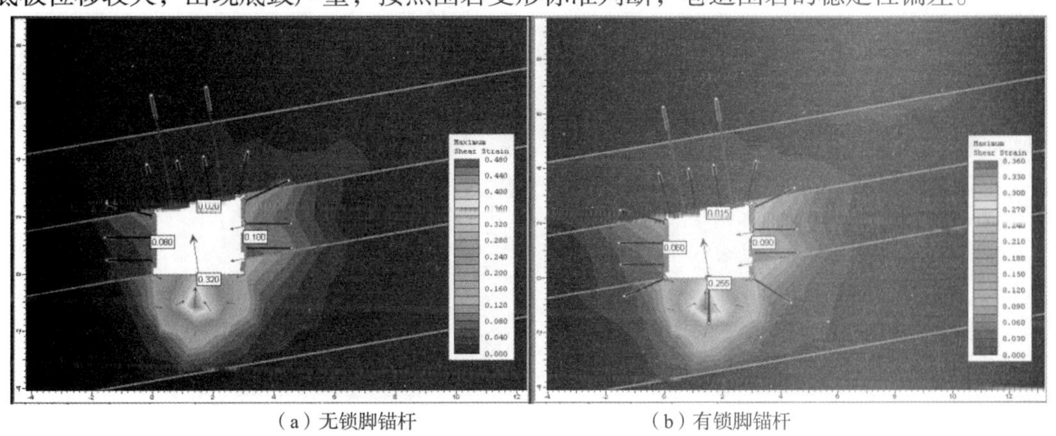

（a）无锁脚锚杆　　（b）有锁脚锚杆

图 6.29　10° 煤岩层倾角 0403 回风巷道位移矢量和剪应变分布图（单位，m）

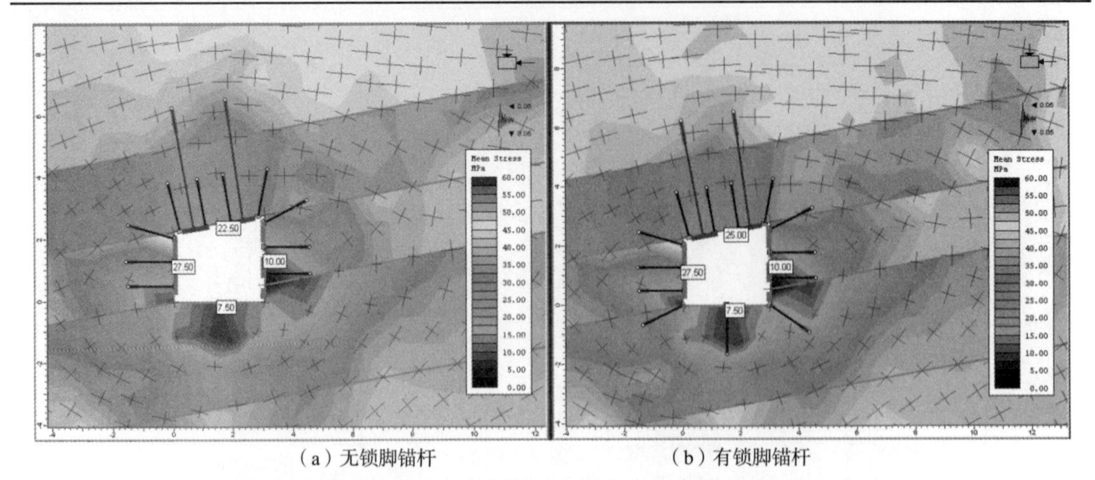

（a）无锁脚锚杆　　（b）有锁脚锚杆

图 6.30　10°煤岩层倾角 0403 回风巷道最大主应力分布图（单位，m）

综上所述，10°煤岩层倾角 0403 回风巷道整体稳定性随着构造应力的影响加强而变差，尤其底板底鼓严重，需要采取措施处理。

6.5　15°煤岩层倾角 0403 回风巷道不同构造应力影响分析

15°煤岩层倾角 0403 回风巷道模型见图 6.31 所示。

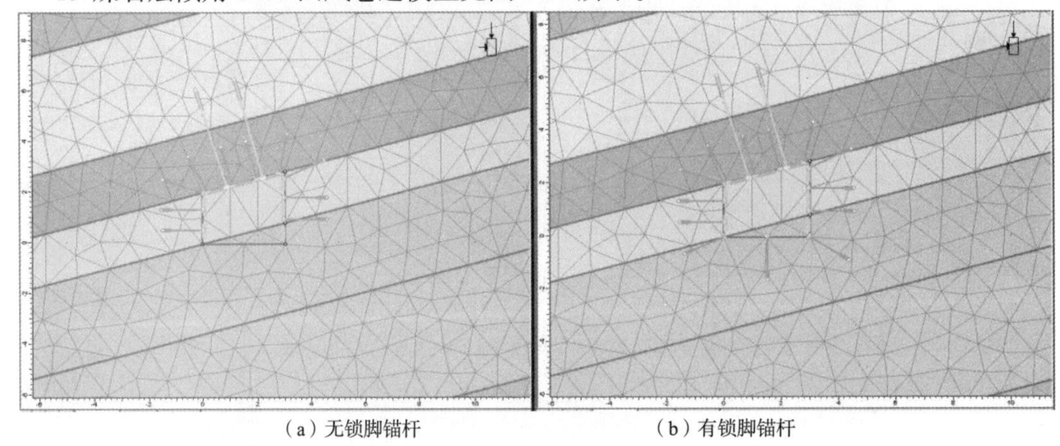

（a）无锁脚锚杆　　（b）有锁脚锚杆

图 6.31　15°煤岩层倾角 0403 回风巷道分析模型（单位，m）

（1）λ=0.5 分析结果

15°煤岩层倾角 0403 回风巷道破坏区（剪切、拉伸破坏）分布见图 6.32。

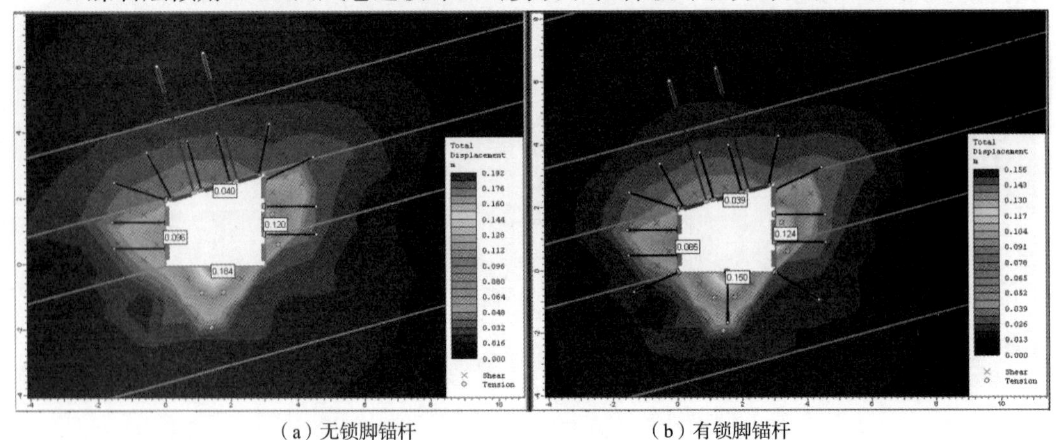

（a）无锁脚锚杆　　（b）有锁脚锚杆

图 6.32　15°煤岩层倾角 0403 回风巷道破坏区（剪切、拉伸破坏）分布图（单位，m）

图 6.32 中两种支护情况的破坏区变化基本一致，有无锁脚锚杆顶板位移接近，有无锁脚锚杆底板位移相差 0.034m；边帮位移接近。15°煤岩层倾角 0403 回风巷道位移矢量和剪应变分布见图 6.33，其剪应变差值不大；15°煤岩层倾角 0403 回风巷道最大主应力分布见图 6.34，其最大主应力差值不大。可见，顶板位移得到有效的控制，底板位移较大，仍然出现底鼓，按照围岩变形标准判断，巷道围岩的整体稳定性一般偏好。

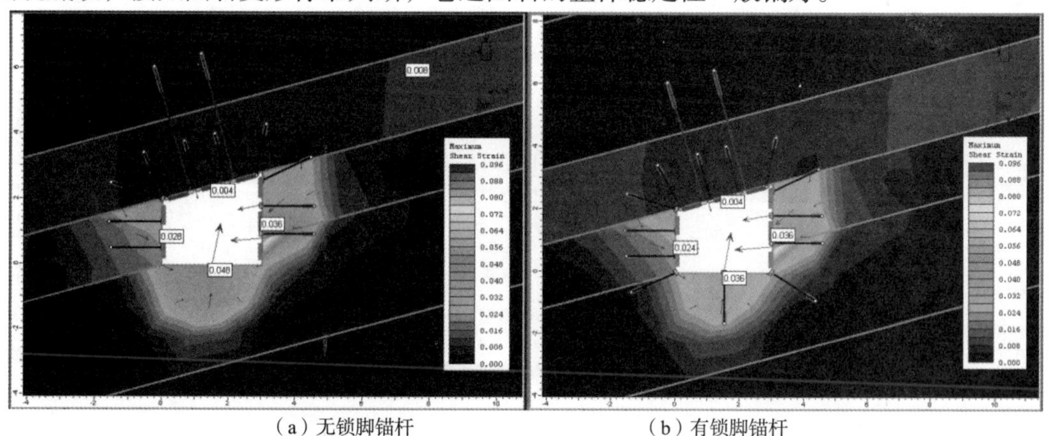

（a）无锁脚锚杆　　（b）有锁脚锚杆

图 6.33　15°煤岩层倾角 0403 回风巷道位移矢量和剪应变分布图（单位，m）

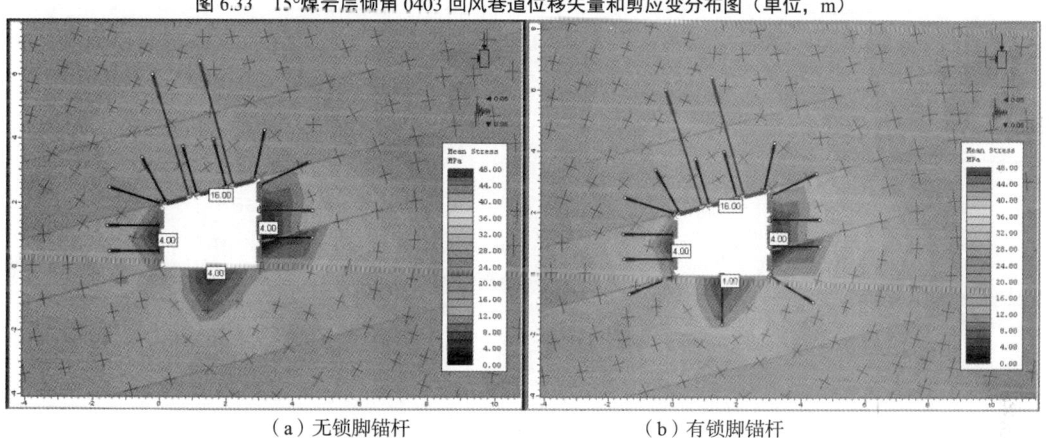

（a）无锁脚锚杆　　（b）有锁脚锚杆

图 6.34　15°煤岩层倾角 0403 回风巷道最大主应力分布图（单位，m）

（2）λ=1.0 分析结果

15°煤岩层倾角 0403 回风巷道破坏区（剪切、拉伸破坏）分布见图 6.35。

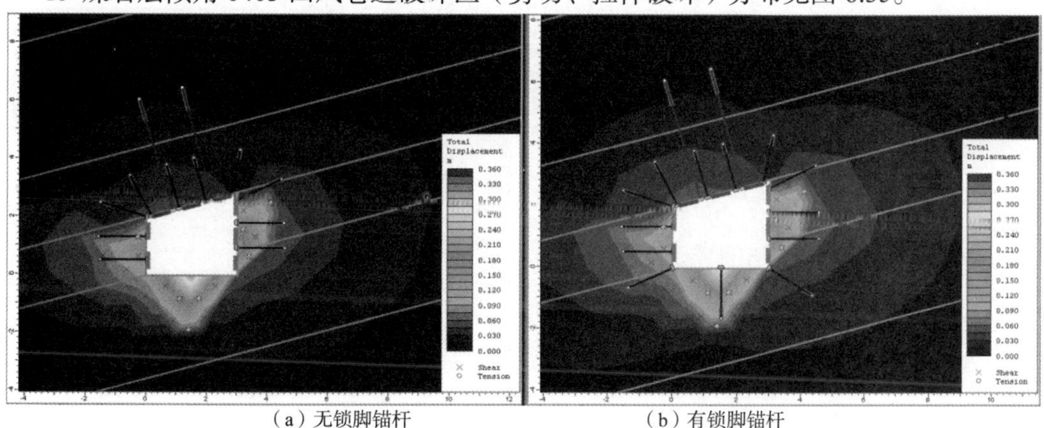

（a）无锁脚锚杆　　（b）有锁脚锚杆

图 6.35　15°煤岩层倾角 0403 回风巷道破坏区（剪切、拉伸破坏）分布图（单位，m）

图 6.35 中两种支护情况的破坏区变化基本一致，有无锁脚锚杆顶板、底板、边帮位移相差不大。15°煤岩层倾角 0403 回风巷道位移矢量和剪应变分布见图 6.36，其剪应变差值变化不大；15°煤岩层倾角 0403 回风巷道最大主应力分布见图 6.37，其最大主应力差值变化不大。可见，顶板位移得到有效的控制，底板位移较大，仍然出现底鼓，按照围岩变形标准判断，巷道围岩的整体稳定性一般偏好。

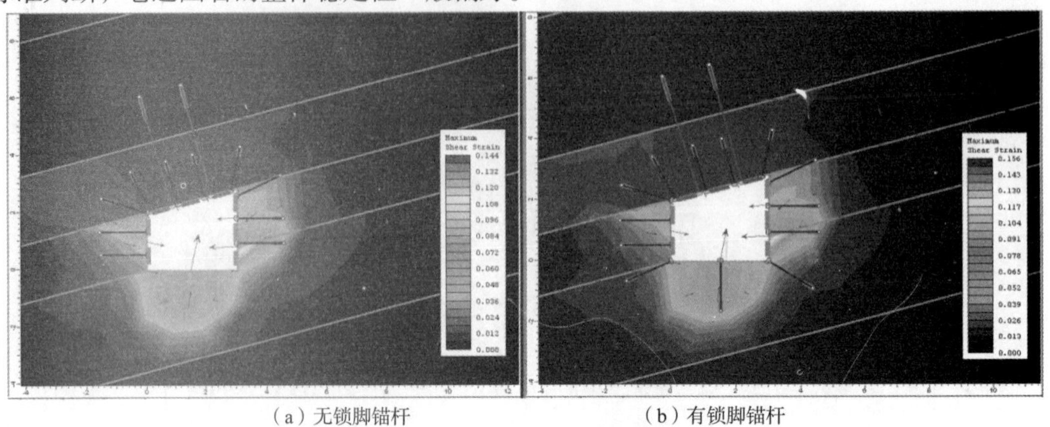

（a）无锁脚锚杆　　（b）有锁脚锚杆

图 6.36　15°煤岩层倾角 0403 回风巷道位移矢量和剪应变分布图（单位，m）

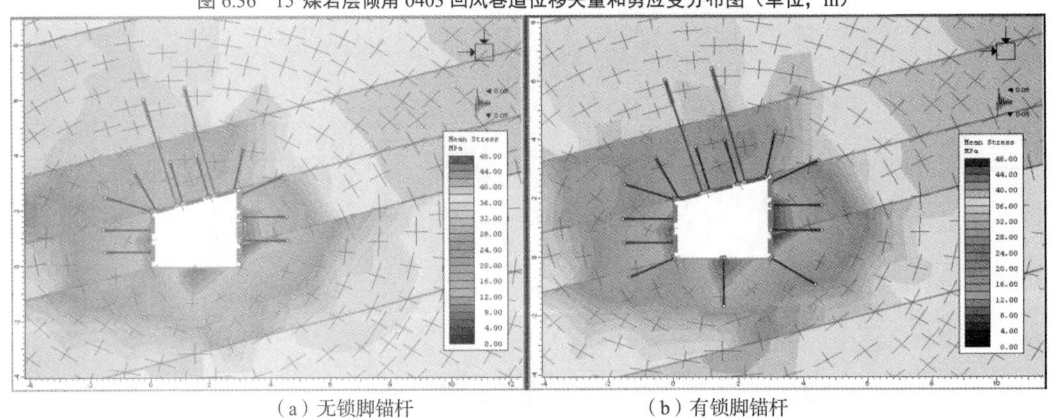

（a）无锁脚锚杆　　（b）有锁脚锚杆

图 6.37　15°煤岩层倾角 0403 回风巷道最大主应力分布图（单位，m）

（3）λ=1.5 分析结果

15°煤岩层倾角 0403 回风巷道破坏区（剪切、拉伸破坏）分布见图 6.38，两种支护情况的破坏区变化基本一致，有无锁脚锚杆顶板、底板、边帮位移相差不大。

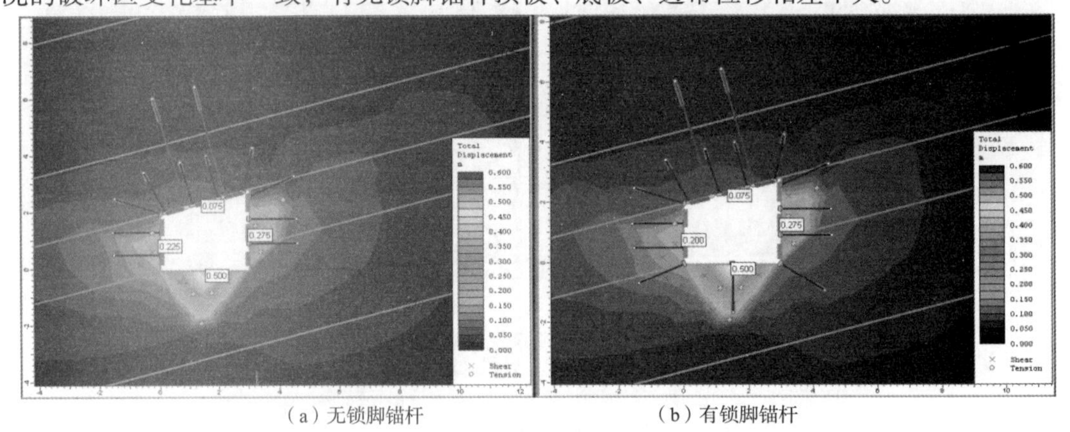

（a）无锁脚锚杆　　（b）有锁脚锚杆

图 6.38　15°煤岩层倾角 0403 回风巷道破坏区（剪切、拉伸破坏）分布图（单位，m）

15°煤岩层倾角 0403 回风巷道位移矢量和剪应变分布见图 6.39，其剪应变差值变化不大；15°煤岩层倾角 0403 回风巷道最大主应力分布见图 6.40，其最大主应力差值变化不大。可见，顶板位移得到有效的控制，底板位移较大，仍然出现底鼓，按照围岩变形标准判断，巷道围岩的整体稳定性一般偏好。

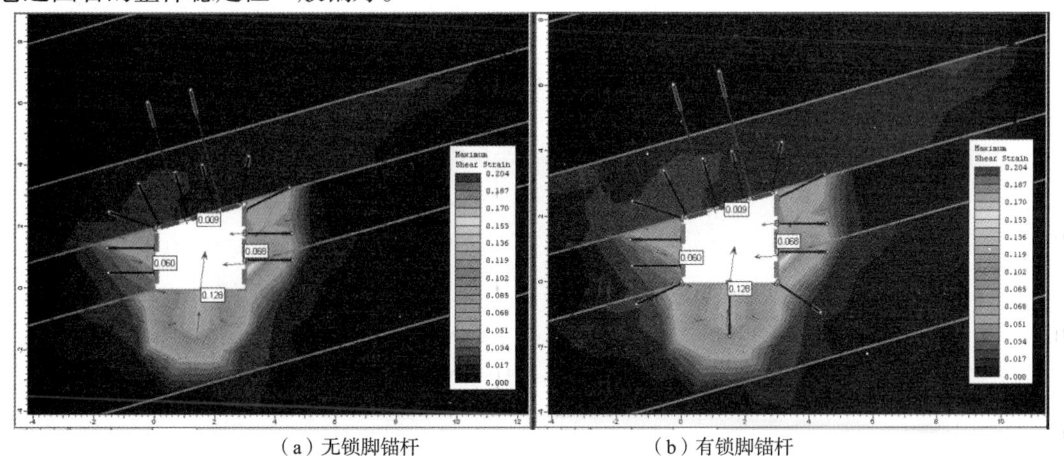

（a）无锁脚锚杆　　　　（b）有锁脚锚杆

图 6.39　15°煤岩层倾角 0403 回风巷道位移矢量和剪应变分布图（单位，m）

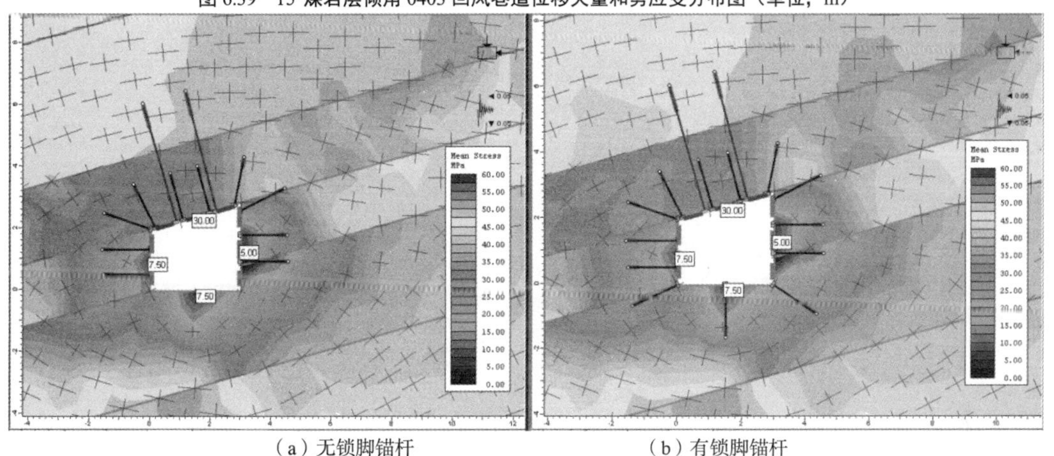

（a）无锁脚锚杆　　　　（b）有锁脚锚杆

图 6.40　15°煤岩层倾角 0403 回风巷道最大主应力分布图（单位，m）

上述分析可知：15°煤岩层倾角 0403 回风巷道整体稳定性随着构造应力影响加强而变化不大，但底板底鼓仍然出现，与 10°煤岩层倾角 0403 回风巷道相比整体稳定性明显变好，需要采取措施处理。

综上所述，得出主要研究结论如下。

进行 0403 回风巷（轨道）顺槽巷道端面不同掘进力学特性分析，以及 0403 回风巷（轨道）顺槽巷道不同支护方式力学特性分析，10°煤岩层倾角 0403 回风巷道整体稳定性随着构造应力影响加强而变差，尤其底板底鼓严重，需要采取措施处理。而 15°煤岩层倾角 0403 回风巷道整体稳定性随着构造应力影响加强而变化不大，但底板底鼓仍然出现，与 10°煤岩层倾角 0403 回风巷道相比整体稳定性明显变好，需要采取措施处理。

①按围岩位移和剪应变标准判断，巷道支护基本参数在锚杆 L=1.6m+钢带网的基础上，顶板增设锚索 L=4.0m+钢梁+底板锁脚锚杆 L−1.6m 的方案比较理想，巷道围岩的整体稳定性较好。

②通过各方对比分析表明，锚杆参数 L=1.6m 比较合理；锚索 L=6.0m 不易使用，建议

锚索 L=4.0m 比较合理；顶板钢梁的使用，有效地控制了顶板的位移，可以有效地保护顶板围岩结构的整体性和巷道稳定性。

③从经济、技术和施工上对比，建议巷道支护参数在锚杆 L=1.6m+钢带网的基础上，顶板增设锚索 L=4.0m+钢梁+底板锁脚锚杆 L=1.6m 的方案。

④巷道掘进和支护关系要符合新奥法施工要求，建议使用独臂掘进头机械进行巷道掘进，控制松动圈的影响发展范围，及时支护，可以有效地保护巷道围岩结构整体性和巷道稳定性。

⑤建议巷道支护参数需要通过实际采矿进一步测试和认证。

第 7 章　0403 运输巷道力学特性数值模拟

基于前述章节分析，在 10°，15°煤岩层倾角 0403 运输巷道模型建立的基础上，进行 10°，15°煤岩层倾角 0403 运输巷道不同构造应力影响分析。

7.1　10°煤岩层倾角 0403 运输巷道模型

10°煤岩层倾角 0403 运输巷道模型见图 7.1 所示。

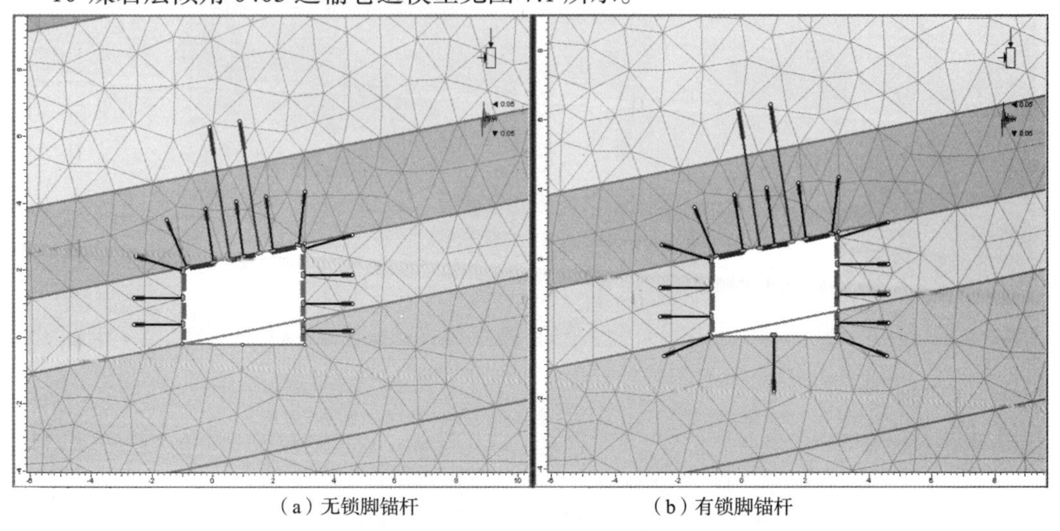

（a）无锁脚锚杆　　（b）有锁脚锚杆

图 7.1　10°煤岩层倾角 0403 运输巷道分析模型（单位，m）

7.2　10°煤岩层倾角 0403 运输巷道不同构造应力影响分析

（1）λ=0.5 分析结果

10°煤岩层倾角 0403 运输巷道破坏区（剪切、拉伸破坏）分布见图 7.2 所示。

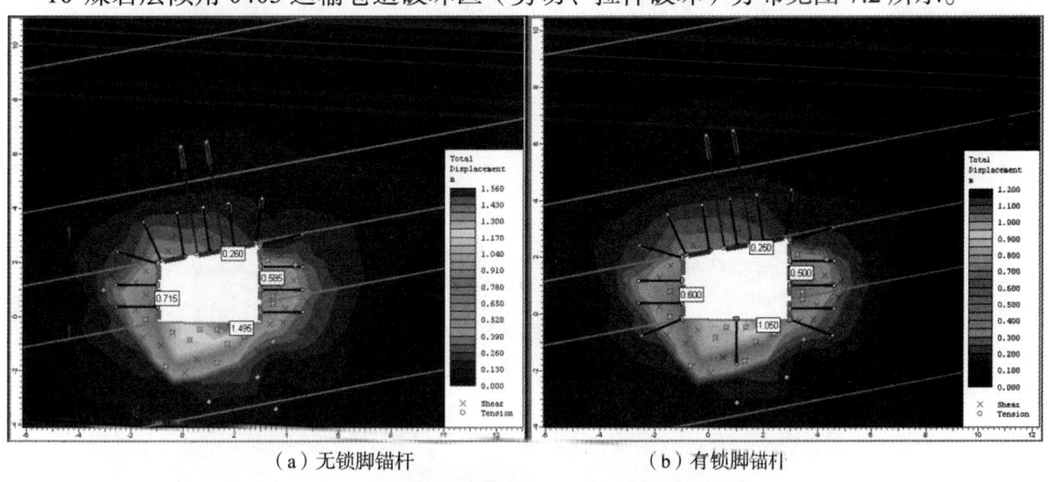

（a）无锁脚锚杆　　（b）有锁脚锚杆

图 7.2　10°煤岩层倾角 0403 运输巷道破坏区（剪切、拉伸破坏）分布图（单位，m）

图 7.2 中两种支护情况的破坏区变化基本一致，有无锁脚锚杆顶板位移均为 0.060m，无锁脚锚杆底板位移为 0.400m，有锁脚锚杆底板位移为 0.315m，相差 0.085m；边帮位移接近，相差 0.005 ~ 0.010m；10°煤岩层倾角 0403 运输巷道位移矢量和剪应变分布见图 7.3，其剪应变差值不大；10°煤岩层倾角 0403 运输巷道最大主应力分布见图 7.4，其最大主应力

差值不大。可见，顶板位移得到有效控制，底板位移较大，仍然出现底鼓，按照围岩变形标准判断，巷道围岩的整体稳定性一般偏好。

（2）λ=1.0 分析结果

10°煤岩层倾角 0403 运输巷道破坏区（剪切、拉伸破坏）分布见图 7.5，两种支护情况的破坏区变化基本一致，有无锁脚锚杆顶板位移基本相等，有无锁脚锚杆底板位移相差 0.135m；边帮位移相差 0.025 ~ 0.030m。

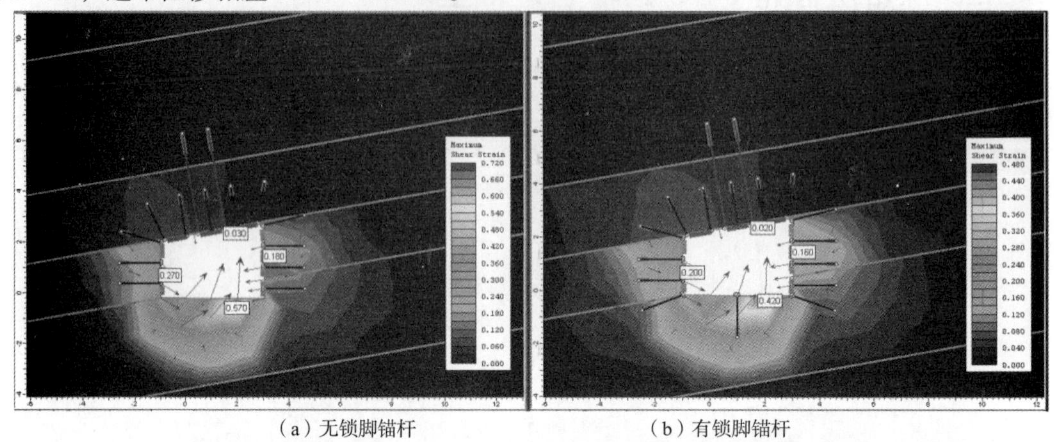

（a）无锁脚锚杆　　　　（b）有锁脚锚杆

图 7.3　10°煤岩层倾角 0403 运输巷道位移矢量和剪应变分布图（单位，m）

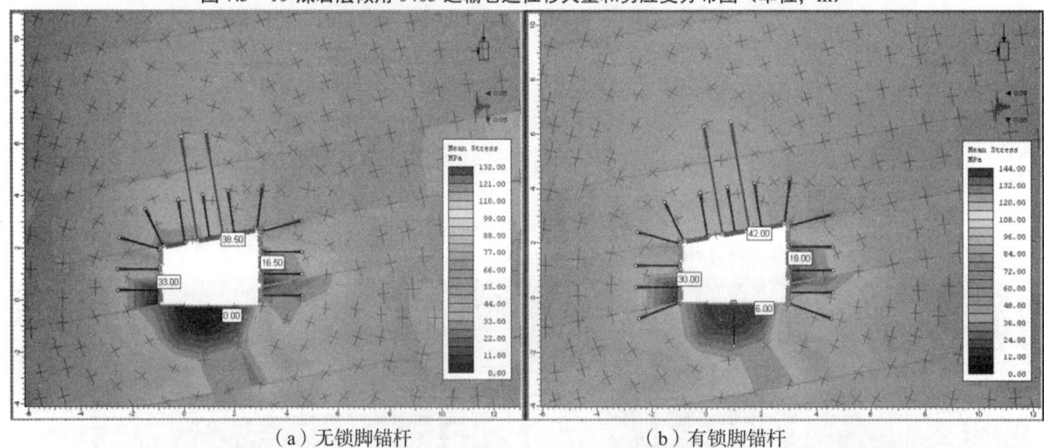

（a）无锁脚锚杆　　　　（b）有锁脚锚杆

图 7.4　10°煤岩层倾角 0403 运输巷道最大主应力分布图（单位，m）

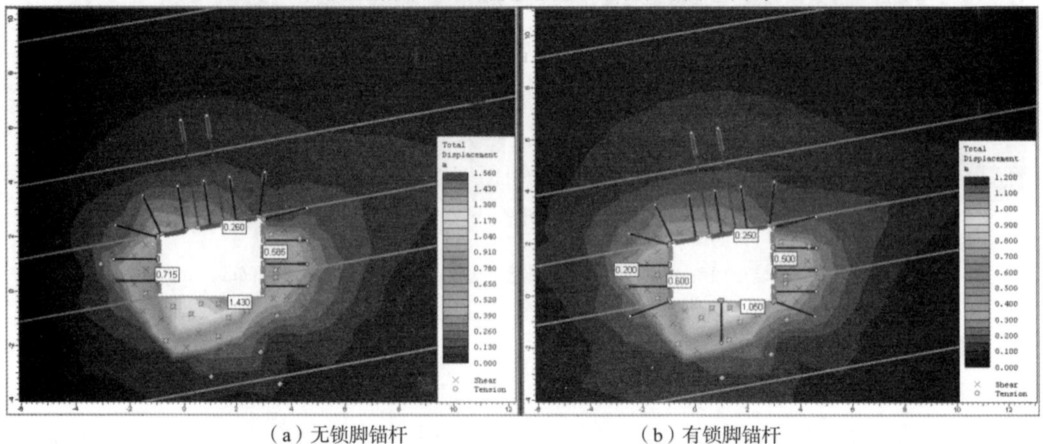

（a）无锁脚锚杆　　　　（b）有锁脚锚杆

图 7.5　10°煤岩层倾角 0403 运输巷道破坏区（剪切、拉伸破坏）分布图（单位，m）

10°煤岩层倾角 0403 运输巷道位移矢量和剪应变分布见图 7.6，其剪应变差值有变化；10°煤岩层倾角 0403 运输巷道最大主应力分布见图 7.7，其最大主应力差值有变。可见，顶板位移得到有效控制，底板位移较大，仍然出现底鼓，按照围岩变形标准判断，巷道围岩的整体稳定性一般偏差。

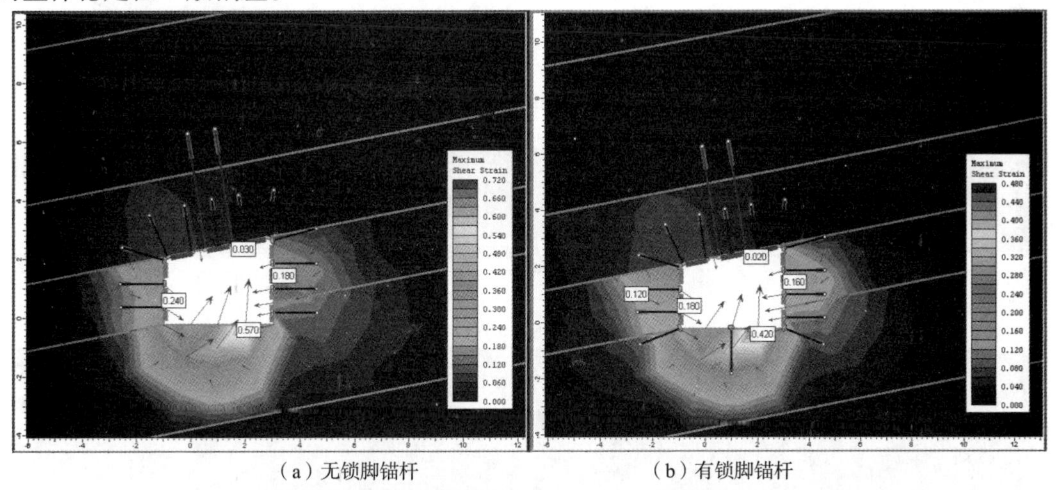

（a）无锁脚锚杆　　（b）有锁脚锚杆

图 7.6　10°煤岩层倾角 0403 运输巷道位移矢量和剪应变分布图（单位，m）

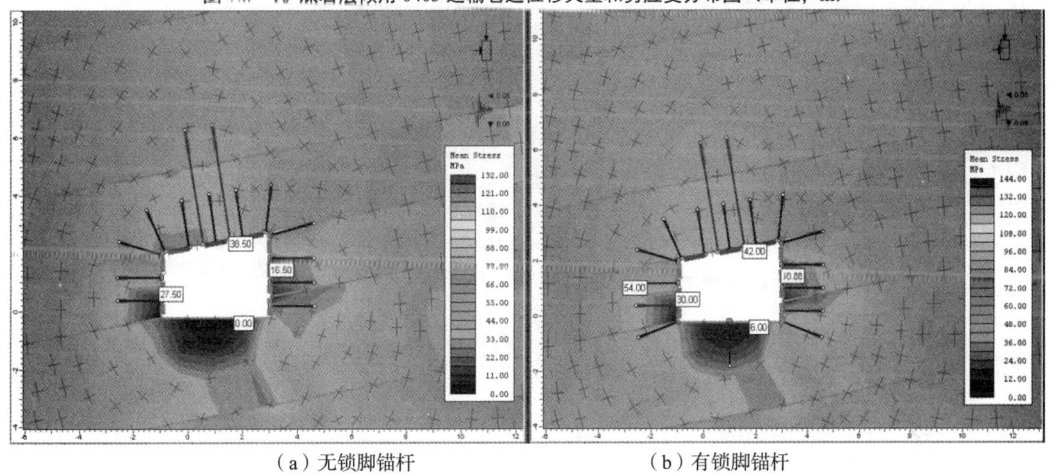

（a）无锁脚锚杆　　（b）有锁脚锚杆

图 7.7　10°煤岩层倾角 0403 运输巷道最大主应力分布图（单位，m）

（3）λ=1.5 分析结果

10°煤岩层倾角 0403 运输巷道破坏区（剪切、拉伸破坏）分布见图 7.8，两种支护情况的破坏区变化基本一致，有无锁脚锚杆顶板位移相差 0.030m，有无锁脚锚杆底板位移相差 0.230m；边帮位移相差 0.010 ~ 0.050m；10°煤岩层倾角 0403 运输巷道位移矢量和剪应变分布见图 7.9，其剪应变差值变大；10°煤岩层倾角 0403 运输巷道最大主应力分布见图 7.10，其最大主应力差值变大。可见，顶板位移有效控制难度加大，底板位移较大，出现底鼓严重，按围岩变形标准判断，巷道围岩的稳定性偏差。

综上所述，10°煤岩层倾角 0403 运输巷道整体稳定性随着构造应力的影响加强而变差，尤其底板底鼓严重，需要采取措施处理。

7.3　15°煤岩层倾角 0403 运输巷道模型

15°煤岩层倾角 0403 运输巷道模型见图 7.11 所示。

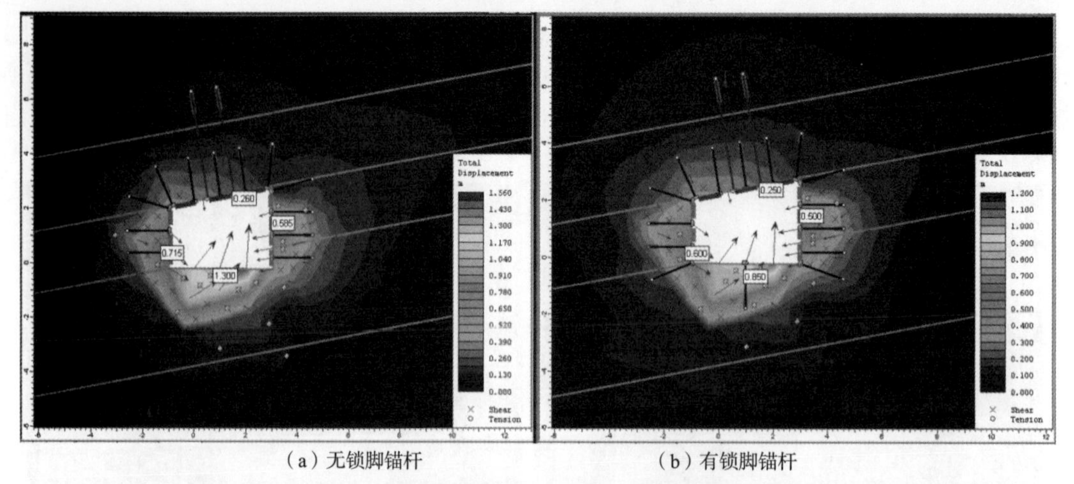

（a）无锁脚锚杆　　　　（b）有锁脚锚杆

图 7.8　10°煤岩层倾角 0403 运输巷道破坏区（剪切、拉伸破坏）分布图（单位，m）

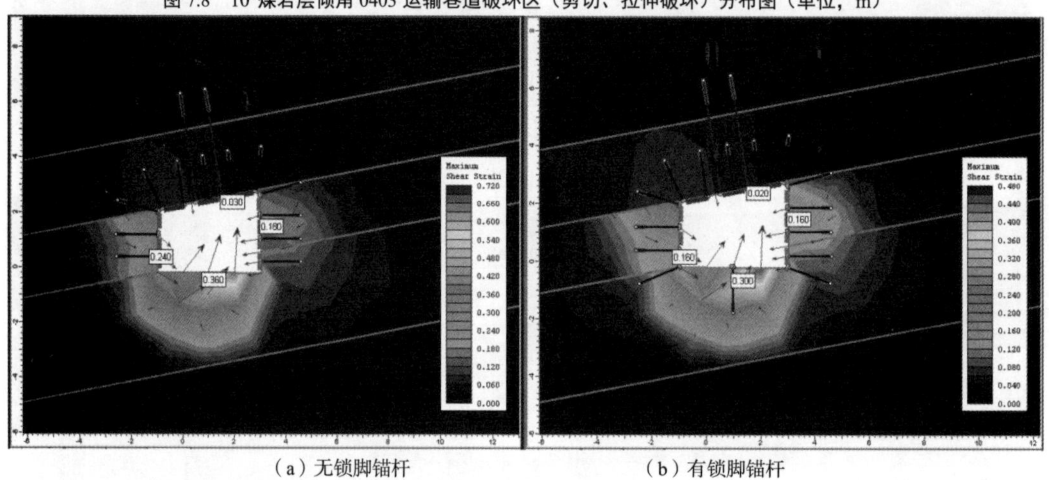

（a）无锁脚锚杆　　　　（b）有锁脚锚杆

图 7.9　10°煤岩层倾角 0403 运输巷道位移矢量和剪应变分布图（单位，m）

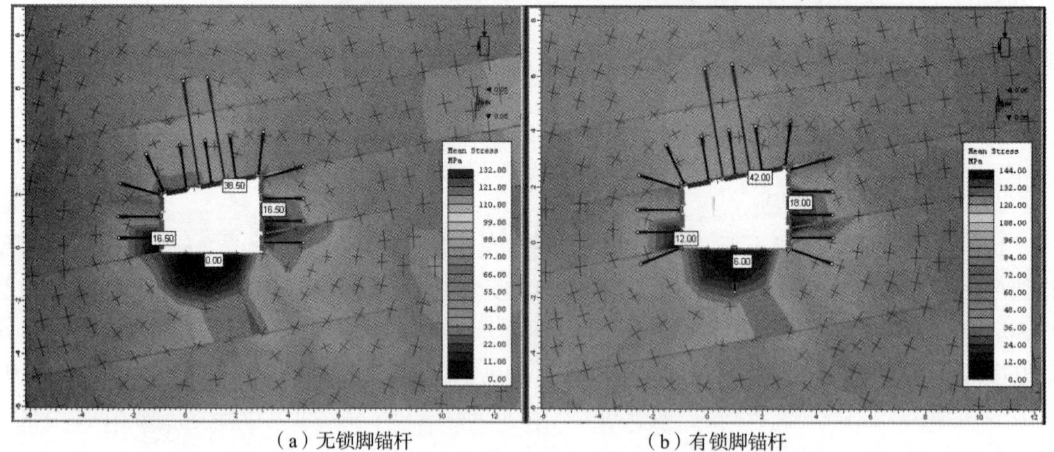

（a）无锁脚锚杆　　　　（b）有锁脚锚杆

图 7.10　10°煤岩层倾角 0403 运输巷道最大主应力分布图（单位，m）

7.4　15°煤岩层倾角 0403 运输巷道不同构造应力影响分析

（1）λ=0.5 分析结果

15°煤岩层倾角 0403 运输巷道破坏区（剪切、拉伸破坏）分布见图 7.12。

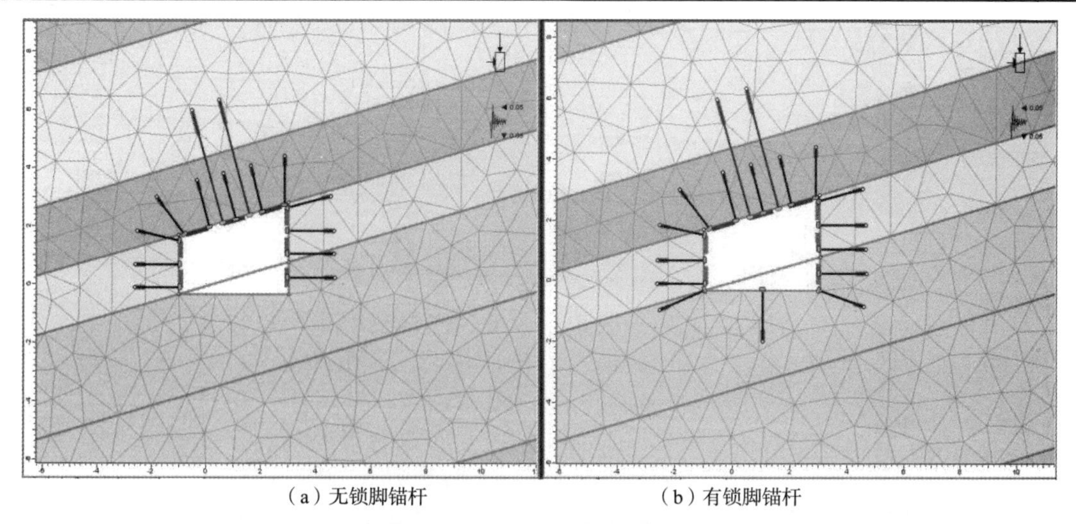

（a）无锁脚锚杆　　（b）有锁脚锚杆

图 7.11　15°煤岩层倾角 0403 运输巷道分析模型（单位，m）

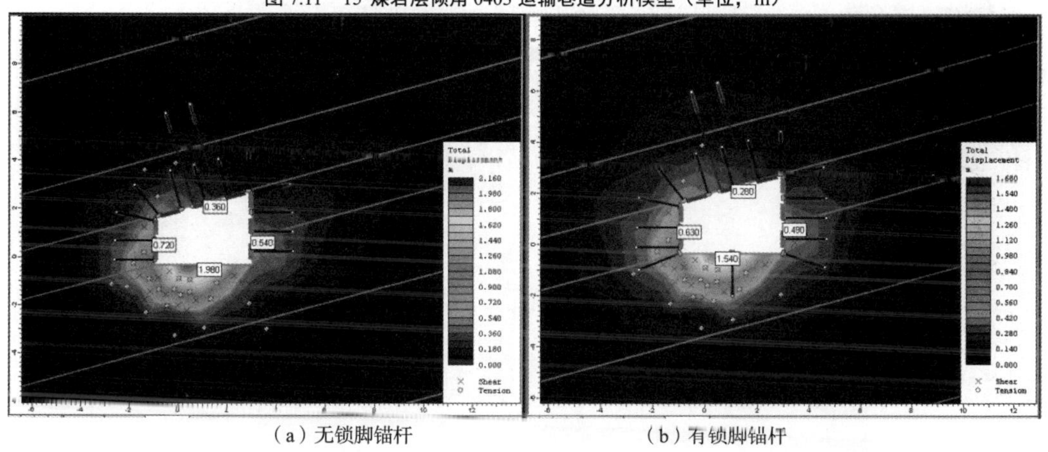

（a）无锁脚锚杆　　（b）有锁脚锚杆

图 7.12　15°煤岩层倾角 0403 运输巷道破坏区（剪切、拉伸破坏）分布图（单位，m）

图 7.12 中两种支护情况的破坏区变化基本一致，有无锁脚锚杆顶板位移接近，有无锁脚锚杆底板位移相差 0.034m；边帮位移接近。15°煤岩层倾角 0403 运输巷道位移矢量和剪应变分布见图 7.13，其剪应变差值不大；15°煤岩层倾角 0403 运输巷道最大主应力分布见图 7.14，其最大主应力差值不大。可见，顶板位移得到有效控制，底板位移较大，仍然出现底鼓，按照围岩变形标准判断，巷道围岩的整体稳定性一般偏好。

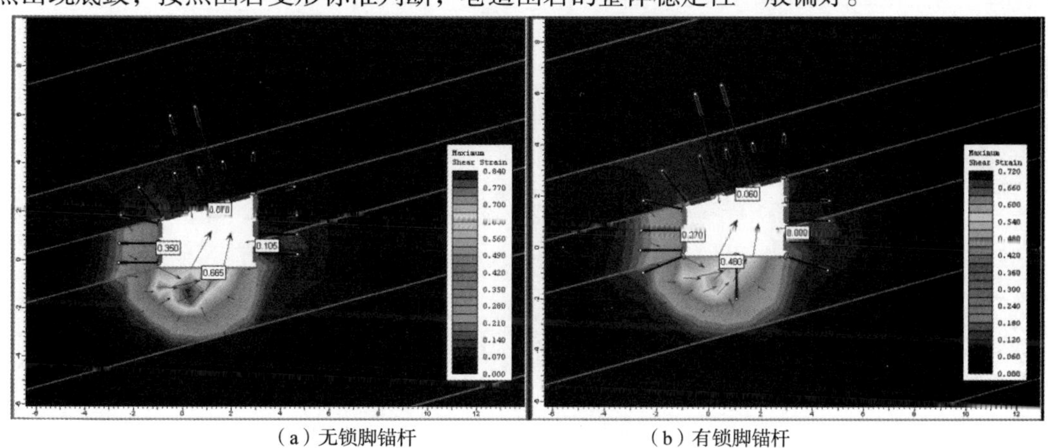

（a）无锁脚锚杆　　（b）有锁脚锚杆

图 7.13　15°煤岩层倾角 0403 运输巷道位移矢量和剪应变分布图（单位，m）

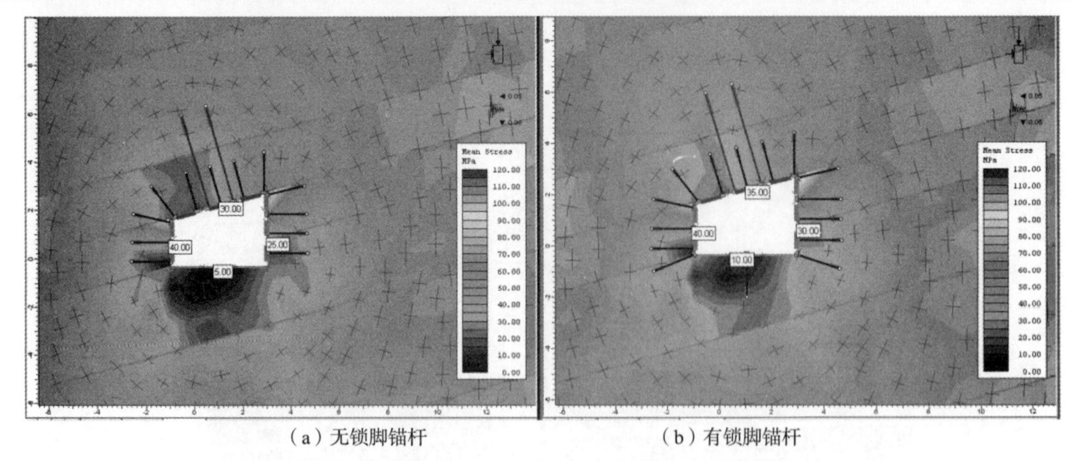

（a）无锁脚锚杆　　　　（b）有锁脚锚杆

图 7.14　15°煤岩层倾角 0403 运输巷道最大主应力分布图（单位，m）

（2）λ=1.0 分析结果

15°煤岩层倾角 0403 运输巷道破坏区（剪切、拉伸破坏）分布见图 7.15。

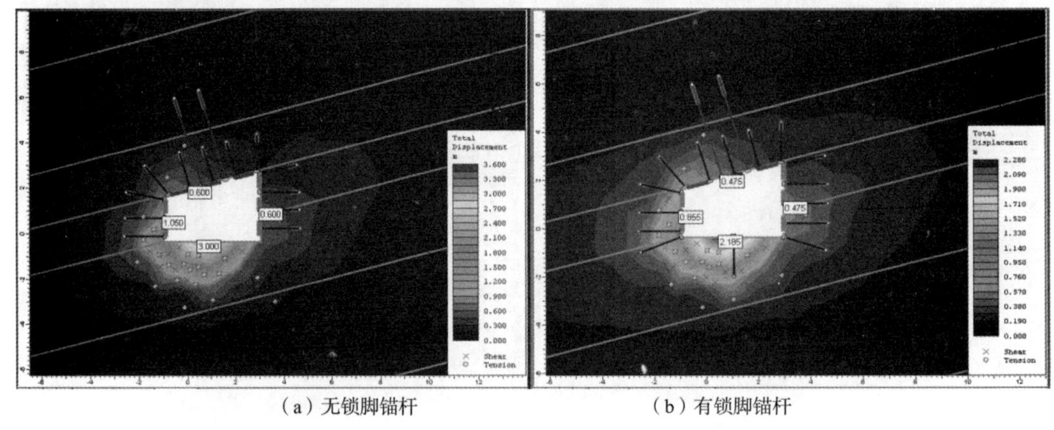

（a）无锁脚锚杆　　　　（b）有锁脚锚杆

图 7.15　15°煤岩层倾角 0403 运输巷道破坏区（剪切、拉伸破坏）分布图（单位，m）

图 7.15 中两种支护情况的破坏区变化基本一致，有无锁脚锚杆顶板、底板、边帮位移相差不大。15°煤岩层倾角 0403 运输巷道位移矢量和剪应变分布见图 7.16，其剪应变差值变化不大；15°煤岩层倾角 0403 运输巷道最大主应力分布见图 7.17，其最大主应力差值变化不大。可见，顶板位移得到有效控制，底板位移较大，仍然出现底鼓，按照围岩变形标准判断，巷道围岩的整体稳定性一般偏好。

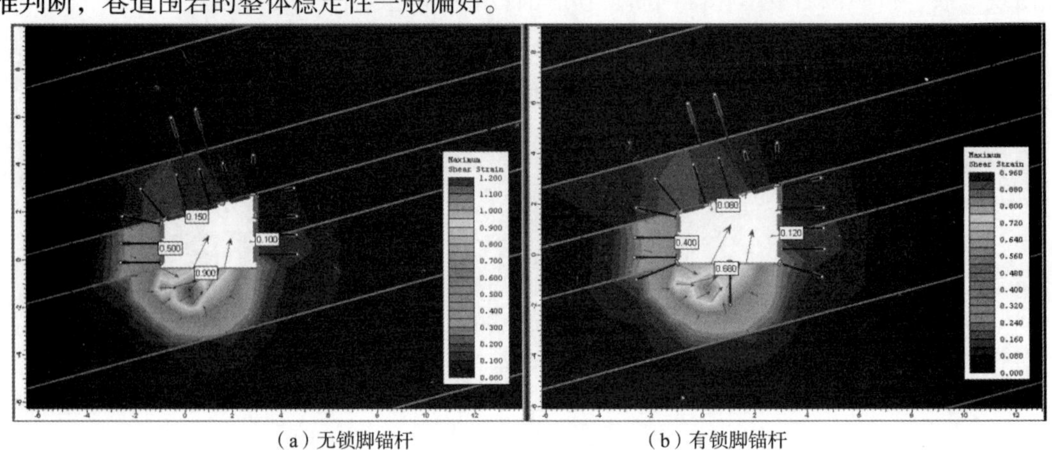

（a）无锁脚锚杆　　　　（b）有锁脚锚杆

图 7.16　15°煤岩层倾角 0403 运输巷道位移矢量和剪应变分布图（单位，m）

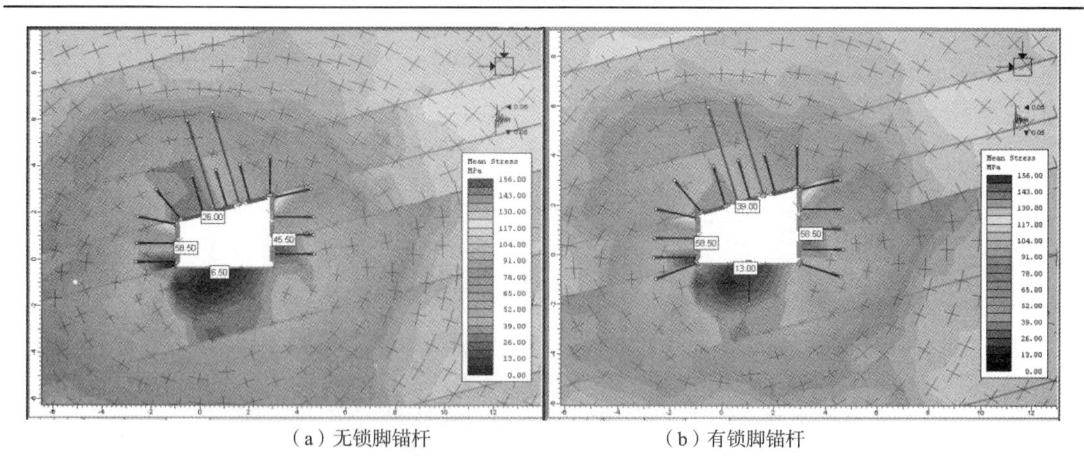

（a）无锁脚锚杆　　　　（b）有锁脚锚杆

图 7.17　15°煤岩层倾角 0403 运输巷道最大主应力分布图（单位，m）

（3）λ=1.5 分析结果

15°煤岩层倾角 0403 运输巷道破坏区（剪切、拉伸破坏）分布见图 7.18。

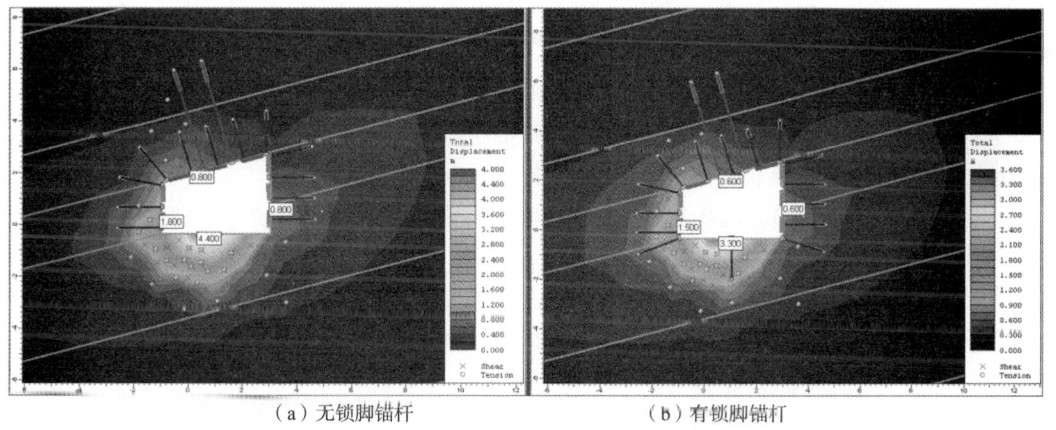

（a）无锁脚锚杆　　　　（b）有锁脚锚杆

图 7.18　15°煤岩层倾角 0403 运输巷道破坏区（剪切、拉伸破坏）分布图（单位，m）

图 7.18 中两种支护情况的破坏区变化基本一致，有无锁脚锚杆顶板、底板、边帮位移相差不大。15°煤岩层倾角 0403 运输巷道位移矢量和剪应变分布见图 7.19，其剪应变差值变化不大；15°煤岩层倾角 0403 运输巷道最大主应力分布见图 7.20，其最大主应力差值变化不大。可见，顶板位移得到有效控制，底板位移较大，仍然出现底鼓，按照围岩变形标准判断，巷道围岩的整体稳定性一般偏好。

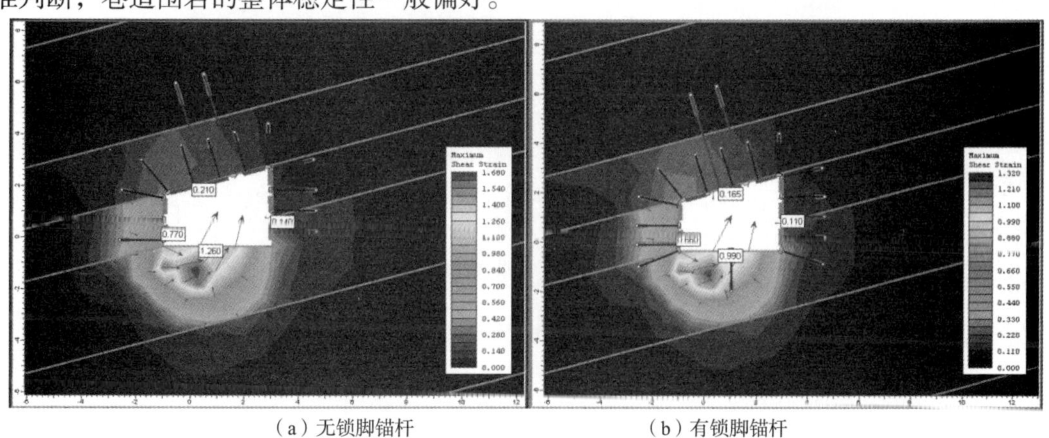

（a）无锁脚锚杆　　　　（b）有锁脚锚杆

图 7.19　15°煤岩层倾角 0403 运输巷道位移矢量和剪应变分布图（单位，m）

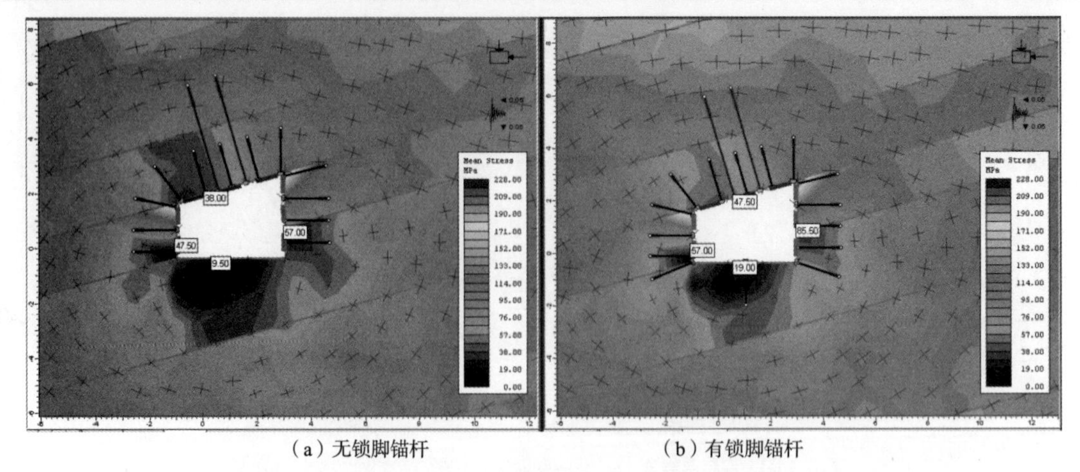

（a）无锁脚锚杆　　（b）有锁脚锚杆

图 7.20　15°煤岩层倾角 0403 运输巷道最大主应力分布图（单位，m）

综上所述，15°煤岩层倾角 0403 运输巷道整体稳定性随着构造应力影响加强而变化不大，但底板底鼓仍然出现，与 10°煤岩层倾角 0403 运输巷道相比整体稳定性明显变好，需要采取措施处理。

综上所述，得出主要结论如下。

①进行 0403 运输巷（轨道）顺槽巷道端面不同掘进力学特性分析，以及 0403 运输巷（轨道）顺槽巷道不同支护方式力学特性分析。

②10°煤岩层倾角 0403 运输巷道整体稳定性随着构造应力影响加强而变差，尤其底板底鼓严重，需要采取措施处理。

③15°煤岩层倾角 0403 运输巷道整体稳定性随着构造应力影响加强而变化不大，但底板底鼓仍然出现，与 10°煤岩层倾角 0403 运输巷道相比整体稳定性明显变好，需要采取措施处理。

第 8 章　0402 回风运输巷道力学特性数值模拟

基于前述章节分析，在 16°，22°煤岩层倾角 0402 回风运输巷道模型建立的基础上，进行 16°，22°煤岩层倾角 0402 回风运输巷道不同构造应力影响分析。

8.1　16°煤岩层倾角 0402 回风运输巷道模型

16°煤岩层倾角 0402 回风巷道模型见图 8.1 所示。

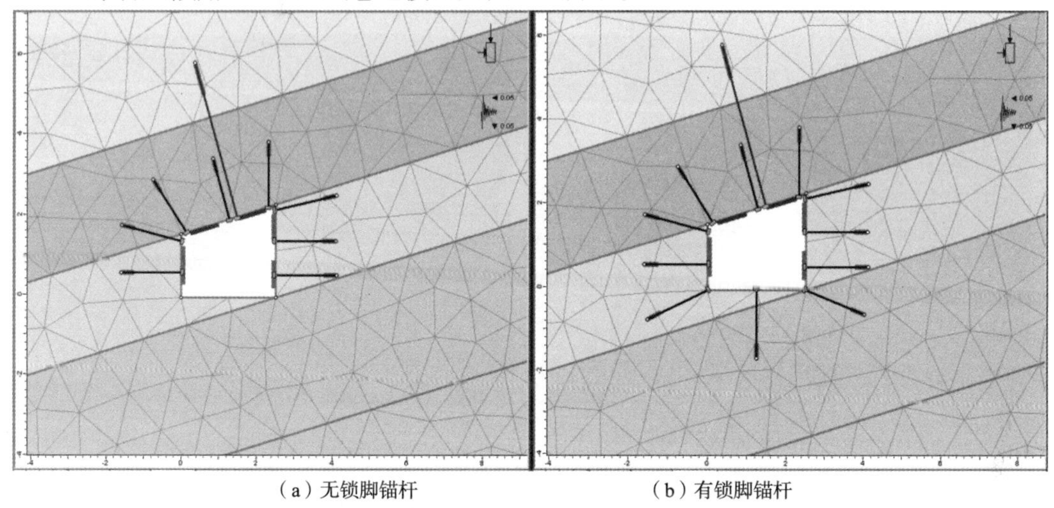

（a）无锁脚锚杆　　（b）有锁脚锚杆

图 8.1　16°煤岩层倾角 0402 回风运输巷道分析模型（单位，m）

8.2　16°煤岩层倾角 0402 回风运输巷道不同构造应力分析

（1）$\lambda=0.5$ 分析结果

16°煤岩层倾角 0402 回风运输巷道破坏区（剪切、拉伸破坏）分布见图 8.2。

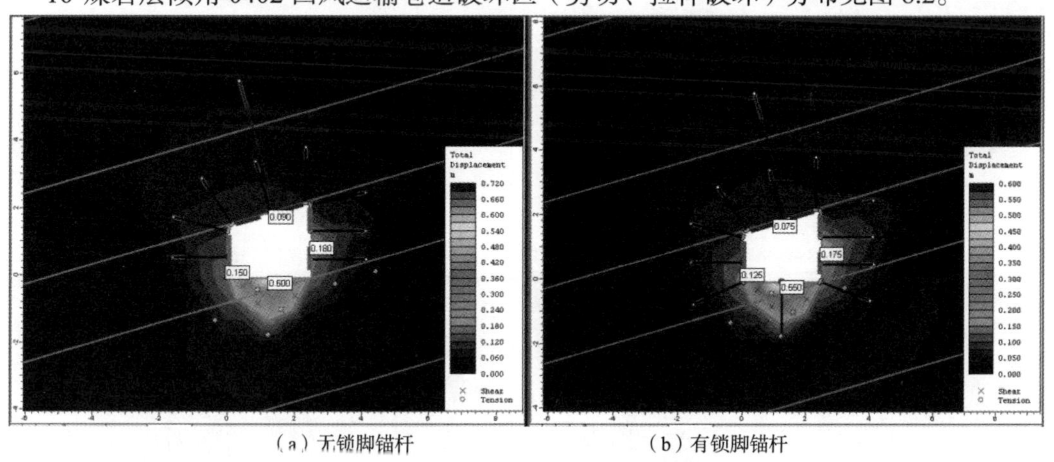

（a）无锁脚锚杆　　（b）有锁脚锚杆

图 8.2　16°煤岩层倾角 0402 回风运输巷道破坏区（剪切、拉伸破坏）分布图（单位，m）

图 8.2 中两种支护情况的破坏区变化基本一致，有无锁脚锚杆顶板位移均为 0.060m，无锁脚锚杆底板位移为 0.400m，有锁脚锚杆底板位移为 0.315m，相差 0.085m；边帮位移接近，相差 0.005～0.010m；16°煤岩层倾角 0402 回风运输巷道位移矢量和剪应变分布见图 8.3，其剪应变差值不大；16°煤岩层倾角 0402 回风运输巷道最大主应力分布见图 8.4，其最大主应力差值不大。可见，顶板位移得到有效控制，底板位移较大，仍然出现底鼓，按照

围岩变形标准判断，巷道围岩的整体稳定性一般偏好。

（2）λ=1.0 分析结果

16°煤岩层倾角 0402 回风运输巷道破坏区（剪切、拉伸破坏）分布见图 8.5，两种支护情况的破坏区变化基本一致，有无锁脚锚杆顶板位移基本相等，有无锁脚锚杆底板位移相差 0.135m；边帮位移相差 0.025～0.030m；16°煤岩层倾角 0402 回风运输巷道位移矢量和剪应变分布见图 8.6，其剪应变差值有变化；16°煤岩层倾角 0402 回风运输巷道最大主应力分布见图 8.7，其最大主应力差值有变。可见，顶板位移得到有效控制，底板位移较大，仍然出现底鼓，按照围岩变形标准判断，巷道围岩的整体稳定性一般偏差。

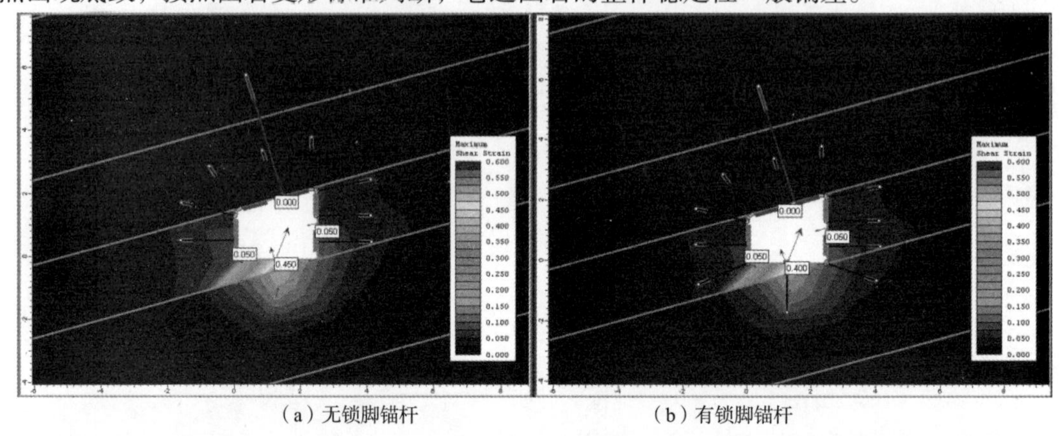

（a）无锁脚锚杆　　（b）有锁脚锚杆

图 8.3　16°煤岩层倾角 0402 回风运输巷道位移矢量和剪应变分布图（单位，m）

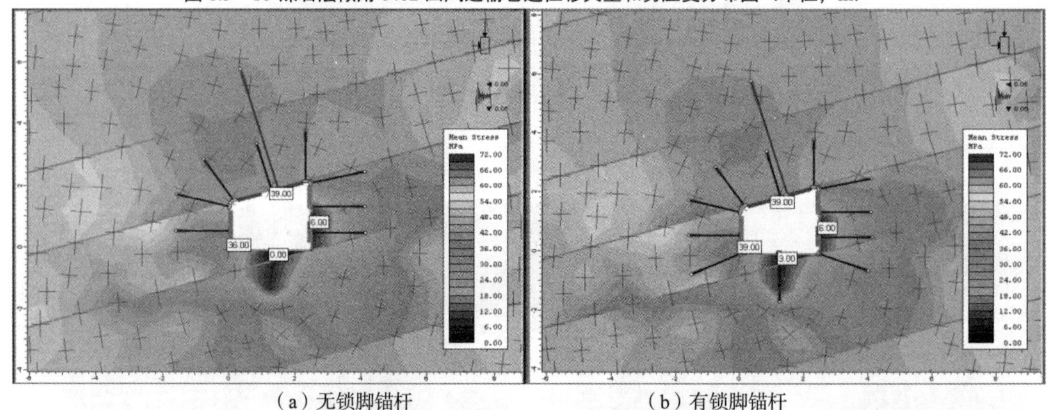

（a）无锁脚锚杆　　（b）有锁脚锚杆

图 8.4　16°煤岩层倾角 0402 回风运输巷道最大主应力分布图（单位，m）

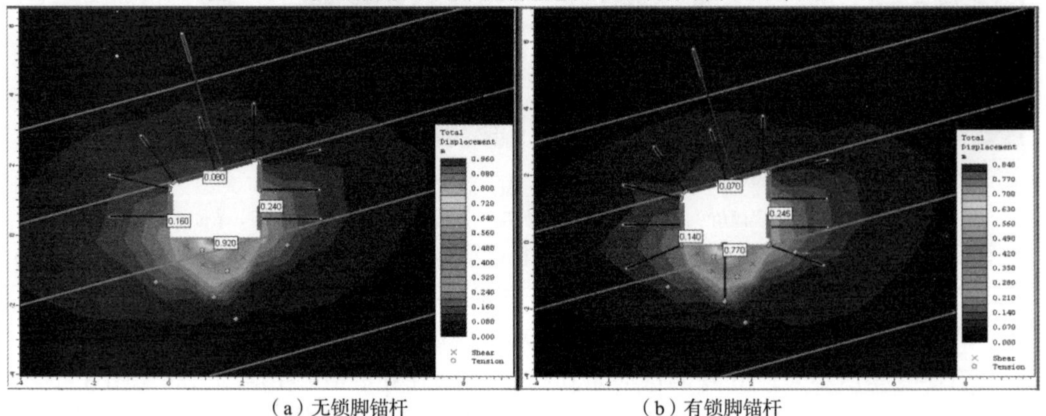

（a）无锁脚锚杆　　（b）有锁脚锚杆

图 8.5　16°煤岩层倾角 0402 回风运输巷道破坏区（剪切、拉伸破坏）分布图（单位，m）

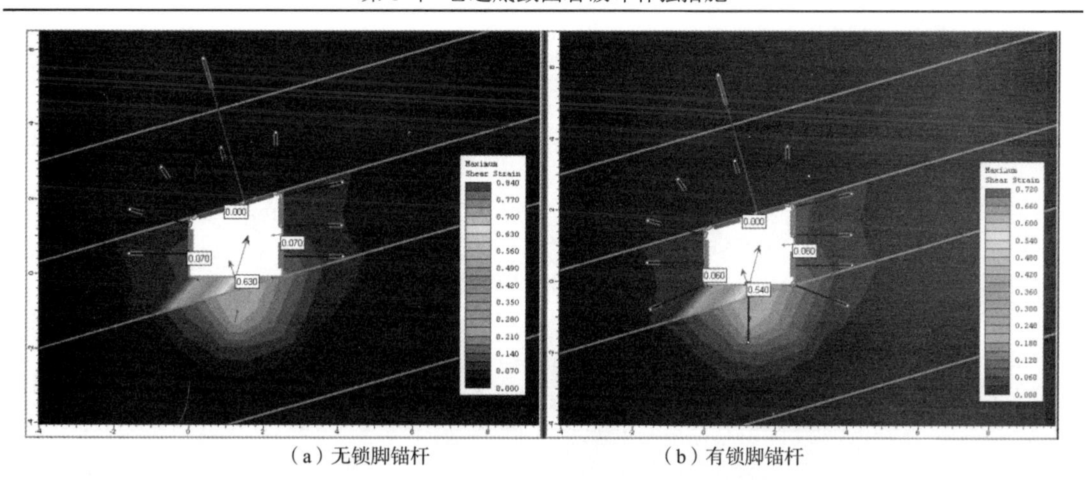

（a）无锁脚锚杆　　（b）有锁脚锚杆

图 8.6　16°煤岩层倾角 0402 回风运输巷道位移矢量和剪应变分布图（单位，m）

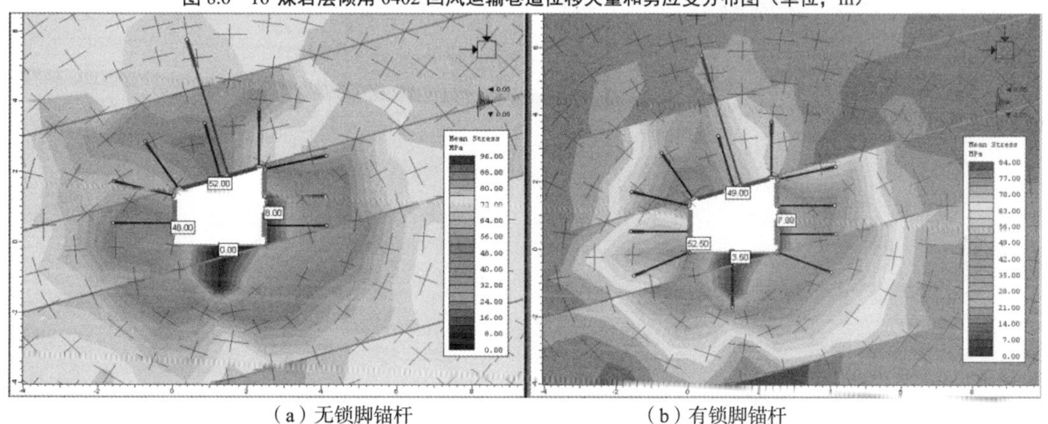

（a）无锁脚锚杆　　（b）有锁脚锚杆

图 8.7　16°煤岩层倾角 0402 回风运输巷道最大主应力分布图（单位，m）

（3）λ=1.5 分析结果

16°煤岩层倾角 0402 回风运输巷道破坏区（剪切、拉伸破坏）分布见图 8.8，两种支护情况的破坏区变化基本一致，有无锁脚锚杆顶板位移相差 0.030m，有无锁脚锚杆底板位移相差 0.230m；边帮位移相差 0.010～0.050m；16°煤岩层倾角 0402 回风运输巷道位移矢量和剪应变分布见图 8.9，其剪应变差值变大；16°煤岩层倾角 0402 回风运输巷道最大主应力分布见图 8.10，其最大主应力差值变大。可见，顶板位移有效控制难度加大，底板位移较大，出现底鼓严重，按照围岩变形标准判断，巷道围岩的稳定性偏差。

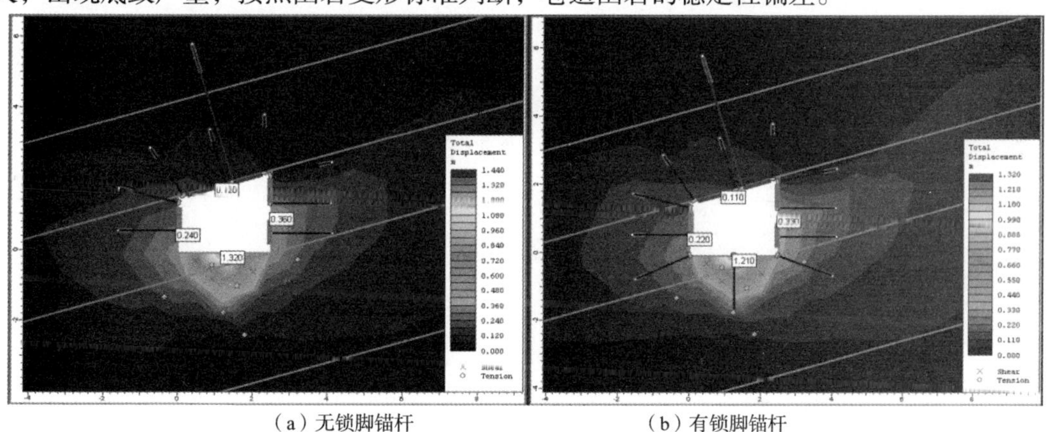

（a）无锁脚锚杆　　（b）有锁脚锚杆

图 8.8　16°煤岩层倾角 0402 回风运输巷道破坏区（剪切、拉伸破坏）分布图（单位，m）

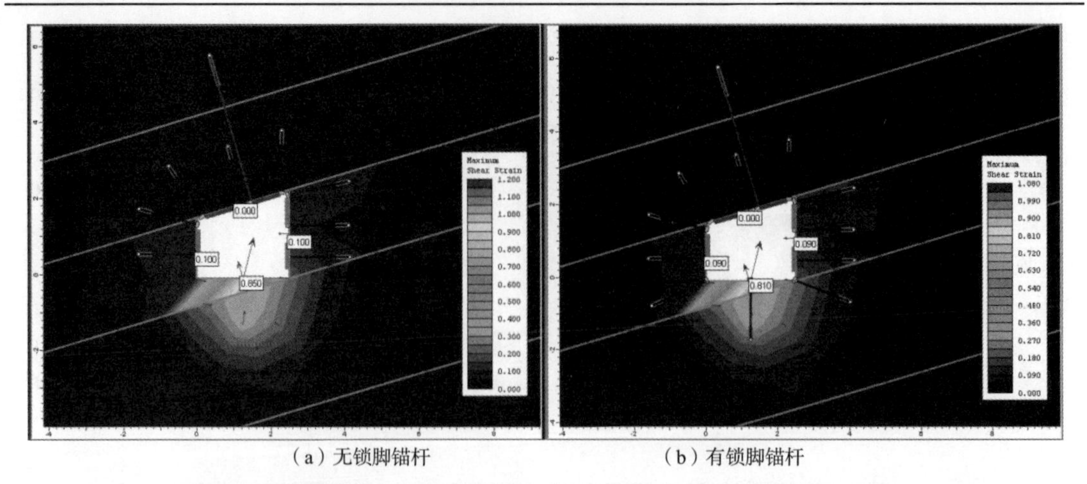

（a）无锁脚锚杆　　（b）有锁脚锚杆

图 8.9　16°煤岩层倾角 0402 回风运输巷道位移矢量和剪应变分布图（单位，m）

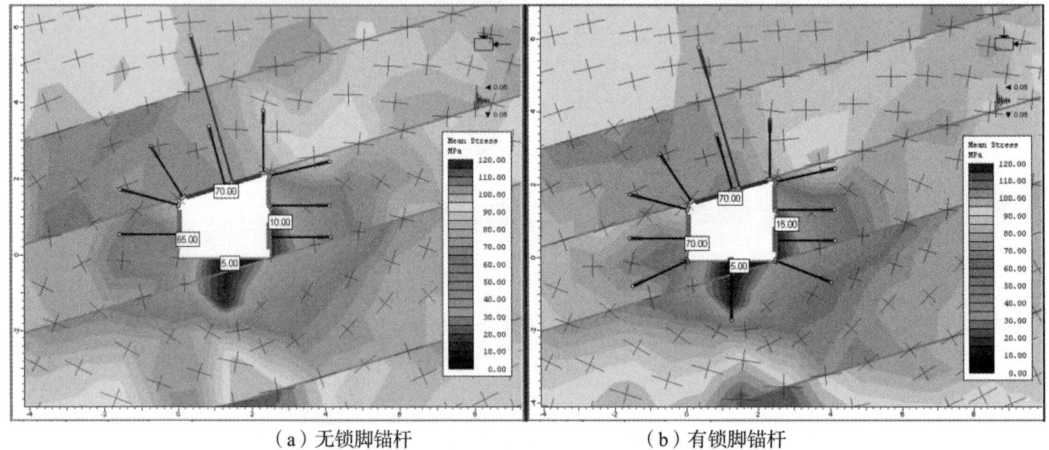

（a）无锁脚锚杆　　（b）有锁脚锚杆

图 8.10　16°煤岩层倾角 0402 回风运输巷道最大主应力分布图（单位，m）

综上所述，16°煤岩层倾角 0402 回风运输巷道整体稳定性随着构造应力影响加强而变差，尤其底板底鼓严重，需要采取措施处理。

8.3　22°煤岩层倾角 0402 回风运输巷道模型

22°煤岩层倾角 0402 回风运输巷道模型见图 8.11 所示。

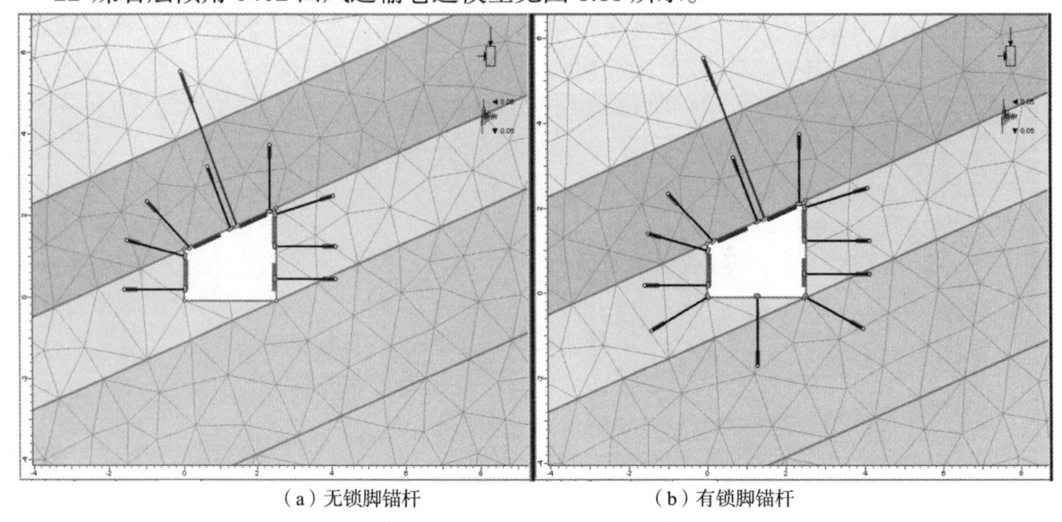

（a）无锁脚锚杆　　（b）有锁脚锚杆

图 8.11　22°煤岩层倾角 0402 回风运输巷道分析模型（单位，m）

8.4 22°煤岩层倾角 0402 回风运输巷道不同构造应力分析

（1）λ=0.5 分析结果

22°煤岩层倾角 0402 回风运输巷道破坏区（剪切、拉伸破坏）分布见图 8.12，两种支护情况的破坏区变化基本一致，有无锁脚锚杆顶板位移接近，有无锁脚锚杆底板位移相差 0.034m；边帮位移接近。22°煤岩层倾角 0402 回风运输巷道位移矢量和剪应变分布见图 8.13，其剪应变差值不大；22°煤岩层倾角 0402 回风运输巷道最大主应力分布见图 8.14，其最大主应力差值不大。可见，顶板位移得到有效控制，底板位移较大，仍然出现底鼓，按照围岩变形标准判断，巷道围岩的整体稳定性一般偏好。

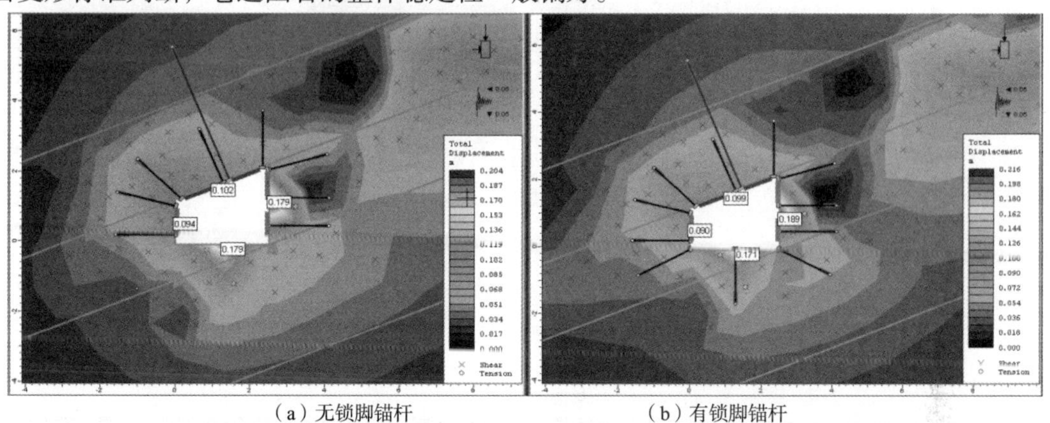

（a）无锁脚锚杆　　　　（b）有锁脚锚杆

图 8.12　22°煤岩层倾角 0402 回风运输巷道破坏区（剪切、拉伸破坏）分布图（单位，m）

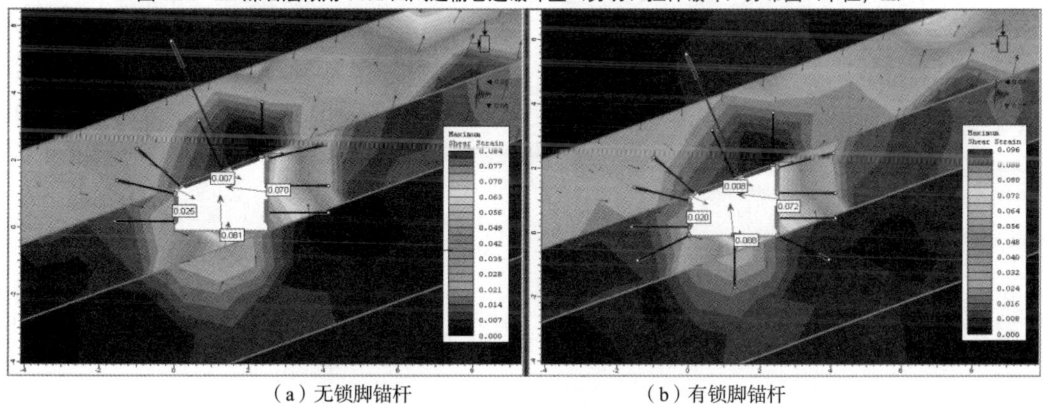

（a）无锁脚锚杆　　　　（b）有锁脚锚杆

图 8.13　22°煤岩层倾角 0402 回风运输巷道位移矢量和剪应变分布图（单位，m）

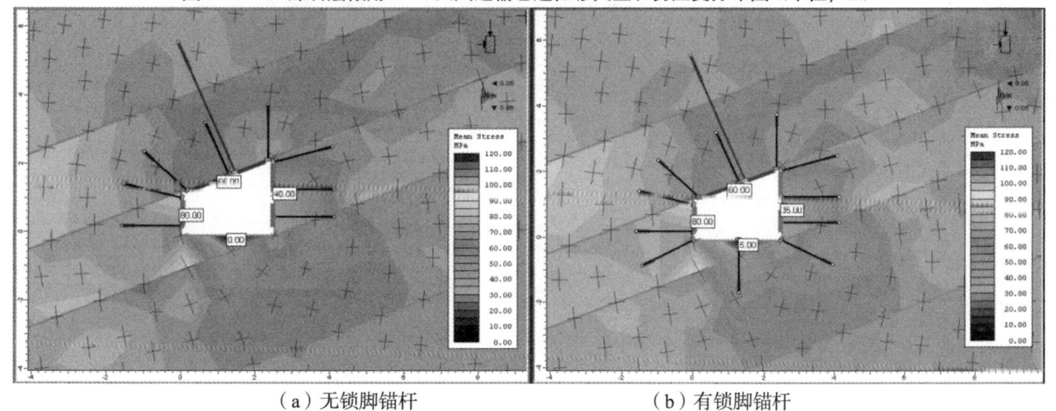

（a）无锁脚锚杆　　　　（b）有锁脚锚杆

图 8.14　22°煤岩层倾角 0402 回风运输巷道最大主应力分布图（单位，m）

（2）λ=1.0 分析结果

22°煤岩层倾角 0402 回风运输巷道破坏区（剪切、拉伸破坏）分布见图 8.15，两种支护情况的破坏区变化基本一致，有无锁脚锚杆顶板、底板、边帮位移相差不大。22°煤岩层倾角 0402 回风运输巷道位移矢量和剪应变分布见图 8.16，其剪应变差值变化不大；22°煤岩层倾角 0402 回风运输巷道最大主应力分布见图 8.17，其最大主应力差值变化不大。可见，顶板位移得到有效控制，底板位移较大，仍然出现底鼓，按照围岩变形标准判断，巷道围岩的整体稳定性一般偏好。

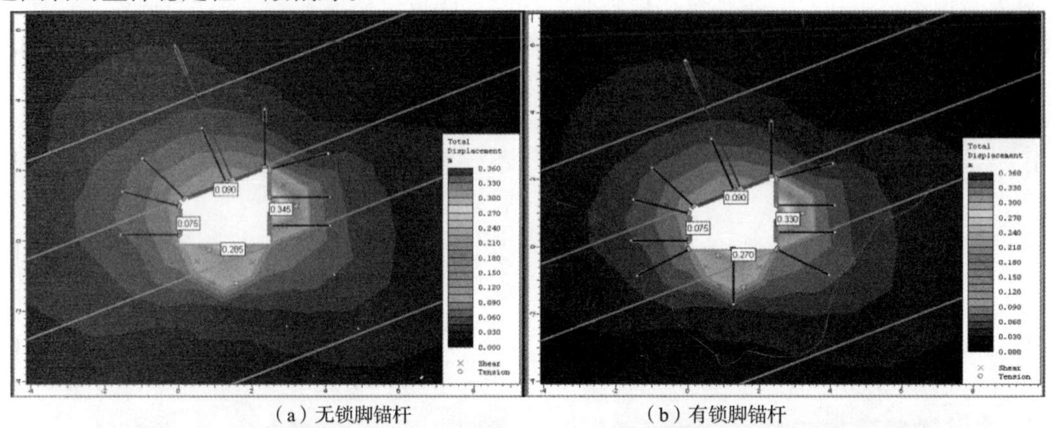

（a）无锁脚锚杆　　（b）有锁脚锚杆

图 8.15　22°煤岩层倾角 0402 回风运输巷道破坏区（剪切、拉伸破坏）分布图（单位，m）

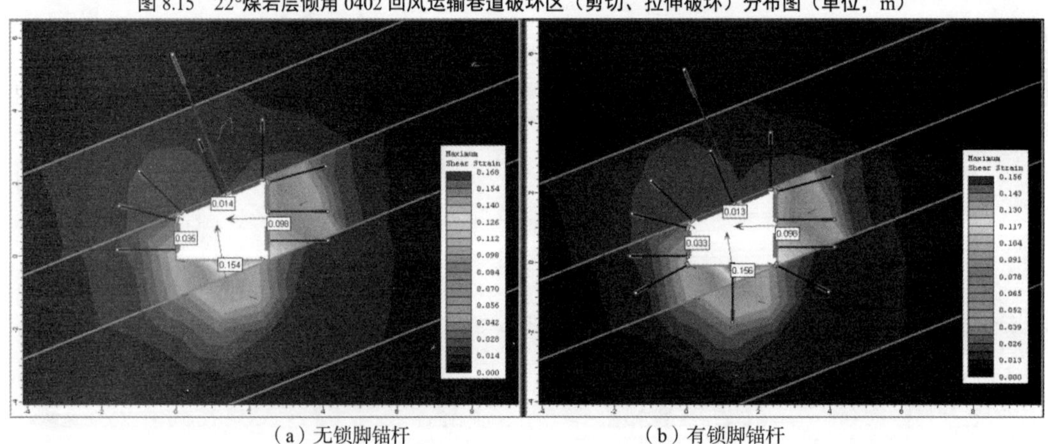

（a）无锁脚锚杆　　（b）有锁脚锚杆

图 8.16　22°煤岩层倾角 0402 回风运输巷道位移矢量和剪应变分布图（单位，m）

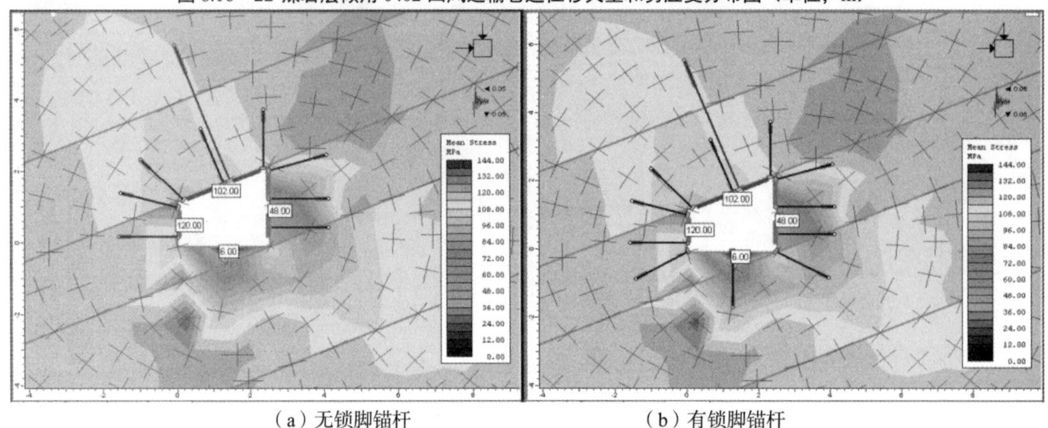

（a）无锁脚锚杆　　（b）有锁脚锚杆

图 8.17　22°煤岩层倾角 0402 回风运输巷道最大主应力分布图（单位，m）

（3）λ=1.5 分析结果

22°煤岩层倾角 0402 回风运输巷道破坏区（剪切、拉伸破坏）分布见图 8.18，两种支护情况的破坏区变化基本一致，有无锁脚锚杆顶板、底板、边帮位移相差不大。22°煤岩层倾角 0402 回风运输巷道位移矢量和剪应变分布见图 8.19，其剪应变差值变化不大；22°煤岩层倾角 0402 回风运输巷道最大主应力分布见图 8.20，其最大主应力差值变化不大。可见，顶板位移得到有效控制，底板位移较大，仍然出现底鼓，按照围岩变形标准判断，巷道围岩的整体稳定性一般偏好。

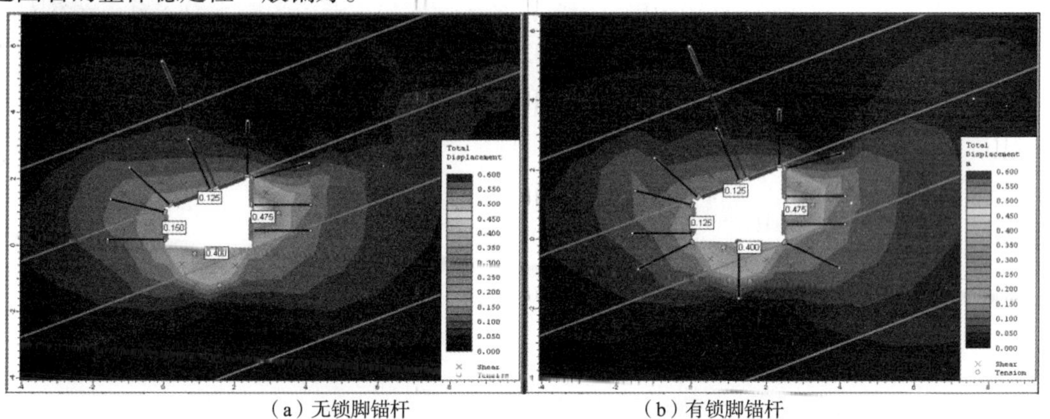

（a）无锁脚锚杆　　　　（b）有锁脚锚杆

图 8.18　22°煤岩层倾角 0402 回风运输巷道破坏区（剪切、拉伸破坏）分布图（单位，m）

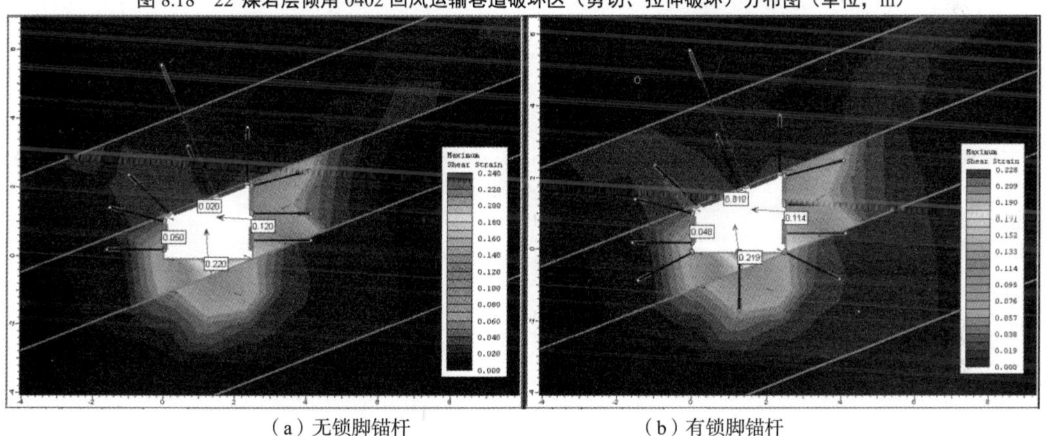

（a）无锁脚锚杆　　　　（b）有锁脚锚杆

图 8.19　22°煤岩层倾角 0402 回风运输巷道位移矢量和剪应变分布图（单位，m）

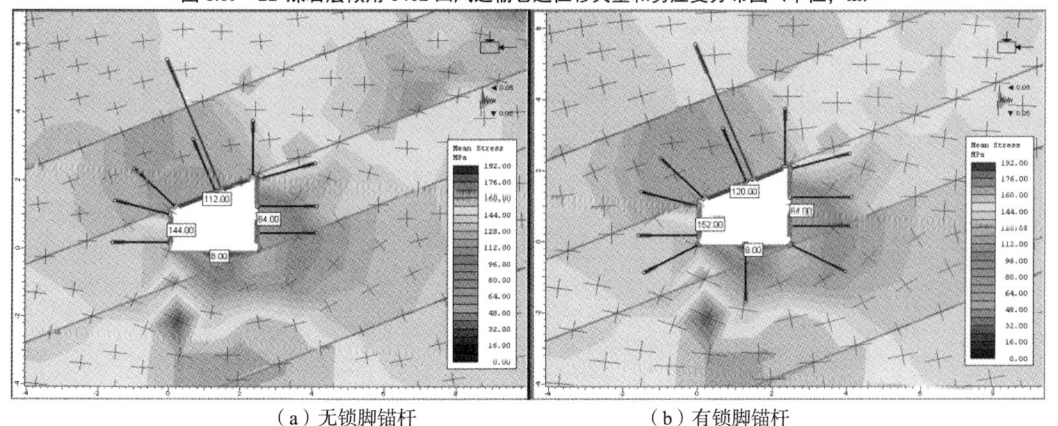

（a）无锁脚锚杆　　　　（b）有锁脚锚杆

图 8.20　22°煤岩层倾角 0402 回风运输巷道最大主应力分布图（单位，m）

综上所述，22°煤岩层倾角 0402 回风运输巷道整体稳定性随着构造应力影响加强而变化不大，但底板底鼓仍然出现，与 16°煤岩层倾角 0402 回风运输巷道相比整体稳定性明显变好，需要采取措施处理。

①进行 0402 回风运输巷道端面不同掘进力学特性分析，以及 0402 回风运输巷道不同支护方式力学特性分析。

②16°煤岩层倾角 0402 回风运输巷道整体稳定性随着构造应力影响加强而变差，尤其底板底鼓严重，需要采取措施处理。

③22°煤岩层倾角 0402 回风运输巷道整体稳定性随着构造应力影响加强而变化不大，但底板底鼓仍然出现，与 16°煤岩层倾角 0402 回风运输巷道相比整体稳定性明显变好，需要采取措施处理。

第 9 章 巷道底鼓围岩破坏补强措施

巷道底鼓围岩破坏补强措施十分重要，锚网梁支护是指单独或联合采用锚杆、钢网梁、预制混凝土块及补强喷射混凝土等材料稳定巷道围岩的支护技术。广泛应用的锚网梁支护类型大致有如下几种方式：锚杆支护、锚网梁+锚索联合支护、钢筋网喷射混凝土联合支护、锚杆钢筋网喷射混凝土联合支护、锚杆喷射混凝土钢拱架联合支护等。

锚网梁支护与传统支护相比，是一种柔性结构，容易调节围岩变形，发挥围岩的支撑能力。此外，还具有支护及时、围岩与支护密贴封闭、施工灵活等特点，能充分发挥材料的承载作用。从而使其可以在不同岩类、不同跨度、不同用途的巷道结构工程中，作为初期支护、永久支护、临时支护、结构补强及冒落修复等之用。

9.1 及时支护改善围岩的应力状态

围岩开挖有一定的工作面后，锚网梁支护施作即可开展。由于大多数锚杆都能即时提供强度，无需养护时间，补强喷射混凝土也有一定早期强度，有利于提高变形破坏巷道的稳定性维护。由其及时提供的支护抗力，使围岩由开挖后双向应力状态快速转变为三向应力状态，见图 9.1 莫尔应力圆远离抗剪强度线。同时，锚网梁支护的加固作用使围岩的抗剪强度指标值提高，在图 9.1 中又表现为抗剪强度线远离莫尔应力圆。

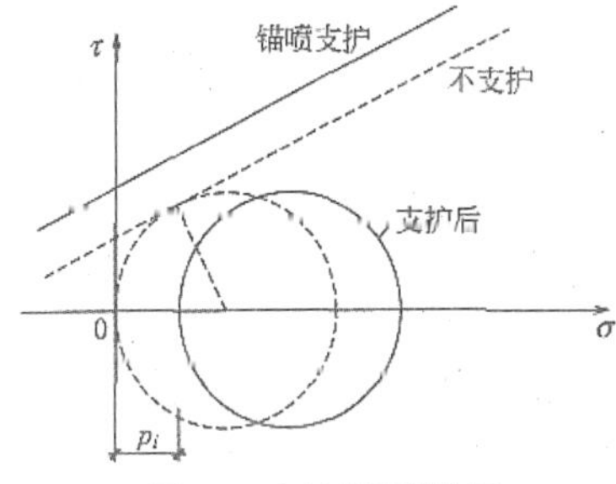

图 9.1 支护的两种作用

可见，锚网梁支护可以及时阻止围岩由于开挖扰动而进入塑性状态，限制围岩中有害变形的发展，提高围岩的稳定性。图 9.2 是 16°和 22°煤岩层倾角 0402 回风运输巷道无支护变形破坏区分布图，图 9.3 是 22°和 16°煤岩层倾角 0402 回风运输巷道无支护变形破坏主应力区分布图。分析表明巷道在未得到及时支护的情况下，围岩由于开挖扰动而进入塑性状态（剪切、拉伸破坏），围岩破坏范围是巷道尺寸的 1.0 ~ 1.5 倍，22°煤岩层倾角巷道变形较 16°的大，巷道破坏更加猛烈。可见，限制巷道围岩中有害变形的发展，是提高巷道围岩稳定性的前提。

9.2 主动适应围岩变形与充分发挥围岩支撑能力

锚杆锚入岩体后，可以作为围岩的一部分随其变形而不会失去作用，是一种典型的柔性结构；而衬砌混凝土预制块、喷射混凝土本身尽管为一脆性材料，但由于采用喷射成型工艺，其形状可以随巷道轮廓任意变化，厚度也可薄可厚，在喷射混凝土衬砌强度增长过程中，尤其是配合多次喷射成型工艺，完全可以适应开挖后围岩变形较大的不利影响。

因此，锚网梁支护是一种“刚”“柔”适度的支护结构，既有能抑制围岩有害变形的一面，又有能适应围岩变形的一面。

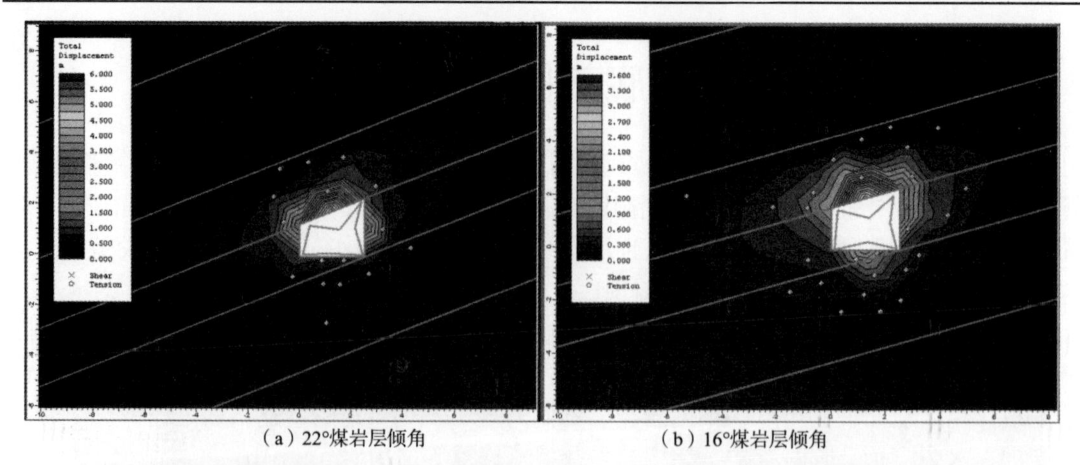

（a）22°煤岩层倾角　　　　（b）16°煤岩层倾角

图 9.2　22°和 16°煤岩层倾角 0402 回风运输巷道无支护变形破坏区分布图（剪切、拉伸破坏，单位：m）

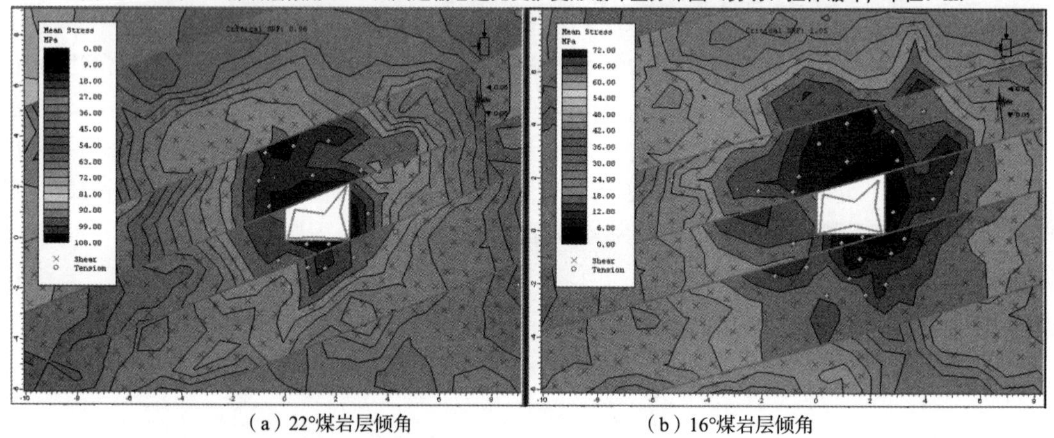

（a）22°煤岩层倾角　　　　（b）16°煤岩层倾角

图 9.3　22°和 16°煤岩层倾角 0402 回风运输巷道无支护变形破坏主应力区分布图（剪切、拉伸破坏，单位：m）

这种刚柔适度的支护结构正好符合弹塑性理论中有关的支护刚度要求，由图 9.4 的支护特征曲线可知，支护结构太刚太柔都不行。

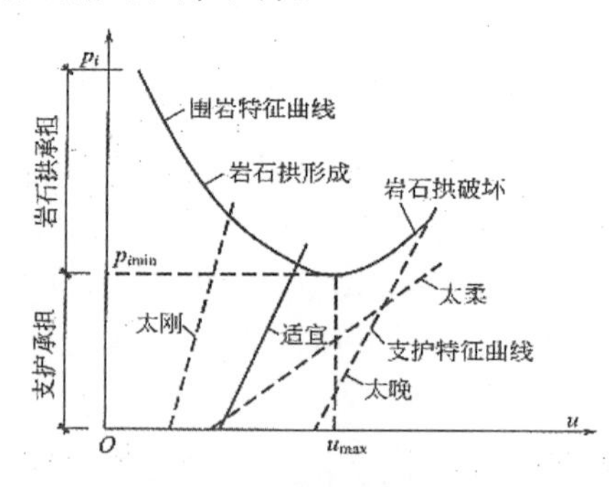

图 9.4　刚柔适度的锚喷支护

①支护结构太刚，则不能充分发挥围岩抗力，使支护承受过大的径向围岩压力，锚杆被拉出或拉断，对衬砌十分有害，提高二次支护工程造价，现场巷道出现了许多此类破坏情况。

②支护结构太柔，则使围岩松散，形成松散压力，也会使支护上所受的荷载加大，这不仅对衬砌十分有害，也会提高工程造价，现场巷道出现了许多此类破坏情况。

图 9.5 至图 9.7 为 22°和 16°煤岩层倾角 0402 回风运输巷道开挖无支护，即过柔支护，巷道出现破坏情况。

因此，锚网梁支护能主动适应围岩变形，充分发挥围岩的支撑能力，降低支护结构受力强度，也能有效地控制围岩塑性区的发展范围，即巷道掘进需要采用新奥法方式进行合理支护。

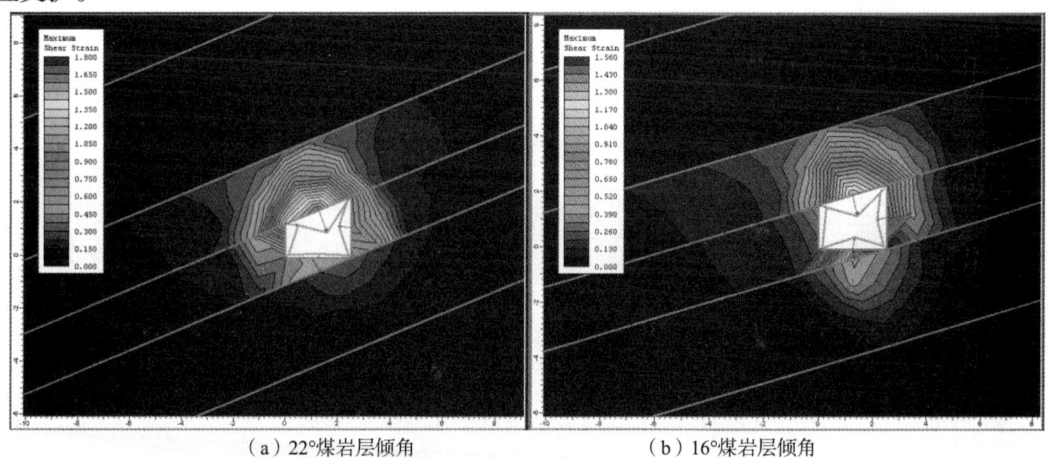

（a）22°煤岩层倾角　　（b）16°煤岩层倾角

图 9.5　22°和 16°煤岩层倾角 0402 回风运输巷道无锚杆剪应变和位移矢量分布图（单位：m）

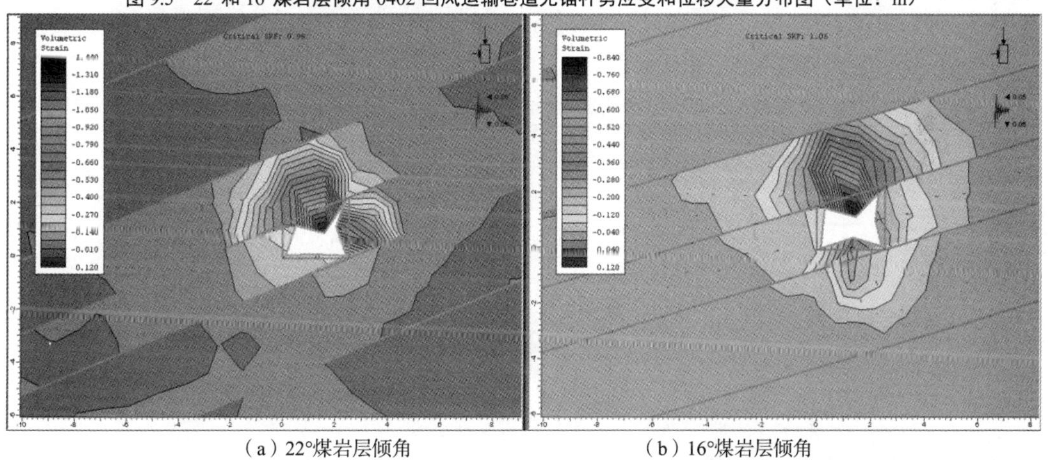

（a）22°煤岩层倾角　　（b）16°煤岩层倾角

图 9.6　22°和 16°煤岩层倾角 0402 回风运输巷道无锚杆拉应变和位移矢量分布图（单位：m）

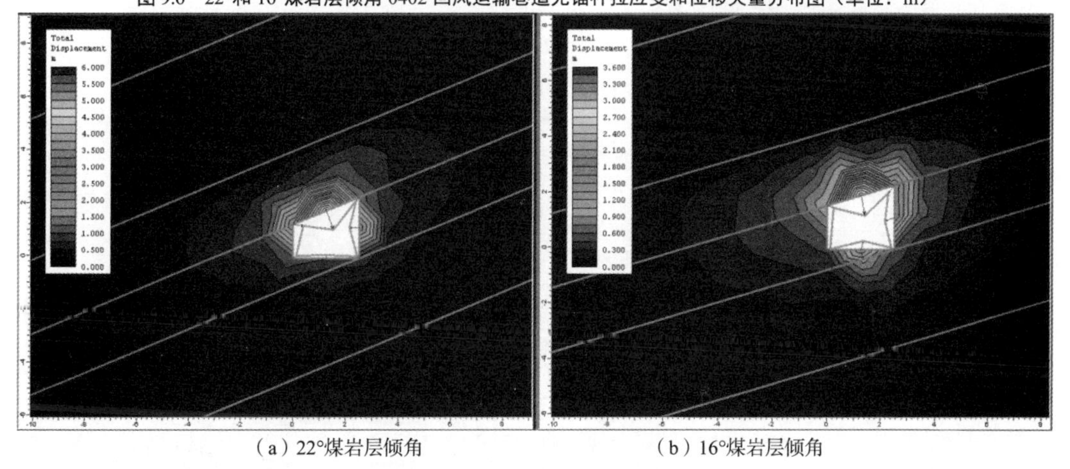

（a）22°煤岩层倾角　　（b）16°煤岩层倾角

图 9.7　22°和 16°煤岩层倾角 0402 回风运输巷道无锚杆位移矢量分布图（单位：m）

9.3　锚网梁支护施工应用

锚网梁支护基本能适用各级围岩，根据围岩级别不同可分别作初期支护、永久支护、临时支护、结构补强以及冒落修复等之用；施工灵活性首先表现在支护类型、支护参数可根据不同围岩地质条件、不同断面部位和监测信息因地制宜变化调整；其次，施工既可一次完成，也可两次或多次完成，还可根据需要随时调整支护时间而不干扰其他工作；最后，可不受地形、巷道洞形尺寸、埋深等的限制。22°和16°煤岩层倾角0402回风、运输巷道有无锁脚锚杆变形破坏区分布见图9.8和图9.10，22°和16°煤岩层倾角0402回风、运输巷道有无锁脚锚杆拉应变分布见图9.9和图9.11。

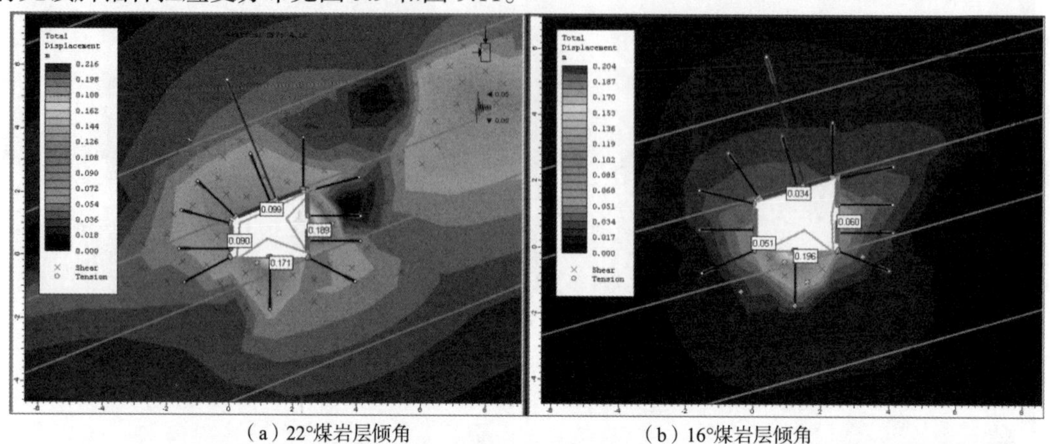

（a）22°煤岩层倾角　　（b）16°煤岩层倾角

图9.8　22°和16°煤岩层倾角0402回风运输巷道有锁脚锚杆变形破坏区分布图（剪切、拉伸破坏，单位：m）

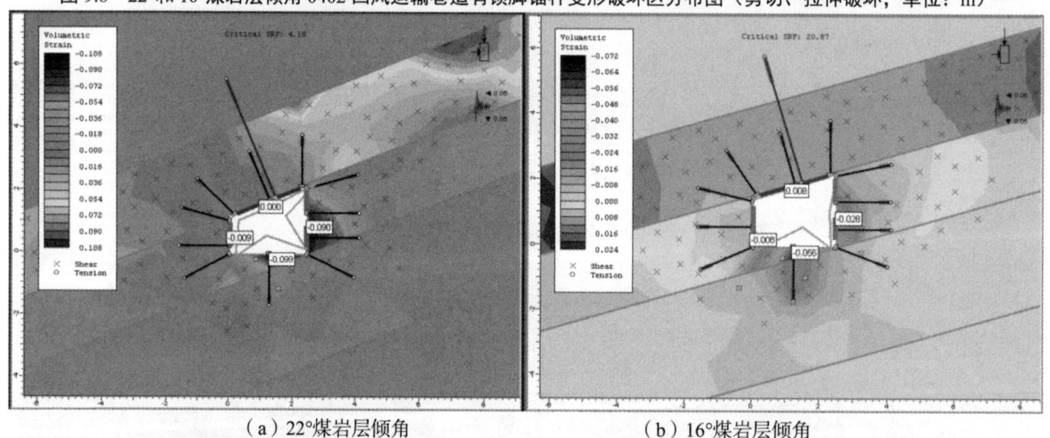

（a）22°煤岩层倾角　　（b）16°煤岩层倾角

图9.9　22°和16°煤岩层倾角0402回风运输巷道有锁脚锚杆拉应变分布图（单位：m）

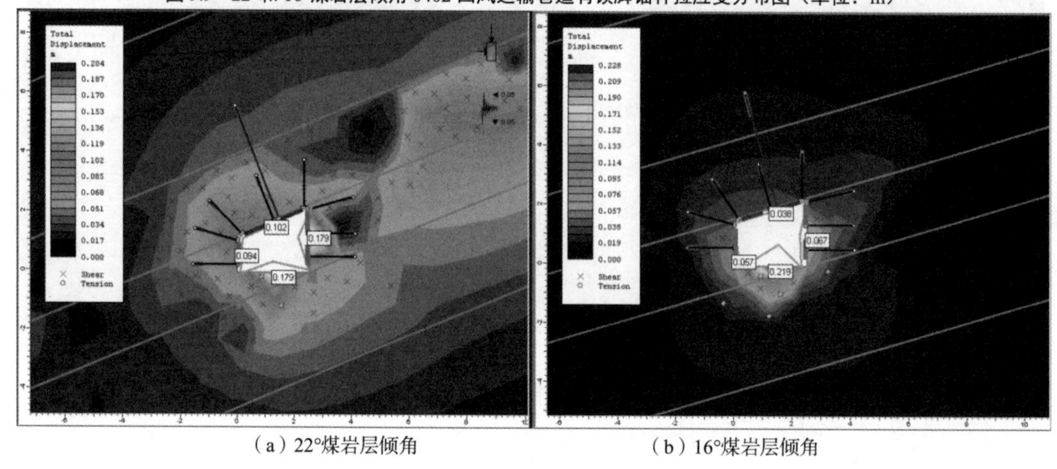

（a）22°煤岩层倾角　　（b）16°煤岩层倾角

图9.10　22°和16°煤岩层倾角0402回风运输巷道无锁脚锚杆变形破坏区分布图（剪切、拉伸破坏，单位：m）

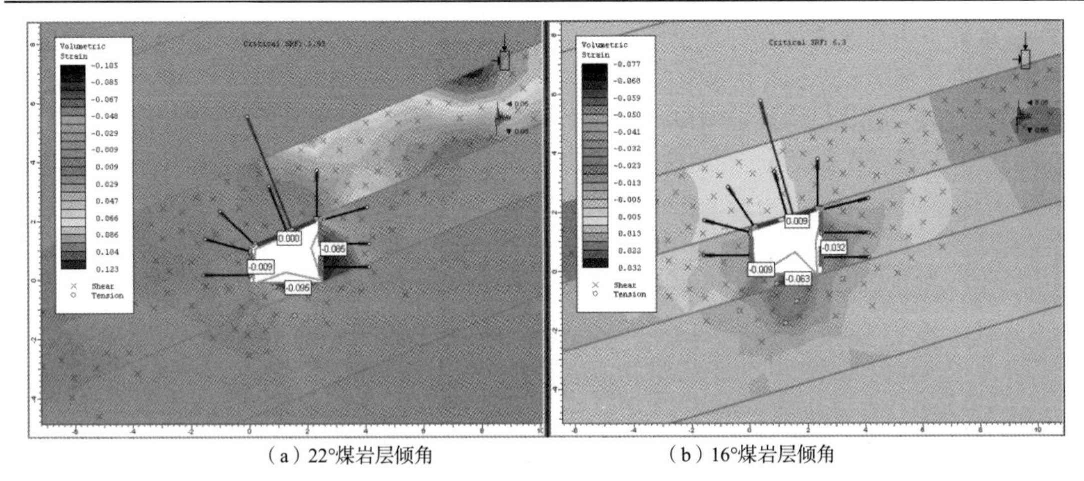

（a）22°煤岩层倾角　　（b）16°煤岩层倾角

图 9.11　22°和 16°煤岩层倾角 0402 回风运输巷道无锁脚锚杆拉应变分布图（单位：m）

主要分析结论如下。

①在有构造应力和地震影响作用下，0402 回风、运输巷道有无锁脚锚杆 22°煤岩层倾角的总体变形、破坏区和拉应变分布大于 16°煤岩层倾角的；

②0402 回风、运输巷道有无锁脚锚杆 16°煤岩层倾角出现的底鼓大于 22°煤岩层倾角的，这是由于层状三角岩体所致，清除为好；

③0402 回风、运输巷道有无锁脚锚杆 22°煤岩层倾角 N 边帮出现的凸出明显大于 16°煤岩层倾角，适当加大锚杆长度十分必要；

④0402 回风、运输巷道有 22°煤岩层倾角支护稳定性控制要难于 16°煤岩层倾角，大于 20°煤岩层倾角巷道支护稳定性相对较差可以证明；

⑤目前，矿山开采已经进入小于 20°煤岩层倾角采掘，面对巷道断面增大、掘进由难以控制的普通炮采转入独臂掘进头机械掘进，有效地保护了围岩的整体性，更能实现新奥法施工，巷道支护稳定性得到改善。

9.4　巷道底鼓围岩破坏补强措施

通过上述分析表明，在煤矿生产中往往所有回采巷道都会出现不同程度的底鼓，尤其随着近些年来煤炭开采逐渐走向深部，进而地应力相应增大，巷道底鼓问题日趋突出严重，从而暴露出很多影响煤矿安全生产的问题。底鼓是煤矿井巷中常发生的一种动力现象，它与围岩的性质、矿山压力、开采深度及地质构造活动性等直接相关。在巷道顶、底板移近量中，人们已经能够将顶板下沉和两帮移近控制在某种程度内，所以大约有 2/3 是由于底鼓引起的。这类问题给深采矿井，特别是软岩矿井的建设和生产的正常进行带来了极大的困难。底鼓使巷道变形、断面变小，影响通风、运输，制约着矿井的安全生产。

矿山回采巷道的底鼓问题一直是十分严重的，观测资料表明，很多矿巷道顶底板移近量多达 1300mm，平均每天多达 10mm，而底鼓量约占顶底移近量的 70%，在掘进期间即需人工卧底 1 ~ 2 次，在生产期间还需卧底 1 ~ 2 次，严重影响了巷道的正常使用和工作面的正常生产。因此，研究巷道底鼓的机理、预测方法及防治措施等问题，对于解决深部资源开采、建设高产高效矿井、提高生产人员安全保证有着重大的理论意义和实际应用价值。

（1）底鼓的基本形式及影响因素归纳

根据国内外有关底鼓资料的综合分析，巷道底鼓可以分为三类。

①膨胀性底鼓——由于岩性变化膨胀产生的底鼓。多发生在矿物成分含蒙脱石的黏土

岩层，膨胀岩是与水发生物理化学反应，引起岩石含水量随时间增高且体积发生膨胀的一类岩石，属于易风化和软化的软弱岩石。

②挤压性底鼓——岩壁或刚性衬砌在上部压力下插入底板或挤压底板造成跨中隆起的底鼓。通常发生在直接底板为软弱岩层(如黏土岩、煤等)，两帮和顶板比较完整的情况下。在两帮岩柱的压模效应和应力的作用下，整个巷道都位于松软破碎的底板岩层，向巷道内挤压流动。

③张性底鼓——底板岩层由于断面上大压力作用而产生带方向性的强烈褶曲隆起所造成的底鼓，它与顶部张性破坏区处于同一轴线上。

前两类为持续型底鼓，而后一类为应力释放短暂型底鼓。

（2）底鼓的影响因素

①围岩性质。围岩性质和结构对巷道底鼓起着决定性作用，底板岩石的坚硬程度和厚度，决定着底鼓量的大小。

②地压。围岩中存在高地压是造成巷道底鼓的决定性因素，深部巷道遇到底鼓的情况比浅部巷道多，这完全是由于地压增高所致。位于残留矿柱下面的巷道也有底鼓的现象，这是因为存在着一个高地压带。

③水对岩石强度的影响。由于水的作用减少了岩石层理、节理和裂隙间的摩擦力，使岩石的整体连接强度降低，使岩体沿岩层的节理面、层理面和裂隙面形成滑移面，并将原来层间连接紧密的岩体分为很多薄层，甚至完全丧失强度；岩石中的某些矿物成分遇水产生膨胀。

④支护强度。一般巷道的底板处于不支护状态，主要因为人们总是认为只要支护顶板和两帮就安全了，底鼓无关紧要；锚固底板施工比较困难，出矸石工作量大；一旦支护控制不住底鼓，卧底时的工作量大，可见，这是底鼓大于顶板下沉量的主要原因。

⑤巷道的大小和形状。特别宽大的巷道比窄巷道更易发生底鼓，然而，巷道的宽度是由采矿作业而决定的。在某些情况下，特别是辅助巷道，宽度能保持在一定限度以内，而通过增加巷道高度使横截面保持不变。

（3）巷道底鼓的防治措施

①卸压法的实质是采用一些人为的措施改变巷道围岩的应力状态，使底板岩层处于应力降低区，从而保证底板岩层的稳定状态。它特别适用于控制高地应力的巷道底鼓。目前出现的卸压法有切缝、打钻孔、爆破及掘巷卸压等形式。打钻孔这种措施在技术上有很大的难度，因为在钻孔间距很小的情况下，打直径为 50 ~ 60mm 的孔而不发生偏斜是非常不容易的。此外这种措施的卸压范围比底板切缝小,因而要考虑到钻孔后发生底鼓的可能性。

②用锚杆加固。底板通常是成层的，因而非常适合于用锚杆加固。木锚杆一般用于巷道范围内的垂直钻孔，钢锚杆则用于斜孔，锚入两帮下面(约与巷道两帮成 35° ~ 40°角)的地层中。其作用在于减少巷道底板的破碎程度。这样支护的工作原理主要有两个方面：一是将软弱底板岩层与其下部稳定岩层连接起来，抑制因软弱岩层扩容、膨胀引起的裂隙张开及新裂隙的产生，阻止软弱岩层向上鼓起。其次是把几个岩层连接在一起，作为一个组合梁，起承受弯矩的作用。此组合梁的极限抗弯强度比各个单一岩层的抗弯强度的总和大。在各种各样的地质条件下所作的试验表明，成功地加固软弱底板并不一定要求它具有层状构造，底板岩层经过锚杆加固以后增加了抗弯强度。

③底板注浆。一般用于加固已破碎的岩石，提高岩层抗底鼓的能力。当底板岩石承受

的压力超过岩体本身的强度而产生裂隙和裂缝时，应采用注浆的办法使底板岩层的强度提高，达到防治底板底鼓的目的。由于所选择注浆的形式、材料、压力和时间长短不同，岩层中的裂隙可能全部或部分被黏合，当注浆压力高于围岩强度时，会产生新的裂隙并有浆液渗入。注浆后岩层达到的结合强度主要取决于选择的注浆材料：采用聚氨酯材料，岩层间的结合强度较高，加固的效果较好，但底板潮湿时黏和强度较低，成本也较高。注水泥浆虽然成本低，但结合强度较低，所以在选择材料时要根据实际情况合理选择。还应指出，软岩进行底板注浆不能保证取得成效。如果将注浆和锚固结合使用，就可以使原来只适用两者的范围得到扩展。

④巷道壁充填。在巷道和未采煤柱之间的巷道壁充填，主要是通过把侧翼地层压力支点转移到远离巷道的地方而改善压力分布，从而增加底板黏土从未采煤柱的下面向巷道流动的阻力。另外一种用于永久性巷道的底板支护是，在巷道底板上先挖出矩形坑槽，然后再填以遇水硬结的材料，使之成为混凝土反拱。这种支护具有较高而且平均一致作用于底板上的支护阻力。加装可伸缩支撑件可进一步加强混凝土反拱，使其获得更大的抵抗底鼓的残余变形阻力的能力。

⑤巷道中水的控制在很多地下巷道中都有水的存在，而水的存在是造成巷道底鼓的重要原因，因为水的侵蚀会使自然界中几乎所有矿物强度软化。因此重要的是使用什么方法来保证底板不受水的严重影响。这就要求地下巷道排水要及时和通畅，同时要求高标准的排水措施。

综上所述，巷道底鼓是影响矿井安全生产的重要问题，所以要很好地解决才能使矿井安全，达到高产高效。由于巷道底鼓原因各异，因此，防治巷道底鼓的方法也要求根据其成因及矿山的技术经济条件选择相应的防治办法。

（4）锚梁网支护设计参数确定

巷道断面设计为宽 4.0m、中高 3.0m。根据巷道工程地质条件，采用组合梁理论和工程类比法确定 0403 回采巷锚、梁、网+锚索支护参数。0403，0404 综采工作面运输巷道支护形式如图 9.12 所示。

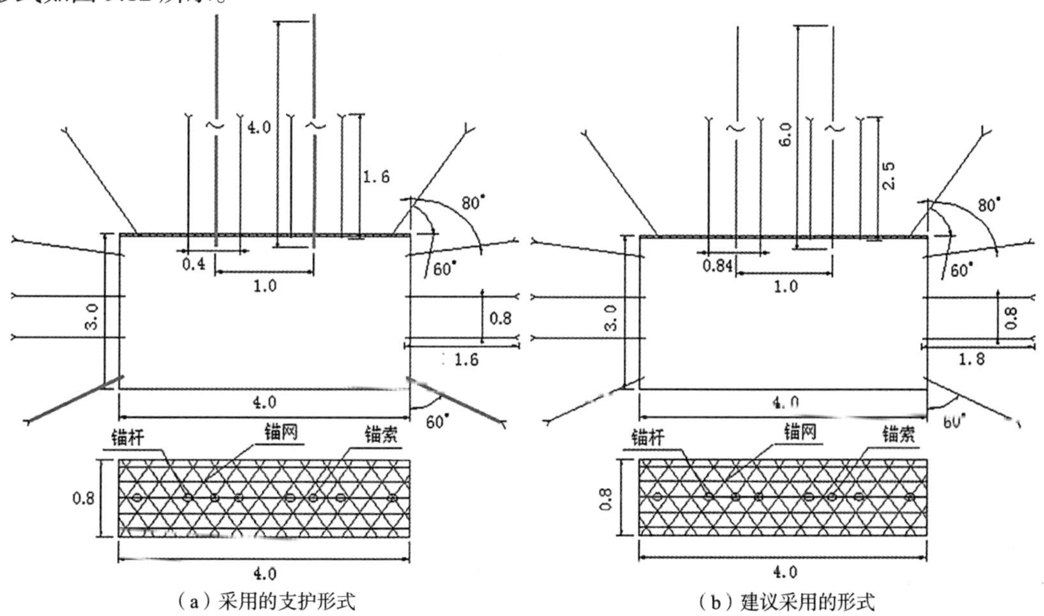

（a）采用的支护形式　　（b）建议采用的形式

图 9.12　0403，0404 综采工作面回采巷道支护示意图

建议的顶板锚杆直径 20mm、长 2500mm，安装深度 2400mm，用两卷 Z2380 型树脂锚固剂卷锚固，锚固长度不小于 1000mm，锚杆安装预紧力矩不小于 100N·m，锚杆锚固力不小于 120kN，锚杆间排距为 840mm×800mm；用 12#槽钢做梁，配合 M5 钢带；金属网用 12#镀锌铁丝机械编制，网孔小于 50mm×50mm。顶板锚索钻孔直径均为 27mm，锚索为 18mm、长 6300mm 的钢绞线，锚索安装深度 6000mm，用 3 卷 Z2380 型树脂锚固剂卷，锚固长度 1800mm，锚索安装预紧力不小于 50kN，锚索锚固力≥200kN，锚索间排距为 1600mm×800mm。两帮锚杆直径 18mm、长 1800mm，安装深度 1700mm，用 1 卷 Z2380 型树脂锚固剂卷锚固，锚杆安装预紧力矩不小于 60Nm，锚杆锚固力不小于 50kN，锚杆间排距为 850mm×800mm；钢带为 3mm 钢板条，金属网用 12#镀锌铁丝机械编制，网孔小于 50mm×50mm。

9.5 巷道支护模式

利用新奥法进行巷道支护模式，见图 9.13 至图 9.15 所示。

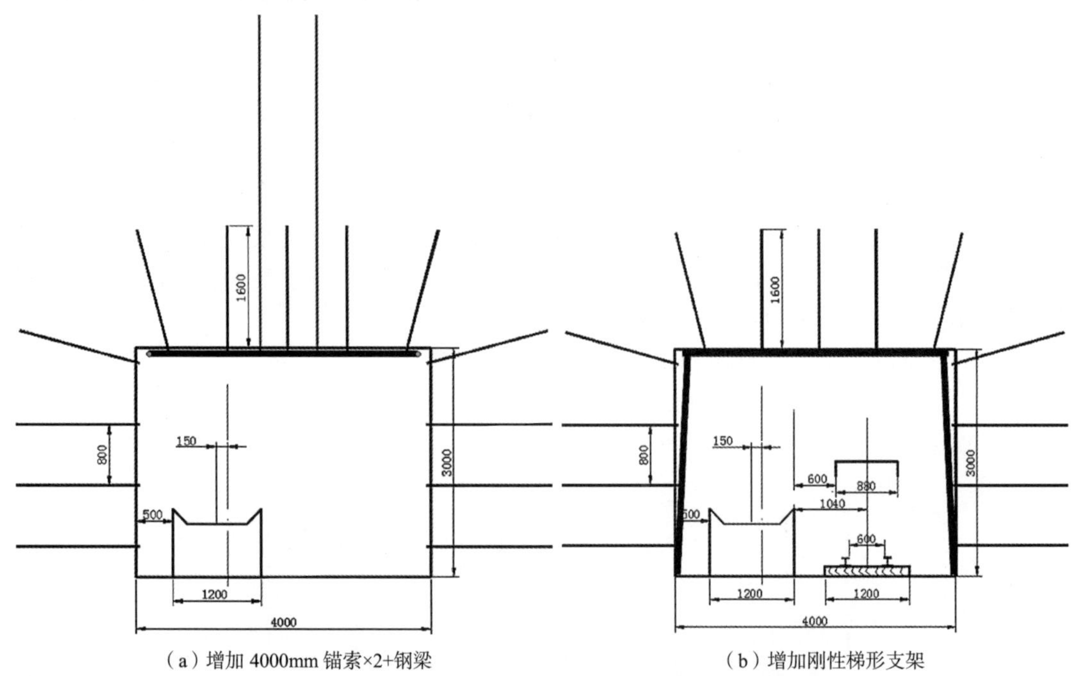

（a）增加 4000mm 锚索×2+钢梁　　（b）增加刚性梯形支架

图 9.13　运输（轨道）顺槽巷道断面支护参数示意图

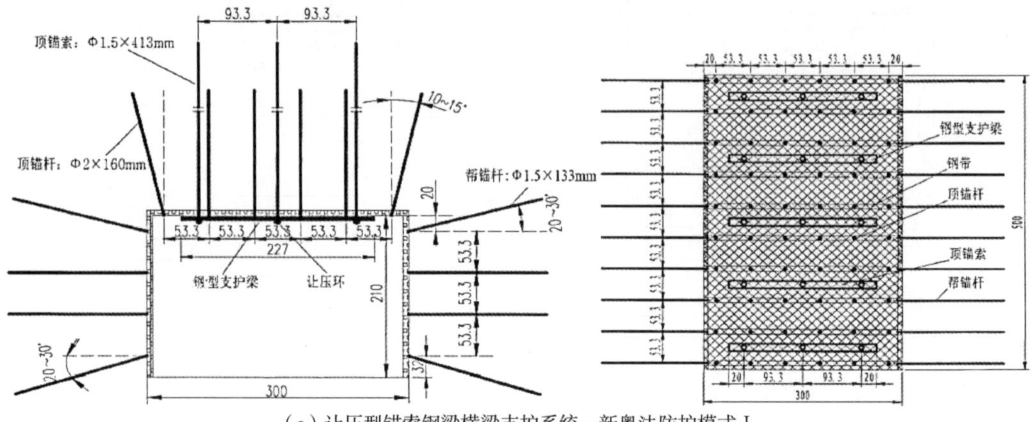

（a）让压型锚索钢梁横梁支护系统—新奥法防护模式 I

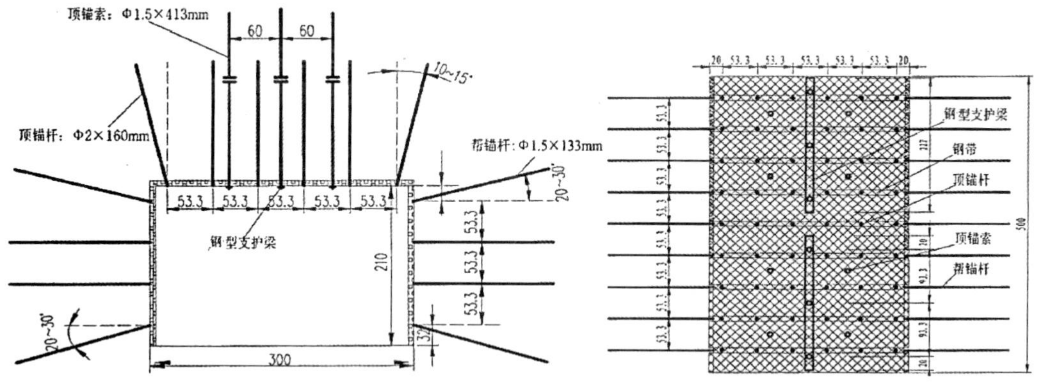

（b）让压型锚索钢梁纵向单梁支护系统—新奥法防护模式Ⅱ

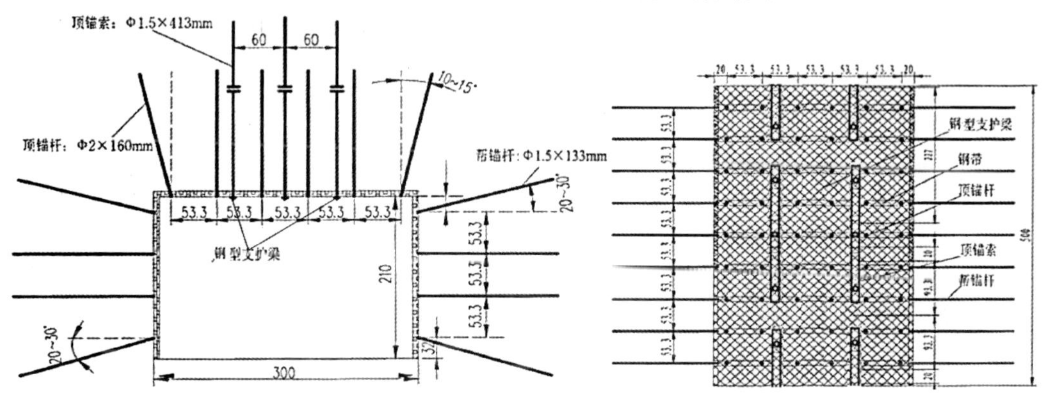

（c）让压型锚索钢梁纵向双梁支护系统—新奥法防护模式Ⅲ

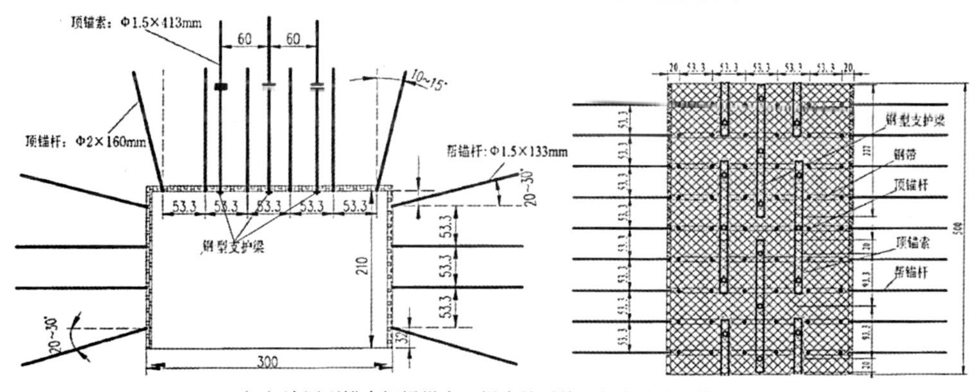

（d）让压型锚索钢梁纵向三梁支护系统—新奥法防护模式Ⅳ

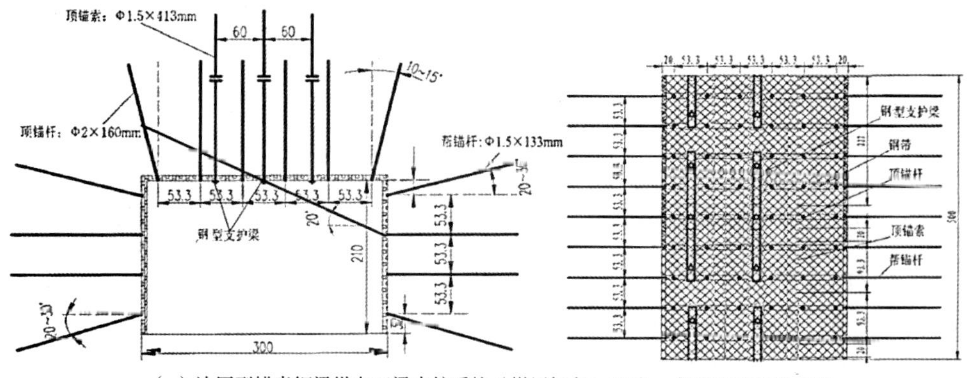

（e）让压型锚索钢梁纵向双梁支护系统（煤层倾角≥20°）—新奥法防护模式Ⅴ

图 9.14　回风运输巷道支护模式示意图

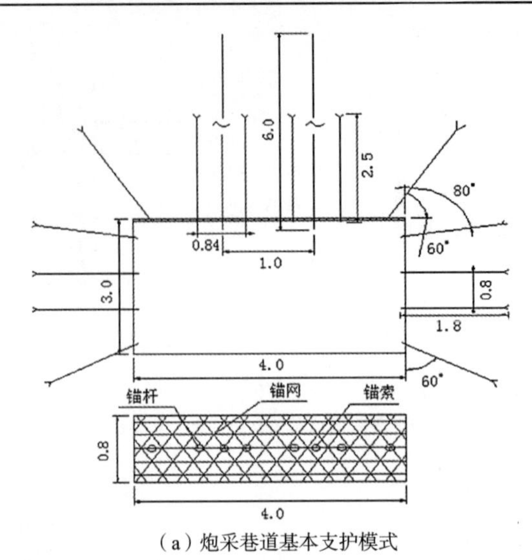

（a）炮采巷道基本支护模式

[让压型锚索钢梁横梁支护系统—新奥法防护模式Ⅰ,让压型锚索钢梁纵向单梁、双梁和三梁支护系统—新奥法防护模式Ⅱ、模式Ⅲ和模式Ⅳ,让压型锚索钢梁纵向双梁支护系统（煤层倾角≥20°）—新奥法防护模式Ⅴ]

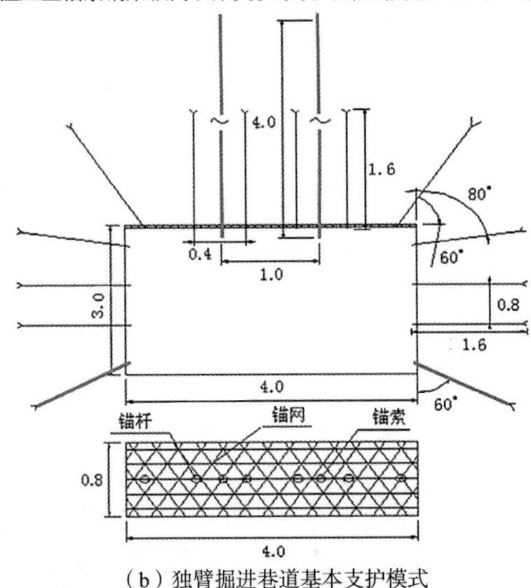

（b）独臂掘进巷道基本支护模式

[让压型锚索钢梁横梁支护系统—新奥法防护模式Ⅰ，让压型锚索钢梁纵向单梁、双梁和三梁支护系统—新奥法防护模式Ⅱ、模式Ⅲ和模式Ⅳ，让压型锚索钢梁纵向双梁支护系统（煤层倾角≥20°）—新奥法防护模式Ⅴ]

图 9.15　回采运输巷道支护模式示意图

9.6　巷道支护效果分析

根据上述支护设计方案进行现场工业性实验，具体监测方案如下：沿实验巷道走向每隔 30m 布置一条测线，监测范围为 120m，在每条监测线内，分别安设顶板离层仪 1 个、锚杆测力计 3 个，巷道顶板及上、下帮各布置 1 个巷道围岩表面变形基点。本试验在实验顺槽锚杆支护段设置了多个观测断面，分别对巷道表面位移、顶板离层、锚杆锚固力等情况进行了连续观测，观测时间长达 110d，由观测结果可分析巷道围岩变形规律与锚杆支护效果。巷道围岩变形包括顶板下沉、两帮移近等，观测结果如图 9.16 和图 9.17 所示。

根据监测数据，工作面回采期间巷道表面变形量观测结果如下：回采期间巷道由于受超前采动支撑压力的影响，巷道围岩变形较掘进期间明显剧烈。回采期间巷道顶底板累计移近量为 420mm，两帮累计移近量为 350mm，在此期间巷道顶底板和两帮最大变形速度分别达到 22mm/d，18.5mm/d。巷道受工作面超前支撑压力影响范围为 40 ~ 60m，剧烈影响范围为 15 ~ 25m。观测结果表明，回采期间巷道变形量和变形速度比掘进期间大，这主要受工作面采动影响所致。总之，巷道顶、底板和两帮的相对移近量及移近速度都很小。

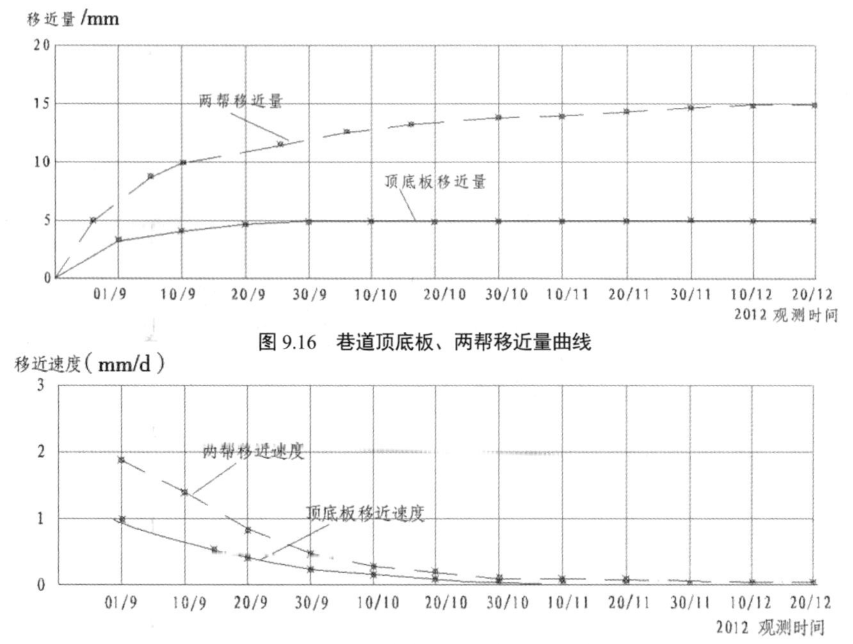

图 9.16　巷道顶底板、两帮移近量曲线

图 9.17　巷道顶底板、两帮移近速度曲线

综上所述，巷道从掘进到回采历时 1 年多时间，巷道未发生冒顶、片帮事故，巷道顶板没有出现离层、破碎、下垂及网兜现象，顶板锚杆和锚索基本上无损坏，巷道围岩稳定。回采期间，巷道安全、畅通，工作面上出口断面积始终保持在 8m 以上，无需任何维修，完全可以满足生产、使用要求。通过对试验巷道的矿压观测，初步掌握了复合顶板锚、梁、网+锚索联合支护巷道的矿压显现规律。试验巷道的矿压观测结果表明，该巷道围岩变形主要发生在回采期间。因此，为了减小巷道变形量，回采期间，应采取超前加强支护的措施，并扩大超前支护的范围，以期减轻回采期间的巷道变形量。

试验表明，在东海矿北区回采巷道中，采用由锚杆、锚索与槽钢组合而成的锚、梁、网+锚索联合支护形式是合理的，所选用的主要技术参数是安全的。试验研究的锚、梁、网+锚索联合支护形式及其主要技术参数可在类似地质条件的巷道中推广应用。

改扩建后安全生产情况见图 9.18 至图 9.44 所示。

图 9.18　扩建后焕然一新的调度指挥中心

图 9.19　竖井工作场景

图 9.20　采煤工作面掩护式液压支架

图 9.21　锚杆（索）网联合支护材料

图 9.22　锚杆（索）网筋带联合支护

图 9.23　边壁锚杆（索）网筋带联合支护

图 9.24　边壁底板处变形破坏

图 9.25　独臂掘进机施工掘进

图 9.26　独臂掘进机顶板支护

图 9.27　独臂掘进机再施工掘进

图 9.28 独臂掘进头切削掌子面

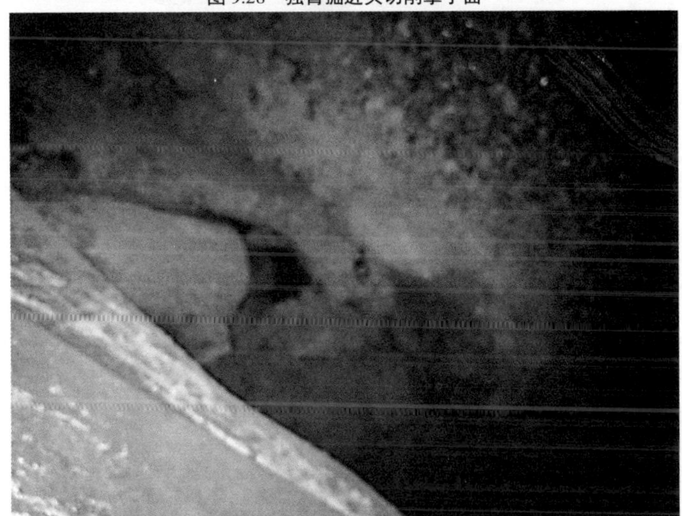

图 9.29 独臂掘进机施工降尘水侵蚀软化牛腿软岩泥化

图 9.30 初期支护后变形破坏紧固锚索情况

图 9.31　初期支护后边壁变形破坏紧固锚索情况

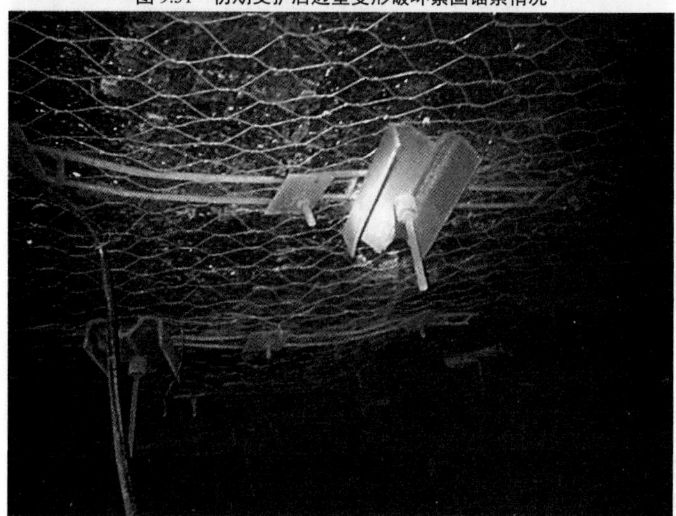

图 9.32　初期支护后变形破坏后补强锚索情况

图 9.33　初期支护后变形破坏后补强锚索情况

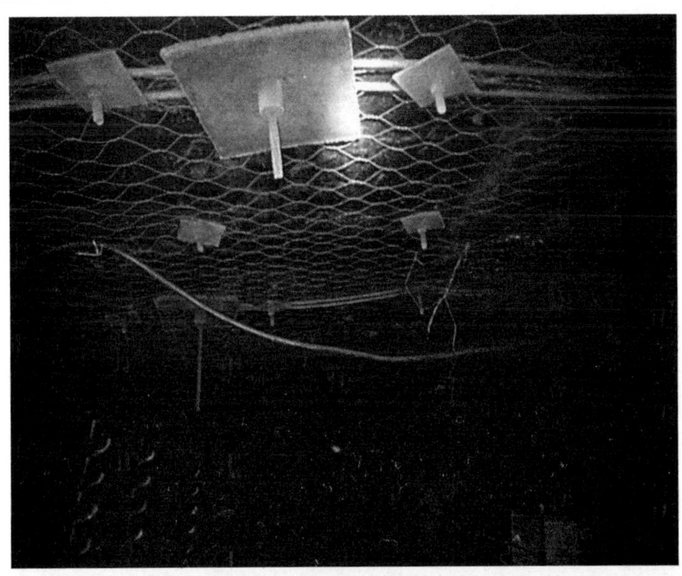

图 9.34 初期支护后变形破坏后补强锚索情况

图 9.35 斜井帮壁、底板地下水出露软化围岩和盐胀循环作用隆起破坏

图 9.36 斜井底板盐胀与晶絮

图 9.37　斜井边壁盐胀与晶絮

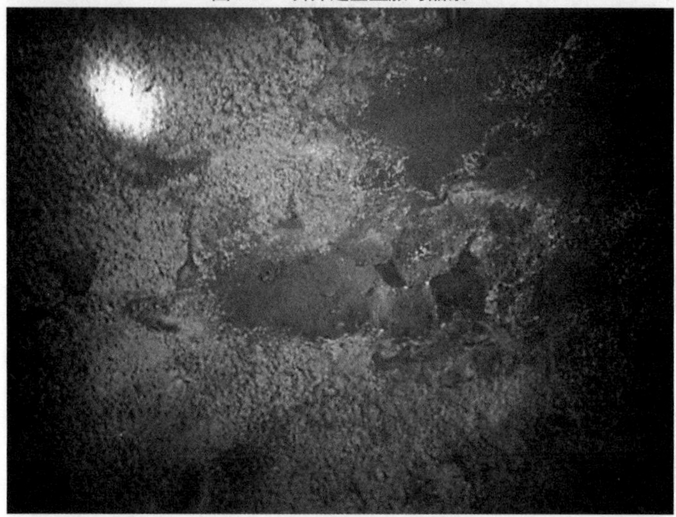

图 9.38　斜井拱顶盐胀与晶絮

图 9.39　斜井拱顶地下水出露软化围岩和盐胀循环作用局部破坏

图 9.40 斜井拱顶地下水出露软化围岩和盐胀循环作用局部破坏

图 9.41 运输巷道顶板多次补锚索加固

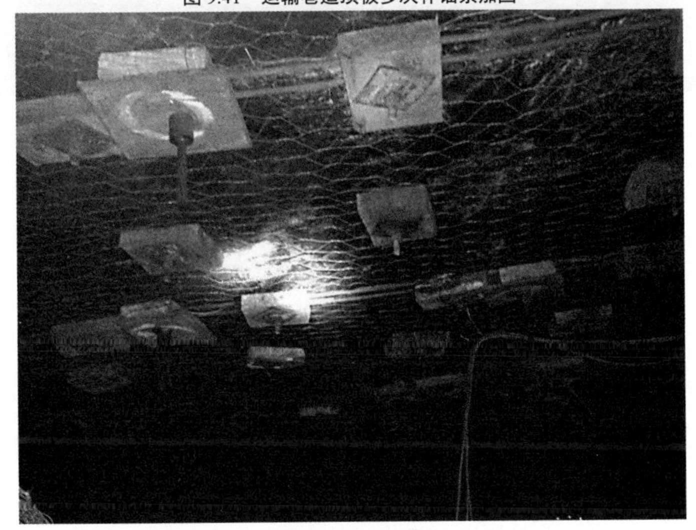

图 9.42 运输巷道顶板多次补锚索加固

图 9.43　运输巷道顶板中间纵向钢梁单体液压支架支护

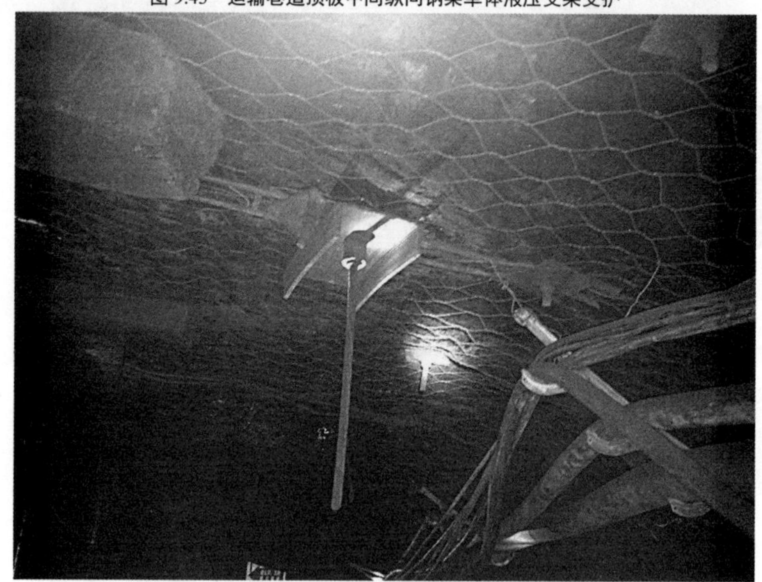

图 9.44　运输巷道顶板侧边纵向钢梁单体液压支架支护

第 10 章　研究结论与展望

结合煤矿锚杆支护发展现状，针对 0402 工作面残余巷道和 0404，0405 工作面综采面倾斜长壁工作面具体地质条件，采取了有普通炮掘巷道向独臂掘进头机械化掘进，复合顶板回采巷道锚、梁、网+锚索联合支护的试验。根据 0402 巷道、0403 回风巷道支护难点，提出了 0403 输巷道和 0404 运输、0404 回风巷道支护技术方案，确定了锚、梁、网+锚索联合支护技术参数；根据现场工业实验证明该巷道采用锚、梁、网+锚索联合支护技术，既改善了巷道围岩的变形，又保证了工作面正常回采。

10.1　研究结论

（1）传统工字钢架棚支护问题

矿山以往采用传统的工字钢架棚支护，当开采顶部煤层时，由于回采产生的巨大压力，往往会发生严重的支护变形、破坏，很容易造成冒顶，需经常进行维修；在工作面前需拆棚、回掘等，工序复杂而危险。组合锚杆支护作为一种主动支护形式，有利于工作面端头的支护和安全回采，大规模进行了使用，但是仍然出现巷道底鼓，成为影响矿井安全生产的重要问题。

（2）复合顶板特点的认识

通过现场调查、检测和数值模拟分析，所谓复合顶板，其本质就是离层型顶板，即上覆于煤层由多层厚度较小，层理、节理和裂隙发育、强度低的软弱煤岩层相间构成。各岩层之间黏结力较弱甚至无黏结力，形成与上部岩层胶结性差的层状直接顶。一般经采动影响，复合顶板因岩石强度低分层薄，其挠度比上部岩层大而向下弯曲，且上下岩层胶结性差，附着力低，因而容易离层，在巷道发生局部冒顶的事故中，复合型的破碎顶板占相当大的比例。

（3）巷道顶板破坏机理认识

巷道顶板破坏的一般过程是：顶板受压变形→岩石局部屈服变形→节理弱面发生破坏→顶板较低层位发生弯曲变形(伴有局部岩块脱落)→岩层发生拉伸或局部剪切破坏→巷道顶板变形破坏。巷道围岩塑性破坏机理是：巷道围岩在高地应力的作用下，发生应力扩容变形而破坏。巷道围岩中含有膨胀性软岩，吸水发生膨胀变形而使围岩发生破坏。锚固平衡拱内岩石由弹性体转变为破坏松动体，使锚杆丧失加强锚固平衡拱的约束离层和抗剪切两个基本作用，导致围岩破坏。巷道开挖后，巷道围岩是先由压应力引起的挤压破坏，随着挤压破坏向围岩深处发展，引起岩石裂隙扩张和体积膨胀，造成巷道周边岩层弯曲，而产生弯曲拉应力，导致顶板岩层破坏。

（4）巷道围岩结构破坏机理揭示

巷道开挖后，岩层抗水平应力的截面减少，在水平应力作用下煤层沿水平层理面向巷道挤入，致使巷道帮顶受水平应力作用而破坏。围岩中节理构造面的存在对围岩的承载能力及其稳定性影响很大，尤其是节理面与最大主应力方向斜交时，岩体最容易沿节理弱面破坏而失稳。巷道开挖后，围岩受力状态由三轴应力变为单轴压应力状态，由于岩石单轴抗压强度低，致使围岩产生塑性破坏或沿节理弱面破坏，随着锚固岩体的变形、离层和弯曲，巷道中部的锚杆始终受力，若锚杆的长度、刚性越大，会使之受力越大，锚杆受力即可达到强度极限而破坏，则岩层发生破坏。

（5）复合巷道顶板锚杆支护机理设计理念

复合层状顶板在层状岩层中开拓的巷道与均质的岩层中明显不同，岩层的层面有三种主要性质对开采是很重要的。即垂直于岩层层面的抗拉强度低，个别出现明显裂隙的地方甚至为零；层面的抗剪强度比完整的岩层低；这类煤层中开掘巷道多不破顶，这三个特性决定了层状岩层对下煤层中开掘巷道产生的特殊力反应。对于层状煤层体中开掘巷道，其支护原则是：充分发挥围岩的支撑能力，即完整性，尤其是顶板；采取措施提高围岩的强度。而满足这两个要求的理想支护就是锚杆支护，这时通过锚杆提供的锚固力和预紧力，各层岩层被组合形成组合梁，一起发生弯曲变形。层状岩层在产生弯曲变形后，很容易产生顺层滑，这时借助于锚杆提供的抗剪力、抗拉力以及由于锚杆作用，而使层面摩擦力增加，使岩层间的滑动得以控制。

（6）复合层状顶板支护设计分析

0404综采面回采巷道沿煤顶板掘进，煤层顶板多数为复合顶板结构，巷道由外向里伪顶厚度逐渐增大，伪顶破碎极易离层形成网兜。巷道顶板的砂质泥岩上部为含水砂岩层，当顶板有裂隙、构造或锚索孔通达砂页岩层时，顶板淋水，造成顶板泥岩膨胀和强度弱化，泥岩的膨胀变形会在锚索上产生巨大的载荷，同时顶板淋水还会使锚杆和锚索发生锈蚀，降低其承载力。另外对于松软的复合顶板，由于弹性模量小，积蓄于顶板岩层内的地层压力将会以形变压力的形式全部或大部分释放出来，矿压显现明显。根据复合顶板巷道支护难点提出如下技术对策。

①采用锚、梁、网+锚索联合支护，以加强浅部顶板的建梁与加固作用，保证锚杆和锚索的锚固力在顶板岩层内的连续传播和有效锚固。

②为了防止复合顶板离层、破碎而造成顶板冒落，应尽可能提高锚杆和锚索支护的组合性，同时提高背护作用，以提高锚杆和锚索的外锚强度，加强顶板支护的整体性。

③根据锚杆、锚索的变形能力匹配需要，合理确定锚杆和锚索的预张力。

④对于顶板砂岩水，采取超前打钻孔探放，或者调整锚、梁、网支护参数，或者采用架棚等有效方式支护，并对矿压显现进行观测，根据观测结果调整优化支护参数。

10.2 展 望

（1）活动性构造地质条件组合承载结构概念的围岩承载结构耦合稳定理论

锚固体、注浆体及支架等巷道支护结构是“支护承载结构”；“外承载结构”是指巷道围岩应力峰值点附近，以部分塑性硬化区和软化区岩体为主体组成承载结构，作为主承载结构（见图10.1所示）。

当巷道围岩应力较低时，巷道掘出后，围岩经过短暂的应力调整，形成稳定的外承载结构。当巷道围岩应力较高时，巷道掘出后，在应力调整过程中，围岩破碎区、松动圈、塑性区迅速扩大，外承载结构迅速外移（向围岩内部），在外结构外移的过程中，若没有支护结构来调整应力场并达到新的平衡，则外结构将持续外移，直至巷道破坏形成平衡的应力场为止；但是若支护结构过早形成，围岩应力场尚处在初期剧烈的调整阶段，则支护结构难以承受应力场的作用而失稳，达不到调整应力场和缩小围岩松动范围、维护巷道稳定的目的。因此，支护结构通过应力场影响外结构的形成过程，当支护结构在强度、支护时间与外结构的形成实现耦合，外结构就能较早形成，巷道围岩才能稳定。

（2）活动性构造地质条件稳帮支顶强底概念的巷道底鼓控制理论

活动性构造地质条件巷道比一般巷道更容易产生底鼓，回采巷道底板难以在两帮煤体传递的支撑压力作用下产生压模效应。若在支撑压力作用下两帮被破坏，相当于巷道宽度加大。巷道比活动性构造地质条件巷道底鼓量较小主要是由于一般煤巷道两帮煤体强度较大，在支撑压力的作用下两帮破碎区和塑性区小，底板“暴露”的宽度较小。因而，使底板可承受较大的水平应力，从而使底鼓量减小；而活动性构造地质条件巷道由于两帮破碎区和塑性区较大，底板“暴露”宽度较大，在水平构造应力的作用下产生剪切破坏或压曲，从而底板水平位移增大，底鼓量增大（见图 10.2）。

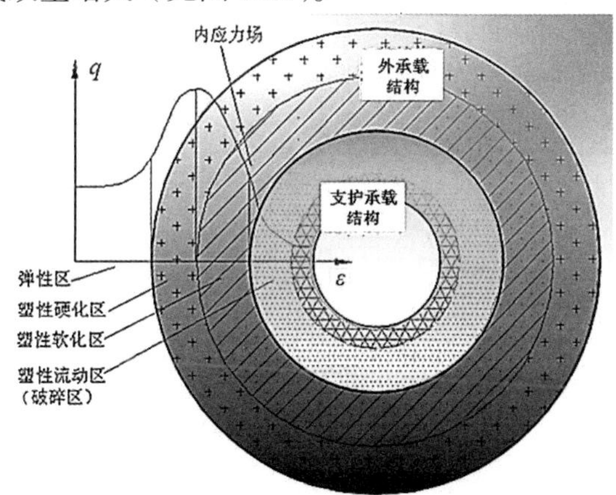

图 10.1　支护承载与外承载结构示意图

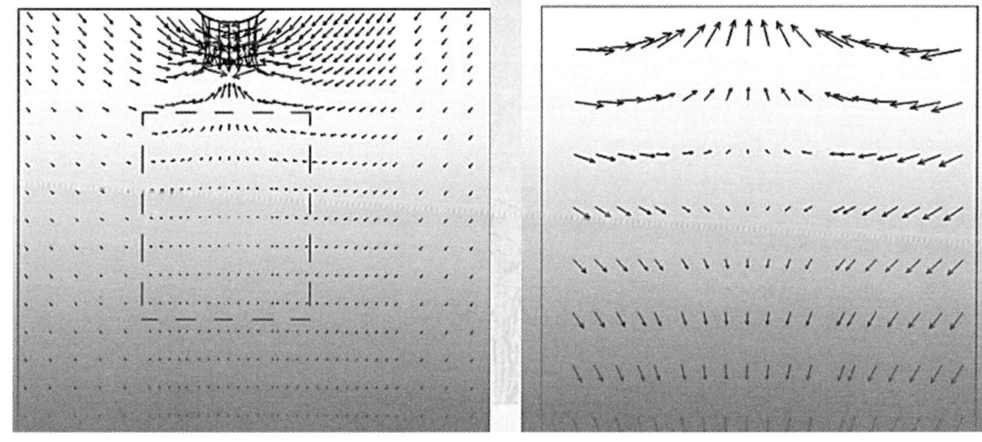

图 10.2　底板岩层运动规律分析

顶板强度越大，底鼓量越小，两帮强度越大，底鼓量越小。因此，在加固帮角控制底鼓的基础上，提出“稳帮支顶强底”底鼓控制技术。稳帮支顶就是在水平构造应力动压巷道掘出后，及时通过锚杆、锚索、注浆等手段，加固两帮、顶板、顶角和底角，达到控制巷道底鼓的目的。

（3）活动性构造地质条件巷道底鼓破坏支护关键技术

活动性构造地质条件组合承载结构概念的围岩承载结构耦合稳定理论，揭示了活动性构造地质条件巷道与一般巷道应力环境和围岩条件的差异，为活动性构造地质条件巷道的底鼓控制提供了理论指导。活动性构造地质条件稳帮支顶强底概念的巷道底鼓控制理论，提高了两帮和顶板支护强度，能够较大幅度地减少巷道围岩的强度损失，缩小破碎区、塑性区等围岩软化区的范围，从而有效地控制底鼓。

（4）与国内外同类技术比较

研究与国内外同类技术综合比较见表 10.1。

表 10.1　与国内外同类技术综合比较

比较内容	国内外已有成果	本研究预期成果
研究范围	研究范围小，大多没有考虑基本顶的活动规律对底鼓的作用，且活动性构造应力巷道研究较少	专门针对活动性构造应力巷道，研究范围为巷道较大范围围岩，包括基本顶和老底岩层
研究方法	认为巷道外部围岩是稳定的	巷道外部围岩稳定是相对的，且随着活动性构造应力的增加，巷道围岩的破碎区与塑性区不断扩大
围岩移动规律	底鼓来自底板岩层，两帮变形由底鼓引起	底板岩层中存在零应变点，应变点以下岩石不参与底鼓，大量底鼓岩石来自两帮和底脚深处；两帮变形加剧底鼓
沿空掘巷底鼓	较少研究	沿空掘巷底鼓主要是由于巷道实体煤帮活动性构造应力的作用，窄煤柱起抑制底鼓的作用
底鼓控制原理	改变底板岩层的应力状态，基本不涉及巷道其他部位岩层	考虑巷道全断面围岩稳定来控制底鼓。提出了活动性构造应力巷道围岩支护承载、外承载结构耦合稳定原理
底鼓控制技术	加固法、卸压法，如混凝土反拱、底板锚杆、底板注浆和底板切槽等	活动性构造应力巷道不宜采用卸压法，提出了固帮强顶底鼓控制技术，针对具体条件，通过加固帮角、两帮、底角、顶板等不同部位或组合加固控制底鼓
底鼓控制效果	一般巷道底鼓控制可取得较好的效果，难以控制活动性构造应力巷道底鼓	可较好地控制活动性构造应力巷道底鼓

主要参考文献

[1] 夏峰.地下硐室围岩松动圈影响因素分析[D]. 哈尔滨：中国地震局工程力学研究所，2009.

[2] 孙有为.地下洞室的几何性质对松动圈的影响[D]. 哈尔滨：中国地震局工程力学研究所，2006.

[3] 茅晓辉，魏乃栋，付厚利. FLAC3D 在模拟巷道围岩变形规律中的应用[J]. 煤炭工程，2009，11：63-65.

[4] 肖明，张雨霆，陈俊涛，等.地下洞室开挖爆破围岩松动圈的数值分析计算[J]. 岩土力学，2010，31(8)：2613-2618.

[5] 史泽坡. 小屯矿回采巷道松动圈测试与应用[J]. 山东煤炭科技，2009，2：109-110.

[6] 丛利，王磊，石建军. 榆家梁煤矿巷道围岩松动圈测试技术及应用[J]. 煤炭工程，2009，2：60-62.

[7] 刘勇，张丹，贺晓亮. 曾家垭巷道围岩松弛圈的判定研究[J]. 路基工程，2007，133：36-38.

[8] 王学滨，潘一山，李英杰. 围压对巷道围岩应力分布及松动圈的影响[J]. 地下空间与工程学报，2006，2(6)：962-966.

[9] 薛新华. 遗传神经网络法在巷道围岩松动圈预测中的应用岩[J]. 土工程技术，2006，20(5)：237-240.

[10] 陈成宗，何发亮. 巷道工程地质与声波探测技术[M]. 成都：西南交通大学出版社，2005.

[11] 刘家艳，陈勇. 龙滩电站地下洞室开挖爆破松动圈测试及成果分析[J]. 云南水力发电，2005,22(2)：76-81.

[12] 李晓红. 巷道新奥法及其量测技术[M].北京：科学出版社，2002.

[13] 康红普. 深部煤巷锚杆支护技术的研究与实践[J]. 煤矿开采，2008,13(1)：1-5.

[14] SINGH V K，SINGH D，SINGH T N. Prediction of strength properties of some schistose rocks from petrographic properties using artificial neural networks[J] International Journal of Rock Mechanics & Mining Science, 2001,(38)：269-284.

[15] 宋彦波. 有机高水材料注浆堵水机理及其工程应用研究[D]. 北京：中国矿业大学(北京)，2005.

[16] ROBERT A. Application of ground-probing radar to the detection of cavities,gravel pockets and karstic zones[J]. Source:Journal of Applied Geophysics，1994,(31)：197-204.

[17] WHITELEY B. SIGGINS T. Geotechnical and NDT applications of ground penetrating radar in Australia.Source[J]: Proceedings of SPIE-The International Society for Optical Engineering，2000，(4084)：792-797.

[18] SIGGINS A F，WHITELY R J A. Laboratory simulation of high frequency GPR responses of damaged tunnel liners[J]. Proceedings of SPIE-The International Society for Optical Engineering，2000，(4084)：805-811.

[19] PARK S K，UOMOTO T. Radar image processing for detection of shape of voids and location of reinforcing bars in or under reinforced concrete[J]. Insight:Non-Destructive Testing and Condition Monitoring，1997，(39)：488-492.

[20] CARDARELLI E，MARRONE C，ORLANDO L. Evaluation of tunnel stability using integrated geophysical methods[J]. Journal of Applied Geophysics，2003，(52)：93-102.

[21] HOLB P，GEOTEST S A，DUMITRESCU T. Detection of cavities with the aid of electric measurements and ground-probing radar in a water-delivery tunnel [J]. Journal of Applied Geophysics，1994，(31)：185-195.

[22] MURRAY W L，WILLIAMS C，SIGGINS C，Whiteley A F. Submersible radar for civil engineering applications [J]. Proceedings of SPIE-The International Society for Optical Engineering，2000，(4048)：55-58.

[23] 刘传孝，蒋金泉，杨永杰，等. 国内外探地雷达技术的比较与分析[J]. 煤炭学报，27(2)：123-127.

[24] 刘传孝，蒋金泉，杨永杰，等. 几种探地雷达的对比研究[J]. 煤田地质与勘探，2002，30(4)：49-51.

[25] 刘传孝，王同旭，杨永杰. 高应力区巷道围岩破碎范围的数值模拟及现场测定的方法研究[J]. 岩石力学与工程学报，2004，23(14)：2413-2416.

[26] 刘传孝. 探地雷达空洞探测机理研究及应用实例分析[J]. 岩石力学与工程学报，2000，19(2)：238-241.

[27] 白冰，周健. 探地雷达测试技术发展概况及其应用现状[J]. 岩石力学与工程学报，2001，20(4)：527-531.

[28] 李纯洁，孔德森，王立才. 探地雷达在松动圈确定与巷道支护参数优化中的应用[J]. 山东科技大学学报：自然科学版，2008，27(1)：19-22.

[29] 刘传孝. 巷道围岩松动圈雷达探测研究[J]. 矿山压力与顶板管理，2000，1：27-29.

[30] 王建军. 应用物探方法探测硐室围岩爆破松动圈工程实例[J]. 资源环境与工程，2008，22，82-85.

[31] 董方庭. 巷道围岩松动圈支护理论及应用技术[M]. 北京：煤炭工业出版社，1994.

[32] 许金升. 巷道围岩破裂范围研究[D]. 沈阳：东北大学，2003.

[33] 孙亚飞. 小波分析理论应用于岩石松动圈声波测试的研究[D]. 武汉：武汉理工大学，2008.

[34] BRADY B H G，BROWN E T. Rock mechanics fo underground m ining [M]. London: William Clowes Ltd，1985：86-134.

[35] SUYKENS J A K, VANDEWALLE J. Least square support vector machine classifiers[J]. Neural Processing Letters,1999,9(3),293-300.

[36] J KENNEDY，EBERHART R C. Particle Swarm Optimization[M]. Australia:IEEE international conference on neural networks,Perth,1995.

[37] SHI Y, EBERHART R A. modified particle swarm optimizer[J]. IEEE World Congress on Computational Intelligence,1998：69-72.

[38] 邹红英，肖明. 地下洞室开挖松动圈评估方法研究[J]. 岩石力学与工程学报,2010，29(3)：513-519.

[39] 罗蔚. 基于霍克-布朗破坏准则的围岩松动圈计算[J]. 中国水运,2006，4(11)：97-98.

[40] 刘家艳,陈勇. 龙滩电站地下洞室开挖爆破松动圈测试及成果分析[J]. 云南水力发电，2005,22(2)：76-81.

[41] 陈殿赋，陈义东. 松动圈理论在大断面硐室施工中的成功应用[J]. 煤矿安全,2005，36(5)：25-27.

[42] 石建军，马念杰，闫德忠. 巷道围岩松动圈测试技术及应用[J]. 煤炭工程，2008，3：32-34.

[43] 赵君. 巷道围岩松动圈测试技术与应用[J]. 矿业快报，2004，426：17-18.

[44] 郑学贵，丁浩. 小净距巷道围岩松动圈测试与分析[J]. 公路交通技术，2005，1：95-98.

附录 A：巷道围岩稳定性标准

A.1　巷道围岩稳定性分析

对巷道监测数据进行分析处理，研究巷道围岩的稳定性，进行数据回归分析，以推算最终位移值和掌握位移变化规律。完成的分析内容有：

①绘制不同时间、不同类型支护系统内力（应力）曲线图；判别支护系统稳定性和可靠性，对支护的参数及支护体系进行优化设计。

②根据反馈信息，进行各类巷道开挖面的时间效应和空间效应分析。

③预测施工围岩和支护结构的变形，评判巷道围岩稳定性围岩等效力学性质参数反演研究，利用专用反分析模块开发。

④分析不同巷道地质及施工方法下的施工期间围岩应力、应变状态。

⑤对下阶段巷道施工围岩和支护结构的变形进行预测。

A.2　巷道开挖施工信息反馈分析、位移预警

巷道开挖与支护施工过程模拟分析采用三维有限元单元法，分析主要内容为：围岩位移、应力重分布范围等，巷道开挖施工信息反馈分析内容：

①巷道周边在初期支护条件下收敛量测：收敛稳定时间；巷道围岩变形稳定时收敛量，收敛随时间、开挖面向前推进时变化特征（收敛速率）。

②拱顶围岩内变形量测：围岩内距巷道开挖面不同点处位移随时间、开挖面推进的变化特征；巷道围岩变形稳定时各点处位移量；对比有限单元法模拟分析的结果，修正用于模拟分析所用的力学参数及计算原岩应力；根据监测结果确定开挖后围岩的松动区、强度下降的塑性区及弹性区范围。

③巷道支护锚杆轴力及抗拔力量测：应变量沿锚杆长度分布曲线；轴向应力沿锚杆长度分布曲线；锚杆轴向应力随时间和工作面向前推进的变化曲线；锚杆抗拔力大小；黏结力沿锚杆长度的分布曲线；锚杆长度及直径的优化。

④巷道断面量测：对比设计断面形状及大小，修正施工爆破设计。巷道围岩与支护、衬砌间作用力量测；巷道端面向前推进的变化规律。

A.3　巷道开挖施工位移预警

根据巷道量测信息对围岩的后续变形进行预报，通常是对围岩进行稳定性分析的前提，并且是在可能遭遇险情时制订对策措施的基础。在这一领域，采用位移反分析计算确定初始地应力和岩体参数后进行正分析计算是可供采用的技术途径。然而由于岩体介质的不确定性，对这类技术和方法仍有改进的必要。结合工程实践建立根据量测信息确定围岩安全性的方法，以及对位移量的控制提出预警建议值，以及在必要时提出通过调整施工步骤或支护参数减小位移量的途径与方法。

位移预报预警拟采用两种途径：

①利用隧洞周边收敛监测结果、时空效应曲线来预报位移；

②将监测结果输入反分析软件确定等效弹性模量、泊松比、内聚力、内摩擦角等参数。将这些等效参数再应用于有限单元程序计算来预报位移，分析巷道渗水压力、高应力处支护结构间接触压力、周边收敛应作为重点监测、分析的对象。

巷道监控量测基准控制见附表 A.1 所列，巷道监控量测与反馈流程见图 A.1 所示。

附表 A.1　监控量测基准控制值

控制标准	正常值	允许值	警戒值	危险值
v（变形速率）	<1（mm/d）	1~5（mm/d）	5~10（mm/d）	≥10（mm/d）
δ（累计变形量）	<30（mm）	30~70（mm）	70~100（mm）	≥100（mm）

注：①v 值为同类工程类比采用的值；②δ 值取值依据为：30mm 为强支护标准；70mm 为支护 60%ΔH 值（设计预留变形量 ΔH=120mm）；100mm 为支护 80%ΔH 值。

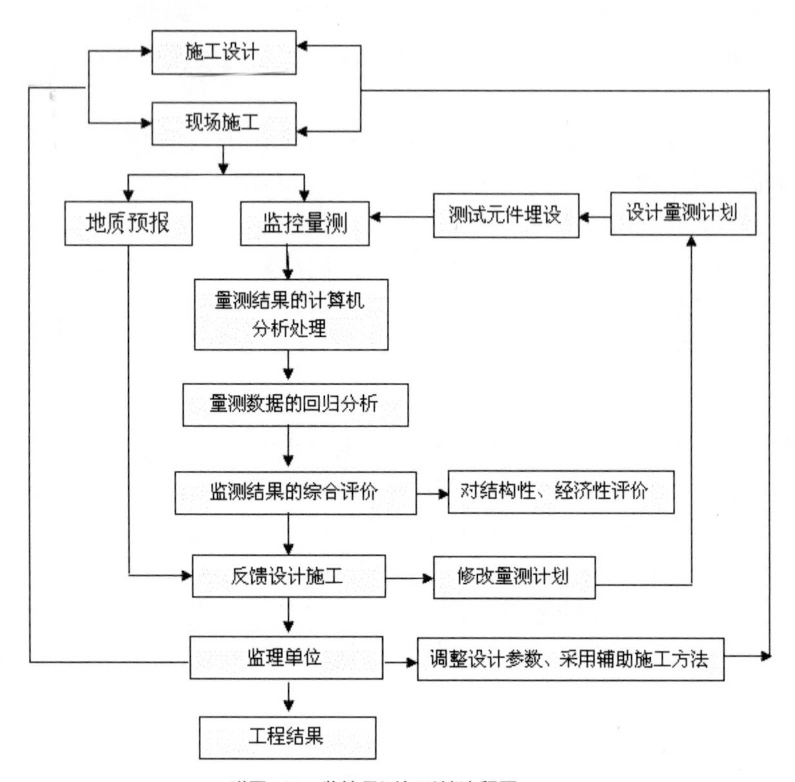

附图 A.1　监控量测与反馈流程图

附录 B：软岩分类

B.1　软岩分类指标

国内外学者对软岩分类研究较多，主要判别指标有：岩石单向饱和抗压强度 $R_c \le 30$MPa；掘进巷道引起的围岩变形量大于 100mm；巷道围岩松动圈范围大于 1500mm 等影响因素有 5～7 项之多，而且所有这些分类方法所考虑的因素比较一致，但所有岩体分类方法都考虑的因素只有岩石强度和岩体的完整程度。根据我国《工程岩体分级标准》所依据的岩石坚硬程度和岩体完整程度作为软岩的定量指标：

（1）岩石单轴饱和抗压强度为划分岩石坚硬程度指标

①当 $R_c \le 30$MPa 时，岩石称为软质岩；

②当 $R_c > 30$MPa 时，岩石称为硬质岩。

（2）岩体完整性因数 K_v 作为划分岩体完整程度的指标

①当 $K_v \le 0.55$ 时，岩体称为破碎岩体；

②当 $K_v > 0.55$ 时，岩体称为完整岩体。

按照形成软岩的主要因素，将软岩划分为 5 类。即软弱型软岩、破碎型软岩、高应力型软岩、软弱破碎型软岩、膨胀型软岩，见附表 B.1。其中，R_c—岩石单轴饱和抗压强度，MPa，K_v—岩石完整性指数，$K_v=(V_{pm}/V_{pr})^2$，V_{pm} 为岩体弹性纵波速度，km/s；V_{pr} 为岩体弹性横波速度，km/s。

附表 B.1　软岩主要影响因素分类

围岩类别	软岩类别	形成软岩的主要因素	分类指标	岩体基本质量指标/*BQ*
I	软弱型软岩	岩块强度低、岩石完整性较好	$R_c<30$ $0.15<K_v<0.55$	$250>Q$
II	破碎型软岩	岩体完整性差、岩块强度较高	$30<R_c<60$ $K_v<0.15$	$250>Q$
III	高应力型软岩	岩块强度高、岩体完整性差、高地应力或采动应力	$260>3R_c+250K_v>160$ $R_c/\sigma_1<5$	$250>Q$
IV	软弱破碎型软岩	岩块强度低、岩体完整性差	$R_c<5K_v<0.15$	$250>Q$
V	膨胀性软岩	膨胀性矿物、地下水		$Q<150$

按照软岩的特性差异和产生显著塑性变形的机理，软岩可分为 4 大类，即膨胀性软岩、高应力软岩、节理化软岩、复合型软岩，见附表 B.2。其中，ω_0—干燥饱和吸水率；σ_c—岩石单轴抗压强度，MPa；S.—绿泥石；I.—伊利石；K.—高岭石；M.—蒙脱石；I/M.—伊-蒙混层。

附表 B.2　按软岩特性及变形机理分类

软岩分类	泥岩含量/%	σ_c/MPa	软岩分级	分级指标			
膨胀性软岩	>25	— 15～25 5～15 <5	— 弱膨胀性软岩 中膨胀性软岩 强膨胀性软岩	结构面/组 少～多 少～多 少	ω_0/% <10 10～15 >15	膨胀矿物组合 S.I. I.K. M.I/M.	
高应力软岩	<25	≥25	— 准高应力软岩 高应力软岩 超高应力软岩	少	σ_1/σ_c比 0.8～1.2 1.2～2.0 >2.0	工程岩土应力水平/MPa 25～50 50～75 >75	
节理化软岩	5～25	低至中等	— 较破碎软岩 破碎软岩 极破碎软岩	多	节理组数/（条/m²） 1～3 ≥3 无序≥3	节理间距/m 0.2～0.4 0.1～0.2 <0.1	完整指数 K_v 0.55～0.35 0.35～0.15 <0.15
复合型软岩	含量少	低至高	—	少～多	根据具体条件进行分类和分级		

B.2 软岩特性

（1）膨胀性软岩(Swelling Soft Rock，简称 S 型)

膨胀性软岩是指含有膨胀性矿物的泥质岩类，在较低应力水平(5 ~ 25MPa)条件下，遇水发生显著变形的低强度工程岩体。例如泥岩、页岩等抗压强度小于 25MPa 的岩体，均属膨胀性软岩(低应力软岩)的范畴。

（2）高应力软岩(High Stressed soft Rock，简称 H 型)

高应力软岩是指在较高应力水平(25 ~ 75MPa)条件下才发生显著塑性变形的中高强度的工程岩体。这种软岩的单轴抗压强度一般高于 25MPa，其地质特征是泥质成分较少，含砂质成分较多，如泥质粉砂岩、泥质砂岩等。它们的工程特点是在深度不大时，表现为硬岩的变形特征；当加大至一定深度时，就表现为软岩的变形特性。一般在高应力状态下才表现出软岩特性，故多为高应力软岩。据此，可以概括出高水平应力软岩的形成条件为：

①除少量岩石为较软弱岩石外，组成高应力软岩的大多数岩石均为较坚硬的岩石，单轴抗压强度 $\sigma_c \geq 25$MPa。

②岩体破碎、强度和模量相对较低、流变性强。因为高地应力环境使开挖前的岩体处于高围压环境，岩体结构面处于闭合状态，是稳定的且有一定的强度和模量；开挖后围岩处于低围压环境，结构面不再闭合，岩体强度和模量较低。

③埋深大、水平应力大于自重应力。由于自重产生的应力不足以使岩体达到高应力状态，只有在埋深很大且水平构造应力存在并大于自重应力的条件下，才能使岩体达到高应力状态。

（3）节理化软岩(Jointed soft Rock，简称 J 型)

节理化软岩是指含泥质成分很少，但发育了多组节理，其中岩块的强度颇高，呈硬岩力学特性，但整个工程岩体在巷道工程力的作用下则发生显著塑性变形，呈现出软岩特性。

（4）复合型软岩

复合型软岩指上述 3 种软岩类型的组合软岩，即 HS 高应力-膨胀性复合型软岩、HJ 高应力-节理化复合型软岩、HJS 高应力-节理化-膨胀性复合型软岩。

B.3 矿区底板软岩属性及变形特点

根据矿区工程水文地质勘察资料，可采煤层的底板岩层天然单轴抗压强度 $25\text{MPa} < \sigma_c < 50\text{MPa}$，饱和单轴抗压强度 $\sigma_c < 25$MPa，煤层底板巷道围岩属于准高应力型软岩。

活动构造应力软岩巷道变形破坏特点如下。

①岩性差，承载能力低，普通的刚性支护普遍破坏。由于巷道所处地层的岩性为泥岩，强度低，其本身抵抗变形的能力较差，且巷道围岩具有显著的流变性，表现为明显的时效性。当岩体流变所产生的围岩变形过大，使得巷道支护体无法适应而失效，围岩再次恶化并剧烈变形。在巷道开挖过程中，受爆破震动，易发生断裂、垮落。加之活动构造地应力的作用，导致围岩在较短的时间内形成较大的松动圈。

②活动构造应力作用及重复采动影响，加速了围岩松动圈厚度的扩展。在高地应力的作用下，软岩产生塑性变形的速度加快，随高地应力长时间的持续作用及重复采动影响，围岩松动圈厚度逐步扩大，支护不及时或支护刚度不足，不能有效地控制这种扩大的趋势，在导致松动圈范围进一步扩展的同时，诱导地应力在开掘空间集中显现，反映为更大的压力使支护失稳，从而造成巷道破坏。

③巷道围岩变形量大、速度快、持续时间长，体现出明显的软岩工程变形特点。从 0302，

0402 回风巷可以看出，巷道断面顶底板移近量最大达 1.1m，两帮内移最大达 1.3m；0302，0402 回风巷是因为顶板支撑压力通过两帮传递给底板，两帮岩体在向巷道内移动的同时挤压破碎底板岩层，引起底板破碎岩体之间的滑移、剪胀，从而引起强烈底鼓，同时加剧两帮的破坏。而 0403 回风巷和 0403 运输巷，其顶底板及两帮变形较小，收敛变形明显，响应的开挖方式、支护参数更趋合理。

④巷道变形表现出明显的阶段性。在锚网喷支护下，0403 巷道在掘进和煤层采动影响期间，巷道变形较小；0402 巷道在掘进和煤层采动的影响下，巷道两帮变形严重，需要返修；0302 巷道在掘进和煤层采动影响下，巷道变形破坏，不能满足正常的使用要求，需要返修。

⑤巷道变形不对称。从巷道变形情况可以看出，巷道顶板变形量普遍大于两帮变形量，巷道 S 帮松动圈厚度小于 N 帮松动圈厚度，两帮松动圈厚度又小于顶板松动圈厚度，巷道拱顶变形破坏明显。

附录 C：预应力注浆锚索控制软岩巷道底鼓技术

底鼓是巷道破坏的主要形式，复杂软岩巷道支护的重点在于巷道的底板。针对矿山背斜南翼回风运输大巷松软、破碎、复杂围岩条件的巷道底鼓难以控制的问题，提出了化学注浆与底板全长预应力锚索联合支护的方案，研发全长预应力锚索、双液风动注浆泵、底板锚索专用钻机等软岩巷道全长预应力底板锚索与注浆加固的成套支护技术，充分发挥锚索支护的主动性及整体性能，取代传统的金属底梁和砼反拱治理底鼓方法，实现一次支护就能有效控制围岩变形与破坏，避免巷道的二次支护和返修。该项技术是软岩困难巷道防治底鼓技术的突破，为矿井高效安全生产提供了可靠的技术手段。

C.1　问题提出

煤矿井下巷道安全可靠的支护是确保矿井正常生产的基础。近年来，为确保松软破碎困难条件下的巷道支护安全，科研人员研究并发展了高地应力条件下高强度的巷道支护理论与技术，开发了配套的强力锚杆、强力锚索支护等支护材料，较为有效地解决了软岩巷道的顶板与两帮的支护问题。由于受到理论研究和施工条件的限制，目前人们尚不能完全认识煤矿软岩支护的本质，也就不能充分认识底板支护的重要性。我国许多矿区软岩巷道收敛变形主要是由于底鼓造成的，底鼓量占顶底板移近量的主要部分。传统的支护方式无法对此类软岩巷道进行有效支护，现有技术也没有非常好的方法治理底鼓，使得巷道底板成为整个巷道支护系统的薄弱环节之一。为了解决煤矿软岩巷道底板支护所面临的实际问题，在煤矿井下向斜北翼上下部运输大巷底板进行了预应力注浆锚索支护试验，取得了较好的技术效果。

C.2　地质条件及原支护方式

向斜北翼下部运输大巷是东西采区煤炭及材料运输的重要通道，它担负着采区的通风、运输、行人等主要任务。运输大巷处在煤层底板岩层中，上距煤层 30 ~ 35m，岩性为灰黑色泥岩，厚度为 16m，层节理发育，小块状结构，易脱落，遇水膨胀、泥化，地应力明显。北翼运输大巷原设计为锚、网、喷支护，锚杆采用管缝式锚杆，长度 2000mm，8#铁丝菱形网，喷射混凝土厚度为 150mm。巷道底板岩性极为松软破碎，遇水膨胀，在岩层集中地应力和巷内积水的影响下，向斜北翼上部运输大巷从交付使用起就开始变形，底鼓十分严重，局部底鼓量达 1m，虽经多次整修，仍然不能得到有效控制，致使大巷迟迟不能正常使用。

C.3　预应力注浆锚索支护机理

采用传统的反拱底梁及灌注混凝土的方法很难控制巷道的底鼓，而且容易造成巷道反复整修。由于锚杆不够长、锚固力低，对已经形成较大破坏变形的巷道围岩，底板锚杆内着力点很难形成，不能有效抵抗底板深部围岩传递的压力，因而不能有效抑制巷道底鼓。注浆作为改善井巷围岩性质的重要技术，能在原位提高破碎岩体的力学性能，并显著提高破碎岩体的完整性，破碎岩体注浆并进行锚杆支护后，可为锚杆内着力点和拱形压缩带的形成创造可靠条件。而强力预应力锚索支护可以克服锚杆长度不够、锚固力低的缺陷，采用注浆与预应力锚索两种不同性能支护的组合结构对巷道底板进行联合支护，能发挥两种支护形式的各自特点。在注浆和锚索预应力的综合加固支护作用下，围岩整体性得到增加的同时进一步被压缩，选择一定的参数，可使松散围岩在注浆和锚索的共同作用下形成支撑拱，提高了围岩的内在抗力。

①全长预应力锚索其实质就是将预应力锚索支护与注浆加固相结合的支护方法，与过去传统使用的小孔径锚索有很大的不同。传统使用的锚索是先注浆后再进行张拉，锚索的预紧力主要集中在孔口较短范围内的锚索上，其深部较大范围内的锚索则没有形成预应力，不能在锚索全长范围内形成预应力，锚索深部的锚固力是在相应深部岩层变形后才产生的，变形量越大，锚索的受力也越大，但锚索锚固力的产生是建立在以岩层变形为代价的基础上的，这不属于主动支护，因而也不能充分发挥锚索的整体效果。全长预应力注浆锚索是采用注浆的方法首先将预应力锚索一端固定在巷道底板深部稳定围岩中，然后进行初次张拉，给锚索另一端施加一定的作用力，使锚索具有一定的预应力。在此基础上再进行锚索孔全长范围内的高压注浆，待浆液凝固后，再对锚索进行张拉至设计锚固力值，保证锚索在全长范围内具有较高的预应力，真正实现了锚索对破碎岩层的主动支护，岩体压力荷载便通过锚索被传递到深部稳定的岩体，深部稳定的岩层自稳潜能得到充分发挥，从而可以有效控制巷道底板变形。

②注浆在预应力锚索复合支护中起着重要作用。注浆不仅能通过约束和固定锚索，对岩体起到加固稳固的作用，而且浆液还可渗透到岩体裂隙内，对岩体起到胶结作用，提高了岩体的整体性。注浆后，预应力锚索周围的岩体得到加固，锚索和周围岩体之间的部分裂隙被浆液凝胶体所充实，周围岩体对锚索的握裹力增大。在预应力锚索的作用下，锚索将巷道底板表面围岩与深部稳定岩层紧密地联系在一起，共同承载，提高了岩体的整体抗变形能力。

③岩体弹性模量是反映岩体强度和变形量的重要指标，破碎岩体经过注浆并布设锚索后，岩体的弹性模量有较大提高，锚索的主要作用之一就是改善巷道底板岩体的应力状态，从而提高其强度并减少其变形，岩体变形量的减小等效于岩体抗变形能力的提高。岩体的黏结力和内摩擦角是反映岩体强度的重要指标，注浆预应力锚索的切向锚固力就是锚索对岩体剪切变形及横向相对位移的约束作用力，其作用本质为增加岩体的抗剪强度，一定程度上即可认为岩体的内聚力和黏结力得到了提高。

C.4 施工工艺

预应力注浆锚索施工包括注浆与安设锚索两部分。注浆施工包括注浆设备和工艺，锚索安设施工包括巷道底板锚索孔施工机具与工艺。

（1）注浆设备

注浆设备采用 ZBQ-12 型气动化学注浆泵，其结构如附图 C.1 所示。

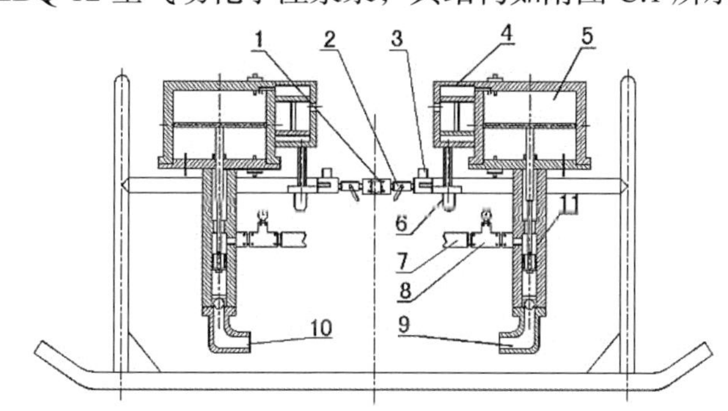

附图 C.1 ZBQ-12 型注浆泵结构图

1—压缩空气进口；2—进气阀；3—进气调节阀门；4—马达换向阀；5—气动马达；6—油雾器；7—出浆管；8—出浆压力表；9—吸浆口 A；10—吸浆口 B；11—柱塞泵

气动泵的主要工作部位为双作用式液压增压泵，换向机构为先导式全气控配气换向装置，压缩空气进入后，活塞移动到汽缸上或下端部位时，使上或下先导阀动作，控制气流瞬间推动配气换向装置换向，从而使气动马达的活塞作稳定连续的往复运动。由于活塞的面积比柱塞的面积大，因而使吸入的注浆浆液增压。ZBQ-12 型注浆泵体积小，重量轻，注浆压力大，最大注浆压力可达 30MPa，其技术指标为：压力比为 65:1；最大排量为 20L/min；供气压力在 0.2 ~ 0.6MPa 之间；耗气量为 1.5m^3/min；设备重量为 60kg。

（2）注浆施工工艺

ZBQ-12 型气动高压注浆泵主要适合单液或双液注浆，当双液注浆时，两种组分可按 1:1 的体积比输出并混合。A 料和 B 料分别通过各自的柱塞和矿用 K 形高压胶管，单向阀 Y 形三通，混合后进入封孔器，并被压注进破碎的煤岩层。与注浆设备配套的进风管为直径 25mm 的高压风管，出浆管直径为 10mm。注浆压力设计为 10 ~ 12MPa，保证了浆液的充分渗透与扩散。

（3）底板锚索孔施工设备

底板锚索孔施工采用 DZQ-100 型底板锚索钻机，该机为高效凿岩设备，具有动力单一、结构简单、使用方便、辅助时间短、重量轻等特点，适用于钻凿底板下向大孔径深孔，适应围岩岩石普氏硬度 f=8 ~ 14，凿岩速度高。钻机可实现解体，人工搬运方便，其结构如附图 C.2 所示，其主要技术参数为：钻孔直径为 90 ~ 100mm；钻孔深度为 40m；供气压力为 0.5 ~ 0.7MPa；耗气量为 12m^3/min；设备重量为 403kg。

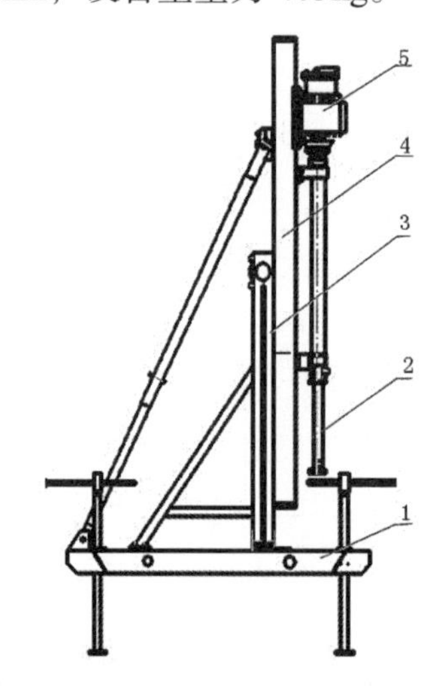

附图 C.2　DZQ-100 型底板锚索钻机结构图

1—底座支架；2—回转机构；3—推进机构；4—操纵阀机构；5—冲击器机构

C.5　锚索规格及钻孔参数

锚索规格：每组锚索由三根直径 17.8mm、长 15500mm 的高强度低松弛钢绞线组合而成。头部 3000mm 段编制成串珠状，以利固结。钻孔参数：钻孔直径为 90mm，设计钻孔深度 15m。钻孔深度根据底板岩层状况而定，以保证使锚索深部端头锚固在底板稳定岩层中为准。钻孔间排距：底板锚索孔间排距设计为 2m，采用五花布置方式。

C.6　矿压观测与分析

在锚索进行预应力张拉前，进行了向斜北翼上下部矿压测站布设，共布设 2 个测站。每个测站的矿压观测内容包括巷道围岩表面收敛变形、锚索深部受力、顶板离层。

（1）巷道表面位移观测

巷道表面围岩收敛变形观测采用“十字法”进行。表面位移曲线如附图 C.3 和附图 C.4 所示。从两个测站的表面位移观测曲线分析可知，向斜北翼上部运输大巷在进行注浆及预应力锚索施工前，其变形速度较高，在进行注浆与锚索施工后，其变形速度明显降低，表明加固效果良好。在巷道观测期间，测站 1 两帮最大移近量为 55mm，顶底板最大移近量为 110mm，测站 2 两帮最大移近量为 60mm，顶底板最大移近量为 115mm。而且这些变形主要发生在注浆施工前、预应力锚索施工后 15d 左右，巷道围岩表面位移明显减少，并逐步趋于稳定。

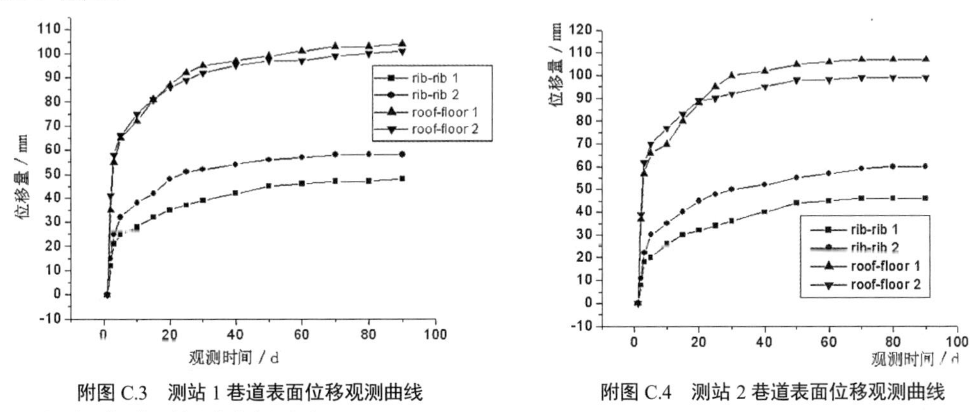

附图 C.3　测站 1 巷道表面位移观测曲线　　附图 C.4　测站 2 巷道表面位移观测曲线

（2）巷道顶板离层观测

巷道顶板离层采用 LX-2 型顶板离层指示仪进行观测，顶板离层指示仪浅部基点为 3m，深部基点为 8m。顶板离层观测曲线如附图 C.5 和附图 C.6 所示。从观测结果来看，在巷道注浆与锚索施工前，顶板离层速度较快，在对锚索进行张拉后，巷道顶板离层基本趋于稳定，在整个观测期间，巷道顶板深部离层值最大为 46mm，浅部离层值最大为 34mm。

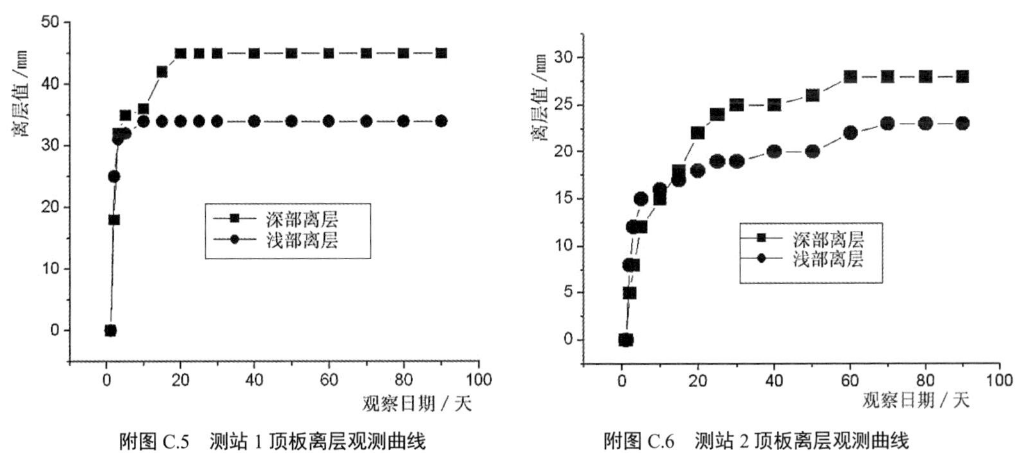

附图 C.5　测站 1 顶板离层观测曲线　　附图 C.6　测站 2 顶板离层观测曲线

（3）锚索锚固力分布观测

通过观测布设在锚索钢绞线上应变片的应变值，计算锚索锚固力情况。为了比较全长预应力锚索与普通锚索在其长度上锚固力的分布情况，首先在测站 1 对先注浆后锚固的常规方法安装的锚索进行了锚固力观测，在测站 2 对先锚后注式的全长预应力锚索的受力分布进行了观测。先注后锚式锚索受力状况如附图 C.7 所示，而全长预应力锚索在其轴向方向上的锚固力分布情况如附图 C.8 所示。

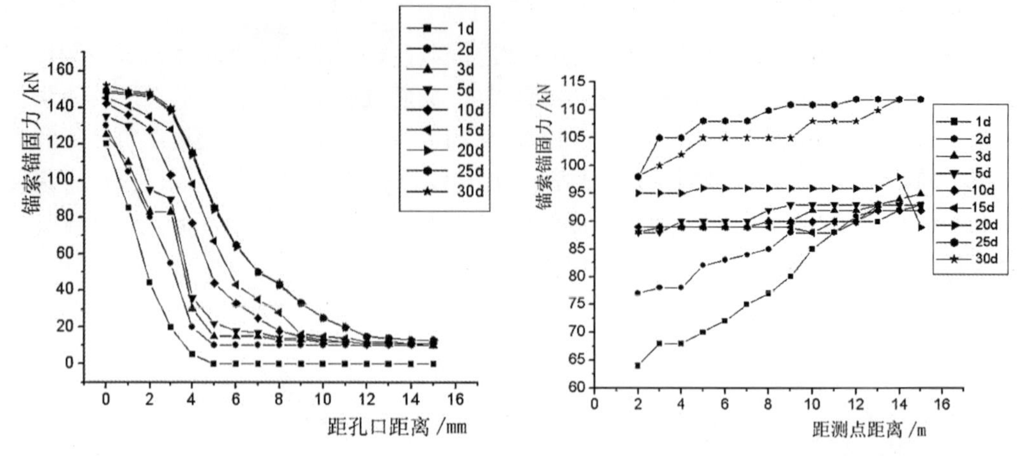

附图 C.7　先注后锚型锚索锚固力分布状况　　附图 C.8　巷道底板预应力锚索受力分布状况

由附图 C.7 可知，先注后锚式锚索，其锚索的预紧力主要集中分布在从孔口向里约 3～4m 较短范围内锚索上，不能在锚索全长范围内形成预应力，其深部较大范围内的锚索则没有形成应有的锚固力，因而没能发挥锚索的应有支护效能。

与先注后锚型锚索不同，全长预应力注浆锚索在张拉并进行注浆后，在其全长范围内都分布着较大的预应力，而且这些在锚索全长范围内的预应力随着岩层的变形有所增加，从而真正实现了锚索的主动支护。锚索张拉后在观测期间，其轴向力基本趋于稳定，锚索附近的巷道底板基本保持完整，变形量也较小。这表明，巷道通过注浆加固与预应力锚索支护施工后，巷道围岩相应趋于稳定。

向斜北翼上部运输大巷的矿压观测结果表明，巷道采用注浆加固与全长预应力锚索支护系统，有效地控制了巷道围岩的变形，解决了巷道底鼓难以防治的技术难题，取得了较好的支护效果。

综上所述，复杂条件下软岩巷道的底鼓是巷道破坏的主要形式，因此支护的重点应该是底板支护。针对向斜北翼上部运输大巷在松软、破碎、支护困难的围岩条件下底鼓难以控制的问题，提出全长预应力底板锚索与注浆综合支护技术，取代过去使用的金属底梁和砼反拱治理底鼓的传统方法，实现了底板锚索对底板岩层的主动支护，解决了软岩巷道底鼓难以防治的技术难题，实现了软岩困难巷道支护技术的突破。预应力注浆锚索联合加固支护技术是一种将现代注浆加固技术与柔性锚索支护技术有机结合在一起的新型加固支护技术，既保证了锚索主动支护，又克服了普通锚索锚固力仅依赖锚索两端作用的弊端，大大提高了锚索支护效能；采用化学注浆的方法将注浆材料压注到破碎岩体中，人为地改善了松软破碎岩体的物理力学性能。全长预应力锚索与注浆联合支护系统对注浆设备和底板锚索钻机等施工机具提出了更高的要求。结合向斜北翼下部运输大巷加固工程实际，研制了 ZBQ-12 型风动双液注浆泵和 DZQ-100 型底板锚索钻机，较好地解决了巷道围岩注浆加固和全长预应力底板锚索深孔难以施工的技术难题，形成了治理软岩巷道的完整技术。而且整个锚注工艺系统采用压风作为唯一的动力源，不需电源和高压乳化液做动力，从而提高了锚注工艺过程的安全性。